水果品质智能分级技术

◎ 王风云　郑纪业　刘延忠　著

中国农业科学技术出版社

图书在版编目（CIP）数据

水果品质智能分级技术 / 王风云，郑纪业，刘延忠著．—北京：中国农业科学技术出版社，2018. 11

ISBN 978-7-5116-3920-2

Ⅰ.①水… Ⅱ.①王… ②郑… ③刘… Ⅲ.①智能技术—应用—水果—质量管理 Ⅳ.①S660.9-39

中国版本图书馆 CIP 数据核字（2018）第 258091 号

责任编辑 崔改泵 李 华
责任校对 贾海霞
出 版 者 中国农业科学技术出版社
北京市中关村南大街12号 邮编：100081
电 话 （010）82109708（编辑室）（010）82109702（发行部）
（010）82109709（读者服务部）
传 真 （010）82106650
网 址 http: // www.castp.cn
经 销 者 各地新华书店
印 刷 者 北京建宏印刷有限公司
开 本 787mm×1 092mm 1/16
印 张 18
字 数 373千字
版 次 2018年11月第1版 2018年11月第1次印刷
定 价 128.00元

前　言

当前，我国农业的主要矛盾正在由总量不足向结构性矛盾转变，在解决了“谁来养活中国”这个世纪难题之后，如何提高农产品质量，提高农业综合效益和竞争力就成为摆在我们面前最重要的课题。中国是世界水果生产大国，水果产量和种植面积一直稳居世界首位，但水果年出口量仅占总产量的3%左右，造成我国水果出口难的一个很重要的原因是我国水果商品化处理程度不高。我国经过采后处理的水果只占总产量的10%左右，远远低于发达国家70%以上的水平。尤其是目前我国水果分级状况主要以人工分级为主，分级效率低，分级标准不统一。因此，如何充分利用现代先进技术实现水果自动化分级是目前急需解决的一个问题。而目前日益兴起的多种无损检测技术对水果品质进行快速、无损、准确评定提供了强有力的技术支持。

水果品质智能分级研究属于多学科交叉领域，涉及分级标准、智能感知技术、无损检测技术、分析建模技术、智能识别技术和分级机械设计等各方面知识。为方便相关技术人员对各项新技术、新方法的消化、吸收和应用，本书梳理了水果品质智能分级领域多年来国内外研究成果和相关工作经验，以期促进我国农产品品质智能精选分级的科研和技术水平的提高。

本书共分七章。第一章为绪论，主要对我国水果生产发展现状、水果分级定义、水果分级需求、水果分级要素和具体分级方法进行了详细介绍。第二章为水果分级标准，重点梳理了国内外水果分级标准和详细要求。第三章为水果品质分级智能感知技术，主要包括电子鼻技术、X射线技术、机器视觉技术、近红外光谱技术、高光谱成像技术、核磁共振技术、多传感器信息融合技术、重量智能感知技术等。为了方便对这些技术的理解与应用，主要从定义、原理、特点以及水果品质检测研究成果等方面对这些技术进行了介绍。第四章为水果品质智能分析建模技术，对试验与生产中常用的数据处理方法和建模流程进行详细介绍，同时通过实例讲解这些方法和模型如何在试验及生产中应用，为水果品质智能分级的实现奠定理论基础。第五章为水果品质分级智能识别技术，主要介绍识别的概念、智能识别技术体系以及水果品质分级智能识别关键技术等内容。第六章为水果品质分级智能控制技术，主要涉及拍照与执行等控制。为便于对水果品质分级智能控制技术的理解，本章将主要介绍智能控制的概念、智能控制方法等内容。

第七章为品质智能分级应用案例，集成创新应用上述方法、技术，结合日常科研工作，构建了双孢蘑菇智能化精选分级系统，包括软硬件系统集成，并开发了系统的控制软件。

本书的出版是多方支持和帮助的结果，凝聚了众多同仁的智慧和见解。感谢山东省农业科学院科技信息研究所的相关研究人员的付出和努力。感谢山东科技大学沈宇和张琛同学的无私奉献，感谢赵一民先生的大力帮助，感谢中国农业科学技术出版社的大力支持。

由于本书内容涉猎面广，加之信息技术理论创新和实践应用发展迅速，限于著者的知识水平，不妥和错误之处在所难免，诚恳希望同行和专家批评指正，以便今后完善和提高。

著 者

2018年9月

目　录

第一章　绪　论

第一节　我国水果生产发展现状

根据世界粮农组织数据，2000—2014年，全球水果产量从4.79亿t增长至6.82亿t，复合年均增长率2.56%。我国是世界第一水果生产大国，水果栽培面积和产量约占世界总量的20%和15%。我国水果种植面积与产量稳定增长，水果进出口逆差缩小。2000—2016年，我国果园面积由893.2万hm^2增至1 298.16万hm^2，复合年均增长率2.36%，呈现稳定增长态势（图1-1）。2010—2016年，我国水果总产量由2.14亿t增长至2.84亿t，复合年均增长率为4.80%（图1-2）。

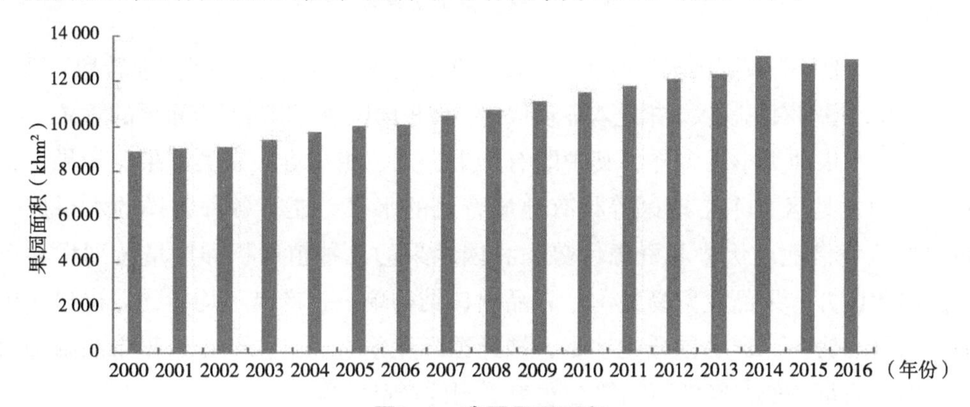

图1-1　我国果园面积

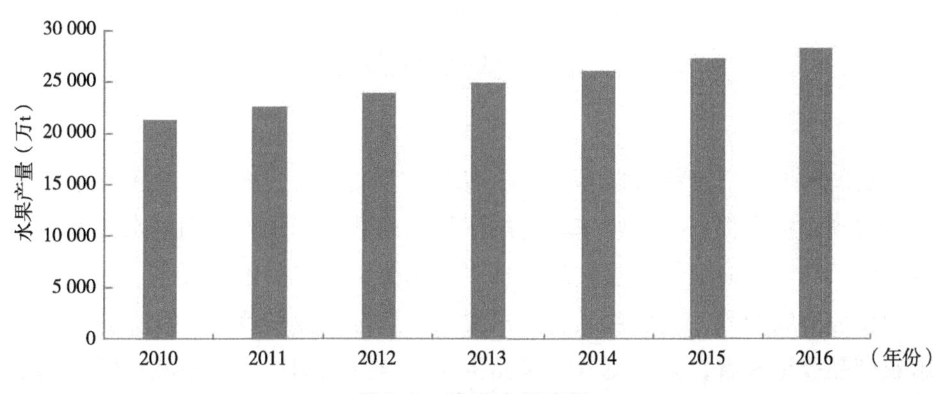

图1-2　我国水果产量

我国人均水果消费量有巨大的提升空间。2015年，我国水果消费量2.66亿t（含水果加工），2010—2015年复合年均增长率4.54%（图1-3）。从人均消费水平看，我国离世界平均水平还有着很大的差距。2015年我国水果人均年消费量为32kg（仅即食鲜果），国务院办公厅印发《中国食物与营养发展纲要（2014—2020年）》（国办发〔2014〕3号）预测，2020年我国水果人均消费量将达到60kg。但就目前水平来说，相比健康标准70kg还有很大的差距，不足发达国家人均水果消费量105kg的一半。

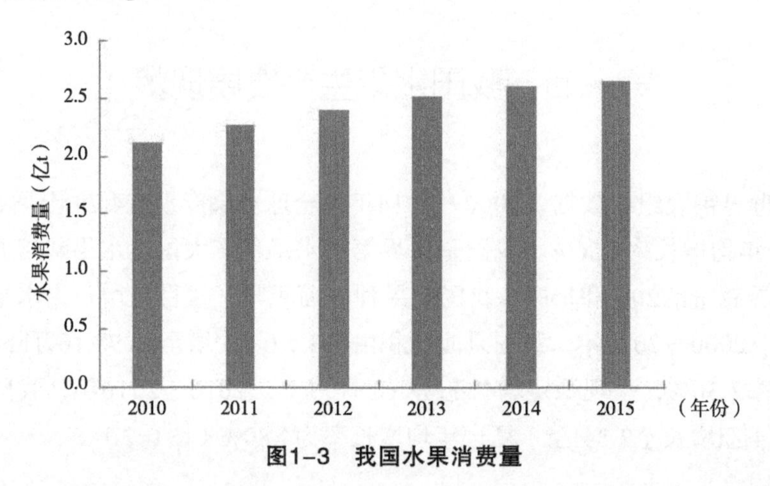

图1-3　我国水果消费量

水果产业作为我国仅次于粮食、蔬菜的第三大种植农业，对促进产业转型升级，提质增效，增加农民收入，推进农业现代化，促进国民经济发展具有重要的意义。

我国水果种类丰富多样，其中既有苹果、梨、柑橘等大宗类鲜果、干果，也有来自西北地区、东南地区等具有地域特色的水果，还有各种各样的水果加工品。虽然凭借地理优势和资源优势，我国水果的总种植面积和产量位列世界第一，但我国并非果品业贸易强国。果品出口结构单一、产品不均衡，以出口简单加工的果品为主，产品同质化严重，缺乏国际竞争力。这主要是由于果品附加值低，果品质量较低，经常不能符合欧美等国的产品标准。

第二节　水果分级需求

由我国水果生产现状可以看出，随着科技发展和社会进步，我国水果产业生产能力得到了极大提高，已经基本解决了果品的数量问题，人们对水果的需求也从过去的重数量转向现在的重质量。这对水果分级提出了迫切要求。从目前已经实施的无公害农产品、绿色食品、有机食品、良好农业规范（GAP）认证和地理标志农产品登记来看，大多侧重于果品卫生安全方面的评价和地域特性，制定了部分果品外观、大小、颜色、质构、风味等质量要素的质量等级标准，但仅仅只有标准还远远不能够满足生产方式转变、生产标准化、消费多样化和层次性、提高市场竞争力和促进市场流通以及水果出口对分级的需求。

一、分级是果业生产方式转变的需求

果业生产方式的转变是果业现代化发展的核心推动力，是“三农”建设的根本。目前我国果业生产方式主要是以农户为基础单位独立进行的。这种由单个的农户进行生产并直接面向市场销售的生产方式，不仅规模小、效率低，更难以规避自然风险、未来市场需求及价格波动带来的冲击。通过果品分级，搭建果农与消费者之间的桥梁，引导生产者按照市场需求组织生产，提高水果的优质率，促进传统农业生产方式向现代农业发展需求的转变。

二、分级是果业标准化的需求

果品质量等级规格评定是果业标准化的重要组成部分。标准化要求按照统一、简化、协调、优选的原则，对果业生产全过程通过制定标准和实施标准，促进先进科技成果和经验的推广普及，提升果品质量，促进果品流通，规范果品市场秩序，指导生产，引导消费，提高效益，提高农业竞争力。对果品质量进行分级，就要根据建立的果品质量标准体系，进行果品质量等级手动、自动或智能分级。

三、分级是水果消费多样化和层次性的要求

水果大部分作为鲜食产品，不仅应具备营养、安全等内在品质，而且其新鲜程度、色泽、形状及可食用部分的大小等外在品质规格也十分重要，这是水果商品属性的具体体现，也是影响消费者购买决策的重要因素。随着我国城乡居民收入的增长，消费者购买水果呈现出多样化趋势，水果消费出现了明显的层次性。水果分级是适应消费多样化发展趋势、满足消费者不同层次需求的技术基础。生产者按照分级标准组织生产，并按照市场对不同等级、规格要求的水果包装和出售，明确反映水果功能用途及其相应的费用与价格，体现了市场对水果预期、认可的不同质量要求，保证高质量产品的市场销售，从而促进水果的优质优价。

四、分级是提高果品市场竞争力和促进市场流通现代化建设的客观要求

建设社会主义新农村，推进现代农业建设，需要进一步推进产销衔接，发挥流通对生产的引导作用，促进农业增效、农民增收。我国是水果生产与消费大国，果业是农民增收的重要来源。但是，由于多年来大部分水果没有实施质量等级规格标准化，农民出售水果时大多混装、散装，外观质量差，卖不出好价钱，

不能实现优质优价，影响果业的增产增收。目前，水果流通的主渠道是遍布全国城乡的农贸市场和批发市场，参与收购运销的市场主体多为个体经销商或私营小企业，流通方式比较粗放，流通秩序不够规范，流通效率不够高，其中一个重要原因就是在流通中没有普遍推行水果质量分级。

五、分级是应对技术壁垒和扩大出口的需求

当前我国水果出口遭遇到国外的技术性贸易壁垒主要表现形式有3种：一是技术性法规和技术标准；二是标签要求；三是合格评定程序。没有经过指定机构认证的产品，不准进入市场销售。而这三方面均与水果精选分级有着密切关系。发达国家根据本国水果优势产区的生产地域、生产工艺、消费口味和饮食结构制定分级标准，确定质量等级指标和规格级别，并与其他检验检疫措施一起，成为别国农产品进口必须达到的质量要求。而我国由于传统农业的生产方式和农户分散经营的现状，导致水果规格不一、品质不均，产品质量达不到进口商的分级标准要求而不能以合理的价格销售的情况时有发生。即便进入进口国市场，也会因与其质量分级标准不统一，效益损失巨大，出口效益不高，产业优势难以有效发挥。

基于以上需求，水果分级势在必行，将水果分级包装上市，提高水果质量等级化、包装规格化程度，树立农产品的整体形象，引导优势产业做大做强，提高国际竞争力，已是提升我国果品质量、扩大水果出口的战略选择。

第三节　水果分级定义

Thomsen（1951）最早给出了严格的分级定义："将产品分为不同类别，每一类内产品具有充分同质的质量特质。"而标准是指"在不同地点、不同买方和卖方之间关于等级的质量规格形成一致意见"。

Kohls和Uhl（1998）关于农产品质量的定义是"农产品质量是指产品的效用、意愿和价值等主观特性"，并指出农产品质量差异具有双重性：一方面，由于农产品的生物特性，农产品的味道、色泽、鲜嫩、大小、形状和湿度等性质构成了从高级到低级的垂直质量差异；另一方面，质量又体现了消费者的主观偏好，感官质量不同的产品（例如，红心火龙果和白心火龙果），对不同的消费者具有同样的吸引力，称为水平质量差异。柯炳生（2003）也认为，农产品的质量既是一种客观存在，又带有相当的主观性，在多数情况下，绝大多数消费者对于同一质量农产品的总体评价是一致的，但是在一些情况下，不同消费者对同质量农产品的评价可能有较大差异。

按照以上定义，水果分级是根据水果质量标准，将不同质量的水果进行归类。其中，质量标准是指从买方价值角度出发的。可区分不同质量产品的公认尺度，一个理想的质量标准应该能够帮助消费者告诉生产者，什么是他们所期望的产品的具体用途。水果质量标准因品种而异，可以是生理学意义上的，例如水果的营养价值，但大多数质量标准是感官性的。水果分级既是一个产品分类过程，也是一套包括质量标准、类别定义、检测办法、标识规则在内的语言体系。水果分级过程一般由三个步骤组成：首先是对不同等级的水果质量特征进行定义，主要是可定量化的等级标准；其次是通过质量检测，将具体产品划归为不同的等级；最后是对不同等级的水果进行认证和标识，让购买者确信所购产品的质量符合其等级标准。

本书在明确水果分级定义的基础上，对水果分级的性质进行界定，除非特别说明，本书中所指的水果分级应同时具有以下4个性质。

（1）所谓的“水果”主要是指没有经过深加工的初级产品，主要分为两大类：一是消费者作为食品直接购买、消费的水果；二是加工商作为原材料购入的水果（如加工果汁用的水果等）。

（2）同一等级内的水果质量差异要明显小于等级之间的水果质量差异，即同一等级的水果可以看作同质产品，而不同等级之间的水果可以看作异质产品。

（3）各等级之间的水果质量并不一定要有高低之分，而是有差异即可，这种质量差异是买方所关心的，既包括垂直质量差异，也包括水平质量差异，分别反映了水果的质量高低和功能差异。

（4）水果分级所依据的质量特征是可测量的，其中有些是买卖双方可以直接观测的，而另一些必须借助一定技术手段，需要付出一定的质量检测成本。

第四节 水果分级要素

水果质量等级是指产品的优劣程度，也可以说，质量是一些有意义的、使产品更易于被接受的特征的组合。水果质量特征包括内在特性和外在特性，从国内外比较成熟的水果质量分级标准来看，水果质量等级的划分主要依据人体感官可以感知的一些品质要素，如外观、质构、风味等方面，这些要素共同构成了水果质量分级的依据。

一、外观

外观要素包括大小、形状、色泽、光泽、完整性、损伤程度等，可以直观地反映水果的外在品质。

（一）大小和形状

大小和形状是指水果的长度、宽度、厚度、几何形状等，从一定意义上可以说明水果质量的优劣。大小和形状均易于测量，是水果等级划分的重要因素之一。圆形水果可以根据其所能通过自动分离分级设备的孔径大小来进行分级，如超市中红富士80/85三级就是按照苹果的直径来划分的等级。粗分级后的产品大小也可以按照重量进行估算，如通过测定一箱苹果的重量来决定苹果的平均重量。水果的形状不仅仅具有视觉上美观的重要性，如果在机械化生产中要使用某种机械装置来代替手工操作，就有必要对水果形状进行标准化规定。

（二）色泽和光泽

水果表面的色泽和光泽程度对提高买方的吸引力非常重要。色泽是物体反射自然光后所呈现的结果。当一束自然光线照射到产品上，一部分光线被产品吸收，一部分光线在产品表面发生反射，一部分光线透射过产品，其中反射的光线部分就呈现为产品的颜色。目前水果中存在的天然色素有4类，分别为花青素、甜菜红色素、类胡萝卜素和叶绿素。色泽是影响消费者选择的主要因素之一，也是水果成熟度和新鲜度的重要标志。水果表面颜色受水果品种、气候、土壤环境等因素的影响，个体差异较大，对水果商品品质的影响也较大。在苹果生产中，果农为满足消费者感官需求，经常使用套袋技术，使苹果表面颜色均匀一致。水果颜色与果实成熟度密切相关，比如红富士成熟时表皮和果实颜色由绿色逐渐向红色转变，红色着色面积越大，成熟度越高，所以对于水果而言，颜色往往是判断成熟程度的重要依据。

依据水果的色泽不仅能判断产品成熟度和质量优劣，还能在一定程度上说明新鲜度、卫生等方面的问题。桃子表面如果棕色斑点，就很容易判断出桃子有腐烂迹象，而且依据色泽变化的面积还可判断桃子腐烂程度。

色泽通常可以通过产品与标准比色板进行比较来判定。在质量评价时，评价人员需要找到与产品色泽匹配或最为相近的比色板，对产品色泽进行规范描述。比如在评定红富士产品颜色时，利用绿色和红色的比色板进行判定。同时，色泽的测量还可以利用亮度、色调和彩度等指标进行详细的量化测定，用于推测产品在成熟和贮藏过程中发生的变化。

（三）完整性和损伤程度

水果的完整性和损伤程度也是判定农产品质量的重要依据。损伤程度对水果质量有着十分重要的意义，产品受病虫害侵蚀往往使果实不具备食用价值，采收或采后处理过程中受到机械损伤也容易导致水果变质或腐败。

二、质构

水果质构是水果品质的重要参数，是指被手指、舌头、上腭或牙所感觉到产品结构特性，被广泛用来表示产品的组织状态、口感。ISO将“质地”定义为“被感觉器官通过触觉、视觉、听觉、味觉所感受到的所有流变学和结构学上的属性”。水果质构特性参数的范围极其广泛，包括硬度、弹性、塑性、黏性、紧密性、黏结性、黏着性等。水果质构特性由植物组织的微观结构所决定，也受到某些质构调节剂的影响。水果的质构与色泽一样，不是一成不变的，它的变化能有效反映产品的质量差异，偏离期望的质构就是质量缺陷。

水果的鲜食特性决定了水果产品质地对于质量评价的重要性。影响水果质地的因素很多，包括水果类型、品种、成熟度、大小、栽培条件和贮藏等，不同因素对不同产品的作用也是不同的。果肉细胞形态与其质地关系较大。果肉细胞小、密度大、细胞壁厚、细胞间隙率低的品种果肉硬，反之较软；果肉细胞大、细胞壁薄、细胞间隙率低、果肉内外结构一致性强的品种果肉脆度高；果肉细胞大小中等、密度高、细胞壁薄、细胞间隙率较低的品种果肉韧性高。梨果中特有的实细胞是由大量木质素组成的厚壁细胞，对梨果肉的食用品质有严重影响。新鲜水果存放一段时间后，细胞壁破裂，水分就会流失，发生松弛现象，吃起来口感自然就不新鲜。水果损失更多水分时会变得干燥、坚韧、富有咀嚼性，这也是水果干制品的生产原理。在实际测定中，评价水果质地特性的参数主要包括成熟度、坚实度、果皮或果壳的硬度、果实的脆性及果皮或果肉的弹性等。

三、风味

风味包括口味和气味，是食品本身和人体感官体验共同作用的结果。人有4种基本的口味，即甜、咸、酸和苦，除这4种基本味觉外，人的舌头还能感觉另外两种味觉，即鲜味和涩味。风味非常复杂，任何特定的风味不仅取决于咸、酸、苦、甜的组合，还取决于无数能产生特征香气的化合物，并且还与个人的喜好、文化和生理等密切相关。不同地区、不同人群对不同口味和气味的喜好程度不同，不同人对特定风味的敏感程度也不同，因而风味具有比其他质量要素更浓厚的主观色彩。

糖度和酸度是决定水果滋味和口感的重要指标。果实在生长过程中不断地积累有机物质，大量碳水化合物首先以淀粉的形式贮藏于果肉细胞中，果实无甜味。随着果实的成熟，一方面，淀粉在酶的作用下水解为蔗糖、葡萄糖或果糖等可溶性糖类；另一方面，果实内所积累的有机酸也部分地转化成糖类，果实酸味消减，口感甘甜。通常当糖度和酸度达到一定比例时，才具有最佳的适口性。因此，在果实品质评价时往往将糖酸比作一个重要的判定指标。还有些果实，在未成熟时，由于果肉细胞中含有单宁而使果实有很强的涩味。果实成熟时单宁被过氧化物酶和过氧化氢酶氧化或者是凝结成不溶性物质而使涩味消失。对于这类果实，涩味也是评价果实口味的指标之一。除了口味以外，香气也是水果风味的重要特征，形成香气的主要原因是果实在成熟过程中由于中间代谢而产生了一些酯类、醛类和酮类等物质，水果香气成分随着果实的成熟而增加，因此成熟的果实香味四溢。

有时色泽和质构会对风味的评判产生影响。尽管产生风味的物质往往并没有颜色，但是这些物质却通常存在于具有特征色泽的食品中。比如人们经常将橙子或橘子与橘黄色、樱桃或草莓与红色、黄瓜清香与绿色等联系在一起。这也是为什么在食品加工中会赋予不同口味的产品以不同的特征颜色，草莓味道的酸奶和饮料常常使用粉红色进行着色和包装，消费者似乎通过感官就能感受到草莓的芳香。为尽量减少色泽对风味的干扰，风味评价中常采用“暗室”尝评。

外观、质构和风味属于感官性质或感觉性质范畴，除了这3种质量要素外，还有一些不能被感官察觉的质量要素，如营养质量和耐贮藏性。营养质量成分包括蛋白质、脂类、碳水化合物、矿物质和维生素五大类主要营养元素，还包括具有保健功能的活性成分，如活性低聚糖、活性多糖、活性脂、活性肽和活性蛋白等。营养质量要素可以用化学分析方法进行测定，也可以用仪器分析方法进行测定。耐贮藏性是指产品在一定贮藏及搬运条件下的稳定性，对产品鲜度和确定保质期具有重要意义。

本书中以可以利用仪器仪表智能监测的要素为主，比如外观中的大小、颜色和重量，质构中的硬度，风味中的糖度和酸度等要素。

第五节　水果分级方法

一、感官评价方法

感官评价就是以心理学、生理学、统计学为基础。凭借人体感觉器官（眼、耳、鼻、口、手等）的感觉（视觉、听觉、嗅觉、味觉和触觉等）对水果的感官性状（色、香、味、形等）进行综合性鉴别和评价的一种分析检验方法，并且通过科学、准确的评价，使获得的结果具有统计学特性。

感官评价是目前应用较多的水果质量主观评价方法，有着仪器分析所不可替代的特性。人们在挑选水果时，会用感觉器官，包括视觉、触觉、嗅觉、味觉甚至听觉去判断产品的质量，根据感觉判断的结果作出选择。人的视觉系统可以对水果的色泽等外观特性进行评价。

水果感官评价一般分为两大类型，即分析型感官评价和偏爱型感官评价。分析型感官评价指用人的感觉器官作为一种分析仪器，来测定水果的质量特性或鉴别物品之间的差异等。偏爱型感官评价依赖人的感觉程度和主观判断评价是否喜爱或接受所试验的产品及喜爱和接受的程度。水果感官评价的方法包括差别检验、灵敏度检验、排序检验、描述型和评估检验、嗜好性检验等。

感官评价作为一种产品质量评价方法，具有不稳定性和易受干扰的特点。由于作为质量评价的工具是人，感官评定难免带有主观片面性。如不同品尝人员对风味的敏感程度不同，个人喜好也不同，因而评定结果也有所不同。人的视觉系统只能看到物体表面，不能看到物体内部，并且个人感官长时间进行同样的评定容易造成视觉疲劳，甚至造成遗忘，降低工作效率或造成判别错误。因此，感官评定是一种模糊评判，不能进行准确量化。针对以上特点，感官评价一般要注意以下几点：①试验要重复几次，这和一般的仪器试验是一样的，这样才能降低误差，使结果接近真实值。②每次试验使用多个品评员，通常参评者的数量在20~50人，不同试验方法对试验人数有不同要求。③对品评员进行筛选，不是任何一个人都可以参加产品评定的，要尽可能吸收那些符合要求的人。④对感官评价人员进行培训，针对待品尝的样品进行有目的的培训。

二、化学分析方法

水果中的碳水化合物、矿物质和维生素等营养品质，还有保健功能的活性成分，如活性低聚糖、活性多糖等要素可以用化学方法进行分析测定。

测定水果中糖类物质的方法很多，可分为直接法和间接法两大类。直接法是根据糖的一些理化性质作为分析原理进行的各种分析方法，包括物理法、化学法、酶法、色谱法、电泳法、生物传感器及各种仪器分析法。间接法是根据测定的水分、粗脂肪、粗蛋白质、灰分等含量，利用差减法计算出来，常以总碳水化合物或无氮抽提物来表示。虽然间接法可测定食品中糖类化合物的总量，但采用直接法分别测定农产品中各种糖的含量显得十分重要。

物理法包括相对密度法、折光法、旋光法和重量法等，可用于测定糖液浓度，糖品的蔗糖糖分，谷物中淀粉及粗纤维含量等。化学分析法是应用最广泛的常规分析方法，包括直接滴定法、高锰酸钾法、铁氰化钾法、碘量法、蒽酮法等。食品中还原糖、蔗糖、总糖和果胶物质等的测定多采用化学分析法，但所测得的多是糖类物质的总量，不能确定混合糖的组分及其每种糖的含量。

利用纸色谱法、薄层色谱法、气相色谱法、高效液相色谱法和糖离子色谱法等可以对混合糖中各种糖分进行分离和定量，其中薄层色谱法和高效液相色谱法被确定为测定异麦芽低聚糖的国家标准方法。用酶分析法测定糖类也有一定的应用，如用酶—电极法和酶—比色法测定葡萄糖、半乳糖、乳糖和蔗糖含量，用酶水解法测定淀粉含量等。电泳法可对食品中各种可溶性糖分进行分离和定量，如葡萄糖、果糖、乳糖、棉籽糖等常用纸上电泳法和薄层电泳法进行检验。近年来，毛细管电泳法在一些低聚糖和活性多糖方面的测定越来越广泛，但尚未作为常规分析方法。生物传感器简单、快速，可实现在线分析，如用葡萄糖生物传感器可在线检测混合样品中葡萄糖的含量，是一种具有很大潜力的检测方法。

三、仪器测定方法

水果品质评价可以借助仪器进行定量分析，以辅助感官评定，使质量评价更具客观性。色泽测定可以用色差仪进行颜色参数量化，可以将有色水果颜色量化为3个数值——亮度、色调和彩度，也可利用明—暗、黄—蓝、红—绿3种属性的三维坐标系统来描述。与色泽类似，一些光学测量仪器能够定量测定沙尘暴表面的光泽程度。

水果质地可以用质构仪进行测定。马庆华等利用质构仪对完整果实穿刺试验检测冬枣品质，得到果皮（果皮强度、破裂深度、脆性、韧性）和果肉（最大硬度、平均硬度、匀质指数）的精确数据。

营养品质要素除了可以用化学方法分析外，也可以借助仪器手段进行分析，水果中维生素的含量传统上使用微生物分析法、荧光法和分光光度法。现代分析方法主要有化学发光分析法、电化学分析法、毛细管电泳法、超临界流体色谱法、高效液相色谱法。通过建立化学发光反应，可以检测叶酸、核黄素和维生素C含量等；电化学分析法可以测定多种水溶性维生素B_1、维生素B_6和叶酸等；毛细管电泳法可以同时分离多种水溶性维生素；超临界流体色谱法可以测定多种对光、氧、热和pH试纸比较敏感的维生素；高效液相色谱法可以测定营养强化剂中维生素含量等。矿物质可以用原子发射光谱仪、原子吸收光谱仪、原子荧光光谱仪、电感耦合等离子体发射光谱及质谱联用仪等仪器进行测定。利用原子荧光法可以测定苹果中微量硒的含量。

四、机械分级技术

机械分级技术主要是根据农产品的大小、尺寸、密度、硬度等物理特性参数进行水果品质的评定。

筛选法所依据的参数就是水果的大小和尺寸，让不同大小、尺寸的果实通过不同尺寸网格的分级筛，使大小不同的果实分开，可以同时处理许多物料，效率较高。辊式分级机根据水果的最小尺寸分级。

密度分级法是利用重力、气流和水的浮力将不同比重的物料区分开。硬度分级法是根据物料的硬度将物料区分开。水果的成熟度大多与硬度有关，总的来说随着成熟度的增加其硬度逐渐下降。已有多种水果硬度测量方法，如力变形、冲击力、弹性碰撞等。但目前，我国水果产业只有20%采用机械分级，80%仍是手工分级。

五、可见与近红外光谱技术

水果的光学特性是指水果对光的吸收、散射、反射和透射等特性。随着计算机技术和信息提取技术的高度发展，近红外光分析技术得到了迅速发展。近红外光是电磁波，具有光的属性，近红外法又可分为穿透法、反射法和部分穿透法。当近红外光照射到由一种或多种分子组成的物质上时，如果物质分子为红外活性分子，则红外活性分子中的键与近红外光子发生作用，产生近红外光谱吸收。近红外光谱分析技术就是利用上述性质，根据各含氢基团的近红外光吸收特点来检测水果中含有水分、糖、酸等成分的含量。此外，当近红外光源发出的近红外光照射到研究对象后，由近红外摄像机接收被研究对象反射回来的近红外光，形成研究对象的近红外图像，对该图像进行光谱转换和亮度增强，可得到研究对象的可见光图像。近红外图像技术可用于水果外部品质检测和内部虫害检测。

近红外分析技术的最早应用可追溯到1939年，但真正用于农产品实用分析是20世纪60年代的Karl Norris。60年代初，美国农业部仪器研究室Norris等人首先利用近红外光谱技术测定谷物中的水分、蛋白质、脂肪等含量，并致力于近红外光谱技术在农产品品质分析中应用的研究。近红外光对物质的穿透能力较强，近红外分析不需对样品作任何处理，可以进行非破坏性检测及活体分析等，不但适用于实验室分析，而且可用于现场分析和在线实时分析，并且近红外光子的能量比可见光还低，不会对人体造成伤害。国外研究者在可见光和近红外技术应用领域做了大量的研究工作，Lammertyn J等人进行了可见光谱和近红外光谱对红苹果质量特征无损测量的研究，并建立了双叉光纤记录的反射光谱与苹果参数之间的关系。Throop等人研究了多光测量技术鉴定10个品种苹果的22种缺陷，在460～1 030nm光谱范围内每隔10nm测定它们的反射强度来判定苹果的内部缺陷。在果面各种缺陷的快速检测方面，Throop等人应用多光谱测量技术，对10个品种苹果的22种缺陷，在460～1 030nm光谱范围内，每隔10nm测定它们的反射光谱特性，其中对3种苹果同一种缺陷进行测量，结果发现，在540nm、740nm、1 030nm波段附近，3种苹果同一缺陷与正常区反射强度的差别表现为最大值或最小值，最后通过对3个波段的图像进行减法和阈值处理，得到检测结果，从而为分级提供依据。J A Throop等研制了一种多光谱苹果检测装置，该装置以发光二极管作为光源，能在一次照相中提供3种不同波段（450nm、740nm、950nm）的苹果图像，通过对捕获的图像进行处理，实现苹果的缺陷检测。Renfu Lu运用近红外多光谱散射图像（光谱段范围为670～16 060nm，间隔10nm）来预测红富士苹果的硬度和含糖度，将不同光谱段的散射率输入神经网络的输入层，结果发现波长为680nm、880nm、905nm和940nm的近红外多光谱散射图像用于预测红富士苹果的硬度和含糖度最好。

在欧美及日本等发达国家，很多近红外光谱分析法被列为标准方法，如许多近红外光谱分析的试验方案和计算方法已成为美国分析化学家协会（AOCA）的标准方法。美国官方检测机构在谷物市场采用近红外光谱仪Infratec Models 1225和1226作为检测麦蛋白、豆蛋白和油脂含量的标准仪器，替代了传统的凯氏定氮和油脂抽提分析方法。国内对可见光与近红外应用研究起步较晚，虽然某些方面已具国际领先水平，但就总体来看，与国际水平还有很大差距。何建东等人探讨了农产品分光反射特性和近红外图像处理在果实损伤检测、颜色和叶子相近果实的识别应用。杜冉等人运用近红外透射光谱技术快速分析了苹果的糖度和硬度。毛莎莎等人利用可见近红外漫反射光谱测定了哈姆林甜橙果实成熟过程中的可溶性固形物含量，可滴定酸和维生素C含量变化。代芬等人利用近红外漫反射高光谱图像技术检测龙眼表面常用农药敌百虫和敌敌畏残留。王加华等人应用可见近红外能量光谱法快速判别苹果褐腐病与水心病，褐腐病苹果判别率为100%，水心病苹果判别率达到96.7%。硬度和含糖度是苹果及其他水果的两个重要特性。刘燕德等对红富士苹果糖度检测进行了研究，他们利用傅立叶光谱仪的智能光纤传感器研究了近红外光无损检测水果糖度的方法。结果表明，在12 500～3 800cm^{-1}光谱范围内应用光纤传感器技术进行苹果糖度无损检测具有可行性。另外，他们还研究了用近红外漫反射测定苹果糖分含量，以及用近红外光谱测定水蜜桃糖度和有效酸度。

六、X射线与激光技术

X射线是一种很短的电磁波，波长范围为10^{-12}～10^{-8}m，较紫外线短，但比γ射线长，即能量比紫外大，比γ射线小。X射线与其他电磁波一样，能产生反射、折射、散射、衍射、干涉、偏振和吸收等。X射线具有穿透能力，在穿透不透明物质的过程中被物质吸收和散射，从而引起射线能量的衰减。X射线的穿透能力与射线波长有关，与被穿透材料的原子序数和密度也有关。射线波长越短，能量越大，穿透能力越大；被穿透材料的原子序数越大，密度越大，越难穿透。X射线的检测原理主要是基于其具有穿透能力的性质，射线穿透被检测对象时，由于检测对象内部存在的缺陷或者异物会引起穿透射线强度上的差异，通过检测穿透后的射线强度，按照一定方法转化成图像，并进行分析和评价以达到无损检测的目标。有很多研究利用X射线测定水果的成熟度和内在品质。Nachiket等人利用X射线成像技术对胡桃进行无损质量评估。韩东海利用X射线通过正常柑橘和皱皮柑橘的透过率不同，将皱皮柑橘与合格柑橘分开。黄兴奕等人利用X射线技术对核桃内部品质进行了无损检测。Barcelon等人使用X射线计算机层析

（CT）图像检测了梨和桃子成熟过程中内在品质的变化，通过X射线吸收图像灰度可预测水果的密度、含水量、可滴定酸、可溶解酸和pH值。

激光具有较好的单色性，可对农产品的表面缺陷、密度、内部病变等基本物理性质和内、外部品质进行无损检测。利用激光可测定水果的糖度，已有公司应用激光技术开发出激光甜瓜糖度在线检测装置。Wulf等研究了LIFS测量中的影响因素，这项无损检测技术发展成为一种荧光谱测量方法，用于检测苹果的质量。根据水果色素的荧光谱不同，可以用红色荧光检测出水果的叶绿素，用蓝绿色荧光检测出胡萝卜素，检测的波长分别为402nm、430nm和458nm。

七、声学特性技术

水果的声学特性是指水果在声波作用下的共振频率、反射特性、散射特性、透射特性、吸收特性、衰减系数、传播速度及其本身的声阻抗与固有频率等，它们反映了声波与水果相互作用的基本规律。水果声学特性的检测装置通常由声波发生器、声波传感器、电荷放大器、动态信号分析仪、微型计算机、绘图仪或打印机等组成。检测时，由声波发生器发出的声波连续射向被测物料，从物料透过、反射或散射的声波信号，由声波传感器接收，经放大后送到动态信号分析仪和计算机进行分析，即可得出水果有关声学特性。

利用水果声学特性进行无损检测和分级是现代声学、电子学、计算机、生物学等技术在水果生产和加工中的综合应用，是近30年发展形成的新技术。用水果的声学特性进行水果无损检测和分级具有适应性强、检测灵敏度高、对人体无害、使用灵活、设备轻巧、成本低廉、可在野外及水下等各种环境中工作和易实现自动化等优点。国外已有部分学者对水果声学特性应用做了一些基础研究工作，主要有以下几个方面。

对水果成熟度、硬度和内在品质缺陷等的无损检测。如Abbott等人对苹果进行非破坏性硬度测试；Armstrong等人利用声波响应特性测定桃的硬度和成熟度；Sugiyama等人利用声波传播速度测定甜瓜的成熟度；Reyes用组装的冲击探针对不同成熟阶段的Solo木瓜进行测试，取得果实成熟度、硬度和色泽之间的力学特性及果实硬度与成熟度之间的相关系数。

Belie在连续两年时间里，用声脉冲响应技术检测了生长中的梨在收获前后硬度的变化。目前，已有企业开发研制出西瓜在线成熟度检测装置，日本于2001年还开发了一种携带式甜瓜在线成熟度测定仪；Lu和Rao等人运用声学特性发明了一种质量检测系统，声波通过麦克风采集转化为电信号，再通过处理电路放大和滤波，由数据采集板取样，建立传输速率和固态溶解物之间的关系，试验结果表明不同打击位置和西瓜生长状况的相关系数达到0.81～0.95。

我国在这方面的研究起步较晚，但近年来研究进展较快。何东健等人用测量冲击振动产生的声波特性来研究西瓜等水果品质与固有频率的关系，判断西瓜成熟度和内在品质；王书茂等人用冲击振动法对西瓜的成熟度进行无损检测；高冠东等人提出了一种基于音频响应频带幅值向量（BMV）特征的西瓜成熟度无损检测方法；刘志壮等人提出应用声学特性检测法，采用LabVIEW采集与处理技术研制台式西瓜无损检测系统等。目前这些研究均是研究水果声学特性——共振频率、反射特性、透射特性、吸收特性、衰减特性和传播速度及其本身的声阻抗等中的某一特性与水果某一品质指标的关系，而对多种声学特性对水果某一内在品质指标或多种内在品质指标综合影响的研究还未见有报道。

八、超声波技术

声波是物体机械振动状态（或能量）的传播形式。超声波是指振动频率大于20 000Hz以上的，其每秒的振动次数（频率）甚高，超出了人耳听觉的一般上限（20 000Hz），人们将这种听不见的声波叫做超声波。超声波是一种波动形式，它可以作为探测与负载信息的载体或媒介进行诊断。水果的储存时间也能从一定程度上反映水果的质量。Ki-Bok Kim等运用超声波信号检测苹果的储存时间。水果有非线性的黏弹性特性，因此当超声波信号经过水果表面后，信号会削弱，且频率会改变。但用典型的超声波参数如波速、波的衰减及波的频谱很难评价水果的内部质量。将离散小波变换应用到超声波检测苹果上，结果显示第一个峰值频率与苹果的储存时间有很好的相关性。

九、电磁特性技术

电磁特性技术是利用水果本身在电场和磁场中的电、磁特性参数的变化来反映水果品质，测定水果的综合质量。主要包括涡流、漏磁、磁记忆、微波等多种检测方法，可用于水果的密度、硬度、新鲜度、成熟度等基本物理性质和内在品质的无损检测。近年来，国内外对水果电磁特性的研究取得了一定的进展。

介电特性是指生物分子中的束缚电荷（只能在分子线度范围内运动的电荷）对外加电场的响应特性。胡海根等人做了基于电场理论水果介电特性无损检测机理的研究，首次将有限元应用于分析电偶极子的电场分布，并对其进行模拟仿真，分析了交变电场对其介电特性参数的影响，探索了苹果介电特性参数与其内在品质之间的关系。加藤宏朗在10 ~ 13MHz的频率范围内，对坏损和正常水果的介电特性进行了对比测试，结果显示，坏损水果的串、并联电阻及阻抗低于正常水果，而串联等效电容及损耗因数则比正常水果大。廖宇兰等人对介电特性无损检测技术在杧果品质检测方面的可行性和应用前景进行了探讨，他们通过ICR测量仪对杧果的内在特征进行检测，发现基于介电特性的参数检测可实现水果在线无损检测自动化品质评价和自动分级，并建立了各种不同品种化学成分和介电特性之间的数学模型，为实现基于介电特性的水果无损检测自动化品质评价和自动分级奠定了实践和理论基础。目前来看，基于介电特性的水果无损检测系统还没有达到实用阶段，其分选精度和分选效率仍然受到很大限制，同时对水果采后生理变化反映在介电特性改变的机理研究也远没深入。

电磁特性技术作为一项无损检测技术具有适应性强、检测灵敏度高、无公害、使用方便、设备简单、成本低廉和自动化程度高等优点，是一项发展迅速的新技术。今后，电磁检测设备将朝着小型化、多功能化、智能化方向发展，并将结合超声检测、涡流三维成像、阵列涡流、磁光涡流及视频等诸多功能，使电磁检测技术在预测应力集中程度与寿命评估方面发挥更大的作用。

十、计算机视觉技术

计算机视觉技术即机器视觉技术，主要用计算机来模拟人的视觉功能，从客观事物的图像中提取信息，进行处理并加以理解，最终用于实际检测、测量和控制。一个典型的工业机器视觉应用系统包括光源、光学系统、图像捕捉系统、图像数字化模块、数字图像处理模块、智能判断决策模块和机械执行模块。首先采用摄像机获得被测目标的图像信号，其次通过A/D转换变成数字信号传送给专用的图像处理系统，根据像素分布、亮度和颜色等信息，进行各种运算来抽取目标的特征，最后再根据预设的判别准则输出判断结果，去控制驱动执行机构进行相应处理。计算机视觉技术具有信息量大、速度高、功能多、可定量测量目标、能避免人为主观因素等优点。

机器视觉技术于20世纪70年代开始应用于工业和农业中，随着图像处理技术的发展和计算机成本的降低，机器视觉技术在水果品质自动检测与分级领域中的应用越来越具有吸引力。计算机视觉技术可同时利用大小、形状、颜色、表面损伤等参数对水果进行检测分级。

机器视觉系统在水果分级方面已经有了一定的研究和应用，出现了可根据水果的颜色程度和大小或质量进行分级的设备，如美国俄勒冈州Alle Electronic公司生产的分选果实的装置，该装置采用了高清晰度CCD摄像机，能按产品色泽或大小进行分选，并能将特定产品分选内容编程并预先存储在存储器内。

我国基于机器视觉的水果分级研究起步较晚。刘禾等研究了苹果自动分级中的图像分割技术，提出了苹果图像处理窗口的快速确定方法、阈值计算方法及用最小二乘法与搜索点所在的区域相结合确定搜索方向的方法。此方法能可靠、有效、快速地进行图像分割。刘禾等还提出了用计算机图像技术进行苹果坏损自动检测，根据苹果光学反射特性建立了一套适于苹果自动检测的计算机图像处理系统。该方法只是用计算机图像处理技术对苹果损坏部位的检测进行了初步研究，当苹果损坏部位被检测出来后，再根据相应的分级标准，人工进行分类。此外，检测速度不高，不能满足实际需要。李庆中等还对苹果大小、对称度、水果缺陷的分类进行了较深入的研究。应义斌等人也对水果分级技术进行了研究，提出了用计算机视觉进行黄花梨果梗识别。判断有无果梗的正确率为100%，判断果梗是否完好的正确率为93%，其运用的算法具有一定的鲁棒性，对移位、旋转不敏感，可应用于其他果品的果梗识别。另外，蒋焕煜等对水果图像的背景分割和边缘检测技术、苹果果梗和表面缺陷的计算机视觉检测方法、苹果图像的预处理及尺寸检测，以及水果分级自动生产线等也进行了深入的研究。

目前，在水果品质与安全性无损检测方面，机器视觉不局限于可见光区域，还扩展到了紫外线、近红外线、红外线、X射线等区域。当前科学研究的发展表明，在水果品质与安全性检测中应用高光谱图像检测技术的机器视觉系统是一种重要发展趋势。高光谱图像（Hyper Spectral Imaging，HSI）是一系列光波波长的光学图像（光源有特定的波长）。高光谱图像技术检测到的样品信息既有图像信息又有光谱信息，图像技术能全面反映样品外在特征，光谱技术能检测样品物理结构、化学成分，这样获得的样品信息非常全面。

十一、电子鼻技术

电子鼻技术是20世纪90年代发展起来的一种快速分析识别和无损检测技术，它是一种基于嗅觉传感器技术、模式识别技术、电子技术和计算机技术等多学科交叉的高新技术。1982年英国华威大学的Persand和Dodd提出了电子鼻的概念，他们用3个商品化的SnO_2气体传感器模拟哺乳动物嗅觉系统中的多个嗅感受器细胞对戊基醋酸酯、乙醇、乙醚、戊酸、柠檬油、异茉莉酮等有机挥发气体进行类别分析，开了电子鼻研究的先河。

1994年英国华威大学的Gardner和南安普顿大学的Bartlett使用了电子鼻这一术语，并给出了定义：电子鼻是一种由具有部分选择性的化学传感器阵列和适当的模式识别系统组成，能识别简单或复杂气味的仪器。它主要以特定的传感器和模式识别系统快速提供被测样品的整体信息，从而指示样品的隐含特征。与普通的化学分析仪器，如色谱仪、光谱仪等不同，电子鼻得到的不是被测样品中某种或某几种成分的定性与定量结果，而是给予样品中挥发性成分的整体信息，也称“指纹”数据。由于在同一个仪器装置里采用了多类不同的矩阵技术，使检测更能模拟人类嗅觉神经细胞，根据气味标识和利用化学计量统计学软件对不同气味进行快速鉴别。在建立数据库的基础上，对每一样品进行数据计算和识别，可得到样品的“气味指纹图”和“气味标记”。随着材料科学和制造工艺的发展，经过科研人员十几年的努力，电子鼻的研究达到了一个相当高的水平，在农产品无损检测中的应用也受到了广泛的关注。

电子鼻检测技术是通过气味检测得到的数据与水果各质量指标建立关系，从而能够做到在线检测水果等所散发气味的同时，对产品进行质量判别和成熟度分级。Benady和Kim等人根据对果品所散发气体的电子感测，研制了一种水果成熟度的非破坏测定用的嗅探器。Brezmes等人研究了电子鼻对梨、桃和苹果成熟度的检测，采用神经网络分析方法，能把水果样品分成未熟、成熟和过熟3个类别，还能预测水果的储藏天数；随后在2005年他们又用电子鼻对桃、油桃、苹果和梨的成熟度展开了进一步的研究。

电子鼻技术得到很大发展正是得益于其灵敏度高、操作简便、试验成本耗材低、无须复杂前处理、检测速度快、与人们感官数值相吻合、现场检测性、数据实时性等优势。因此，随着食品工业各个领域电子鼻检测技术标准化的形成，快速、稳定、现场实时的电子鼻检测技术将得到更加广泛的应用，成为实验室常规分析手段之一。

本书旨在研究利用无损在线智能检测方法对水果品质进行分级的技术，着重介绍水果品质分级标准以及品质分级智能感知技术、分析建模技术、智能识别技术、智能控制技术以及应用案例。

第二章　水果分级标准

水果分级是水果商品化和标准化处理的关键环节。分级就是将水果按照大小、形状、颜色、表面缺陷等外部品质以及糖度、酸度、坚实度等内部品质分成不同的等级。随着人们生活水平和食品安全意识的提高，世界各国对包括水果在内的各种农产品的品质要求越来越高，作为水果分级依据的分级标准也越来越受重视。一些发达国家结合国际农产品质量分类标准相继制定了一系列水果分级标准，以适应国际需求，提高国际竞争力。在我国早期，水果分级标准化工作相对落后，起步较晚，发展缓慢，不能适应我国果树业实际发展的需要。我国加入世界贸易组织后，随着贸易关税的降低，我国果树业也获得了在同一平台上参与国际竞争的机会，为了提高国际竞争力以及经济效益，作为衡量水果品质的分级优化标准也越来越受重视。本章主要从水果分级标准的作用、国外水果分级标准和国内水果分级标准3个方面进行阐述。

第一节　水果分级标准的作用

水果分级标准本身是一种制度，是由国家有关行政部门颁布的。它明确了标准执行与参与者的责任、权利和利益，提供了公平的竞争规则，对于规范市场秩序、减少市场经济活动中的信息不对称、降低交易风险等方面具有重要作用。标准的强制施行有利于提高果树业生产经营的效率，有利于促进经济的有序发展。

水果分级标准是衡量水果经济价值的依据，某种水果的分级标准本质上是按照果实的质量对水果分出等次，淘汰不合格产品，降低不符合标准水果的等级，最终实现按质定价。在异地销售时，由于销售的消费者可能对某种外来水果缺乏了解，水果质量级别就成为衡量水果价格的重要依据。而在大宗水果贸易时，同种同批次水果可以按照等级定价，相同等级水果的贸易价格按照同一规则定价，最终实现优质优价。这样就可以规范贸易市场、简化贸易环节、降低交易风险，最终促进水果贸易有序健康地发展。

水果分级标准可在一定程度上保证供需双方的利益。对于生产者来说，可以根据分级标准剔除掉虫害果和机械损伤果，从而减少在储藏和运输过程中的额外损失，增加生产者的收入。同时，可以及时地对分级后的残次果进行加工和处理，避免浪费，降低水果成本。对于水果消费者来说，能够维护其合法权益，保证购买到按质定价的水果，避免上当受骗，节省挑选时间。

水果分级标准能够促进果品生产流通各个环节技术的标准化。合理的水果分级标准实施后，必将促进优良品种选育、优化整形修剪及土肥水管理技术规程、无公害病虫害防治技术和采后贮运技术标准化等工作的开展。因为有这些技术体系按照一定的标准化规程进行，才能为低投入高产出地生产优质水果提供保证，为优质优价地供应市场合格水果提供保障。而这些技术的标准化将为果树生产提供完备简化的技术体系，进而促进果树业生产与贸易的集约化及规模化发展，使水果的生产提高到新的水平。

第二节　国外水果分级标准

分级的标准主要有外部品质和内部品质两个指标，外部品质主要是大小、颜色、形状、表面缺陷等参数，内部品质主要是糖度、酸度、坚实度等参数。国外早在20世纪80年代就开始了水果分级的研究，20世纪90年代后已经实现了应用。以下是苹果、梨、葡萄和柑橘等水果在欧盟市场上的质量等级分级要求。

一、苹果分级等级要求

欧盟2004年1月15日在《欧盟官方公报》上以No. 85/2004法规公布了苹果销售标准。苹果是欧盟列入必须采用标准的产品，并用于所有营销阶段。以前，欧盟对苹果和梨两种水果实施的是同一个标准，目前已分别制定苹果标准和梨标准，原欧盟No. 1619/2001法规规定的《苹果和梨标准》已被废止。欧盟苹果标准分以下6个部分。

（一）产品定义

该标准适用以鲜果供给消费者的苹果（*Malus domestica* Borkh.）各品种（栽培种），用于工业加工的苹果除外。

（二）质量规定

该标准规定了经整理和包装后的苹果质量要求，即基本要求和质量等级。基本要求是：在符合每一等级特殊要求和允许偏差的条件下，所有等级的苹果必须完整，外观完好，未腐烂变质，适用于消费；干净，基本无可见异物；基本无害虫，基本无害虫造成的损伤；外部无异常潮湿；无异常气味和滋味。此外，苹果必须小心采摘，其发育状态和条件必须能保证苹果成熟，达到苹果品种特征所需的成熟度，达到满意的可溶性固形物含量和硬度，但富士品种及其变种采收时的成熟特征允许每个果实维管束内有放射状水心；必须经得起运输和搬动，在令人满意的条件下到达目的地。欧盟苹果分为如下3个等级。

特等：特等苹果必须优质，在形状、大小、着色上必须具有其品种特征，红色品种红色达全果表面积的3/4，混合红色品种达1/2，条纹红色品种达1/3，其他品种无红色着色要求。果梗完整，果肉完好无缺陷，但在不影响产品总体外观、质量、保鲜、包装展示等情况下，可带有极轻微的表面缺陷。

一等：一等苹果必须质量好，在形状、大小、着色上必须有品种特征，红色品种红色达全果表面积的1/2，混合红色品种达1/3，条纹红色品种达1/10，其他品种无红色着色要求。果肉必须完好。在不影响产品总体外观、质量、保鲜、包装展示等情况下，允许存在轻微的形状、发育、着色和表皮缺陷，但轻微的表皮缺陷长度不超过2cm，其他缺陷总面积不超过1cm^2，苹果黑星病（*Venturia inaequalis*）病斑总面积不超过0.25cm^2，轻微擦伤并无褪色的总面积不超过1cm^2。果梗可以缺失，但断口干净，相邻的果皮没有损伤。

二等：二等苹果不符合以上较高的等级要求，但应符合基本要求。着色要求，红色品种红色达全果表面积的1/4，混合红色品种红色达1/10，其他品种无红色着色要求。果肉必须无主要缺陷。在果实保持质量、保鲜和展示等基本特征的条件下，可以允许存在形状缺陷、发育缺陷、色泽缺陷及果皮缺陷，但果皮缺陷长度不超过4cm，其他缺陷总面积不超过2.5cm^2，苹果黑星病（*Venturia inaequalis*）病斑总面积不超过1cm^2，轻微擦伤并可有轻微褪色总面积不超过1.5cm^2。

（三）大小规格

大小用果实中部横切面最大直径或重量测定。当大小用直径测定时，每一等级要求的最小直径见表2-1；当大小用重量测定时，每一等级要求的最低重量见表2-2。

表2-1　欧盟各等级鲜苹果横切面最小直径

种类	特等（mm）		一等（mm）		二等（mm）	
	目前	将来	目前	将来	目前	将来
大果型品种	65	70	60	65	60	65
其他品种	60	60	55	55	50	55

注：“将来”表示2008年5月31日后调整后的指标，表2-2同

表2-2　欧盟各等级鲜苹果最小单果重

种类	特等（g）		一等（g）		二等（g）	
	目前	将来	目前	将来	目前	将来
大果型品种	100	140	90	110	90	110
其他品种	90	90	80	80	70	80

为了保证一个包装内果实大小有整齐度，按直径划分大小的，在同一个包装内果实之间直径差异应限制为：按排和按层包装的，特等、一等、二等果为5mm；散装或销售包装的，一等果为10mm。按重量划分大小的果实在同一包装中重量差异应限制为：按排和按层包装的，特级、一级、二级果为平均单果重的20%；散装或销售包装的，一等果为平均单果重的25%；散装或销售包装的二等果无大小整齐度的限制。

（四）偏差规定

在质量和大小上每一包装中允许产品有不符合所示等级的偏差。质量偏差为：特等果允许5%的苹果达不到特等要求，但符合一等要求，或在一等偏差以内的除外；一等果允许10%的苹果达不到一等要求，但符合二等要求，或在二等偏差以内的除外；二等果允许10%的苹果达不到二等要求，也不符合基本要求，但没有出现腐烂或其他不适于消费的变质，在此偏差中，最大允许数量或重量2%的苹果有严重木栓化或水心病、轻微的损伤或未愈合的裂口很轻微的腐烂痕迹、出现果蛀虫或害虫造成的果肉损伤等缺陷。大小偏差为：所有等级的果实允许10%的苹果略大于或略小于包装所标的规格大小；最小级别的分级果实允许的最大差异为以直径定大小的果实小于最小直径5mm，以重量定大小的果实低于最小重量10g。

（五）展示规定

整齐度展示要求为：每一包装中的内含物必须整齐，仅含同一产地、品种、质量和大小规格（如果划分大小）以及同一成熟度的苹果，特等品还要求色泽一致。净重不超过5kg的销售包装可以含有不同的品种，但质量一致；每一品种的产地、大小和成熟度一致。但按欧盟委员会法规（EC）48/2003（1）制定的不同类型的新鲜水果和蔬菜标准，净重3kg或少于3kg的销售包装，本法规涵盖的产品可以混合。透过包装可见部分鲜苹果必须能代表全部苹果品质和规格。包装要求为：苹果必须以适当保护产品的形式包装，尤其是净重超过3kg的销售包装应十分严格的包装以保护产品质量。所用的内包装材料必须新、干净，不能导致内包装产品（苹果）内外损伤。包装材料的使用，尤其是有贸易规格的包装，其印刷和标记必须使用无毒油墨和胶水。包装内必须无任何异物，特等果必须按层包装。

（六）标记规定

每一包装必须标有以下详细内容，文字必须集中在同一侧，字迹清晰，无法擦去，从外部可以看见。

（1）身份证明。包装商或发送商的姓名和地址或官方发给或认可的代码。在使用代码时，“包装商或发送商”字样（或其缩写）必须与代码紧密相连显示。

（2）产品性质。如内含物从外部看不见，必须标明“苹果”；适当场合标明该品种名称或多个品种名称；不同品种苹果混合销售包装的情况，标明包装中的每一品种。

（3）产品产地。原产国或生产区或国家名、地区名或所在地名。在不同产地苹果品种混合包装的情况下，原产国应紧靠相关品种名称显示。

（4）商业规格。等级、大小或按层包装的果实单位数量。如果以大小标示，应按以下方式表示：①遵循整齐度规则的产品，以最大和最小直径或最大和最小重量表示。②不遵循整齐度规则的产品，以包装中最小果实的直径或重量加上“以上”或“+”表示，或者相应命名，适当时加上最大果实的直径或重量。

（5）官方检验印记（非强制性）。

二、鲜梨分级等级要求

欧盟2004年1月20日在《欧盟官方公报》上以No. 86/2004法规颁布了梨销售标准。该标准规定了鲜梨产品定义、质量等级、大小规格、允许偏差、包装显示和标签内容6个方面的要求，该标准主要内容如下。

（一）产品定义

该标准适用于洋梨（*Pyrus communis* L.）的各品种（栽培种），以鲜果供给消费者，不适用于工业加工用梨。

（二）质量等级

所有等级的梨必须符合的基本要求为：完整，完好；无因腐烂变质而不适于消费的产品；干净，基本无可见异物；基本无害虫；基本无害虫造成的损伤；外部无异常潮湿；无异常气味和滋味。此外，必须小心采摘，梨的发育状态和条件必须能继续梨的成熟过程，达到梨品种特征所要求的成熟度，经得起运输和搬动，在令人满意的条件下到达目的地。在符合基本要求的条件下，欧盟鲜梨分为以下3个等级。

特等：特等梨必须优质，形状、大小、着色具有品种特征，果梗完整。果肉完好，果皮无粗糙褐斑（褐斑为该品种特征除外）。无缺陷，但在不影响产品总体外观、质量、保鲜及包装显示的条件下，允许有极轻微的表面缺陷。必须无粗石细胞质。

一等：一等梨必须质量好，在形状、大小、着色上具有品种特征。果肉完好，果皮无粗糙褐斑（当褐斑为该品种特征时除外）。在不影响产品总体外观、质量、保鲜及包装显示条件下，允许出现下述轻微缺陷；轻微的形状缺陷，轻微的发育缺陷；轻微的着色缺陷；轻微的表皮缺陷，长形缺陷其长度不超过2cm，其他缺陷总面积不超过1cm^2，其中，黑星病病斑总面积不超过0.25cm^2；总面积不超过1cm^{2}的轻微擦伤并无褪色；果梗可以轻微损伤。

二等：二等梨不符合特等、一等要求，但符合上述基本要求。果肉无明显缺陷。在果实保持质量、保鲜和包装显示的基本特征条件下，可以允许存在下述缺陷：形状缺陷；发育缺陷；色泽缺陷；轻微的粗糙褐斑（当褐斑为该品种特征时除外）；表皮缺陷，长形缺陷其长度不超过4cm，其他缺陷总面积不超过2.5cm^2，其中，黑星病病斑总面积不超过1cm^2，总面积不超过1cm^{2}的轻微擦伤并有轻微褪色。

（三）大小规格

大小用果实中部横切面最大直径测定。每一等级要求的最小规格见表2–3。

表2–3　欧盟鲜梨各等级最小规格

品种类型	特等（mm）	一等（mm）	二等（mm）
大果型品种	60	55	55
其他品种	55	50	45

为了保证包装内果实大小整齐，在同一个包装内果实之间直径差异限制为：按行和按层包装的特等、一等、二等果为5mm，散装或销售包装的一等果为10mm。散装或销售包装的二等果无大小整齐限制。

（四）允许偏差

在质量和大小上，每一包装中允许产品有不符合所示等级的偏差。等级偏差：特等果允许5%（以数量或重量计，下同）的梨达不到特等要求，但符合一等要求或在一等偏差以内；一等果允许10%的梨达不到一等要求，但符合二等要求或在二等偏差以内；二等果允许10%的梨达不到二等要求，也不符合基本要求，但没有因腐烂或其他变质影响不适于消费的产品，最大允许2%的梨果有轻微损伤或未愈合的裂纹、很轻微的腐烂痕迹及果蛀虫或害虫造成的果肉损伤等缺陷。大小偏差：所有等级的果实允许10%的梨果略大于或略小于包装所标志的规格大小，最小级别的分级果实最大差异允许比标志的最小果实横径小5mm。

（五）包装显示

每一包装中的内含物必须整齐，仅含同一产地、同一品种、同一质量和同一大小规格（如果划分大小）以及同一成熟度的梨果。特等品还要求色泽一致，必须分层包装。包装内的梨可见部分必须有代表性。但是，根据欧盟委员会法规（EC）48/2003规定，净重3kg或少于3kg的销售包装中不同类型的产品可以混合。欧盟市场上的鲜梨必须以适当形式包装以保护产品。所用内包装材料必须新鲜、干净，不能导致产品内外损伤。包装材料的使用，尤其是有贸易规格的包装，其印刷和标签必须使用无毒油墨和无毒胶水。包装必须无任何异物。

（六）标签规定

每一包装上文字必须集中在同一侧，字迹清晰，无法擦去，从外部可以看见。标签上必须标注以下详细内容。

（1）身份证明。包括包装商或发送商，其姓名和地址或官方发给或认可的代号。在使用代号时，“包装商、发送商”字样（或其缩写）必须与代号紧密相连显示。

（2）产品性质。如包装内的梨从外部看不见，应标明“梨”。

（3）品种名称。

（4）产品产地。原产国或选择标为生长区或国家名、地区名或所在地名。

（5）商业规格：等级、果实大小或按层包装的果实数量。如果以大小标注，应按以下方式表示：①遵循整齐度规则的产品，以最大和最小直径表示。②不遵循整齐度规则的产品，以包装中最小果实的直径加上“以上”或“+”表示，或者相应命名，适当时加上最大果实的直径。

（6）官方检验标志（此条为非强制性）。

三、葡萄分级等级要求

1999年12月22日，欧盟在《欧盟官方公报》上以No. 2789/1999法规颁布了鲜食葡萄的销售标准。该标准规定了鲜食葡萄的产品定义、质量等级、大小规格、偏差规定、包装显示和标签内容6个方面的要求。

（一）产品定义

本标准用于各品种（栽培种）的鲜食葡萄（*Vitis vinifera* L.），以鲜果供给消费者，工业加工用除外。

（二）质量等级

要求所有等级的果穗和果粒必须完好，无腐烂，无不适于消费的变质产品；干净，基本无可见异物；基本无害虫造成的损伤；外部无异常潮湿；无异常气味和滋味。此外，果粒必须完整，形状良好，发育正常。阳光形成的色素沉着不是缺陷。葡萄果穗必须是小心采摘下的。鲜食葡萄必须充分发育，显示令人满意的成熟度。鲜食葡萄的发育和状态必须能经得起运输和搬动；在令人满意的条件下到达目的地。鲜食葡萄分为以下规定的3个等级。

特等：特等鲜食葡萄必须优质，果穗的形状、着色必须具有其生产区的品种特征，无缺陷。果粒必须硬实，紧紧相连，在果梗上均匀分布，果粉几乎完好。

一等：一等鲜食葡萄必须质量好，果穗的形状、着色必须具有其生产区的品种特征。果粒必须硬实，紧紧相连，果粉尽可能完好，但是，果粒不如特等品在果梗上分布均匀。在不影响产品总体外观、质量、保鲜和包装显示的条件下，可以允许下述轻微缺陷：轻微的形状缺陷、轻微的着色缺陷及轻微的仅影响果皮的日灼。

二等：二等鲜食葡萄不符合以上较高的等级，但符合上述规定的基本要求。在不影响所种植生产区其品种基本特征的条件下，果穗可以出现形状、发育、着色上轻微的缺陷。果粒必须充分硬实和相连，尽可能还有果粉。果粒在果梗上分布不如一等品均匀。鲜食葡萄在保持质量、保鲜和显示的基本特征的条件下，可以允许下述缺陷：形状缺陷、着色缺陷、轻微的仅影响果皮的缺陷、轻微的擦伤、轻微的果皮缺陷。

（三）大小规格

大小用果穗重量测定。每穗果最小重量要求按温室栽培、露地栽培的大粒品种或小粒品种分别规定，如表2-4所示。

表2-4 温室和露地栽培每穗果最小重量要求

项目	温室栽培的鲜食葡萄（g）	露地栽培的鲜食葡萄（g）	
		大粒品种	小粒品种
特等	300	200	150
一等	250	150	100
二等	150	100	75

所有等级中每一小包装的净重不超过1kg，为了调整所标示的重量，允许1个果穗重量低于所要求的基本重量，但该果穗符合规定等级的所有其他要求。标注的品种名称不在品种目录中的葡萄应符合大粒品种要求的最低重量。

（四）偏差规定

在质量和大小上每一包装中允许产品有不符合所示等级的偏差。

1. 质量偏差

特允许5%的果穗重量上达不到特等要求，但符合一等要求，或在一等偏差以内。一等允许10%的果穗重量上达不到一等要求，但符合二等要求，或在二等偏差以内。二等允许10%的果穗重量上达不到二等要求，也不符合基本要求，但没有腐烂或其他不适于消费的变质影响的产品。

2. 大小偏差

特等和一等允许10%的果穗重量上不满足其等级大小的要求，但符合该等级下一级大小要求。二等允许10%的果穗重量上不满足其等级大小的要求，但果穗重量不能低于75g。

（五）包装显示

1. 整齐度

每一包装中的内含物必须整齐，仅含同一产地、同一品种、同一质量和同一成熟度的果穗。小包装净重不超过1kg的产品，不要求品种和产地一致。特等品果穗大小和着色必须大体一致。包装内含物的可见部分必须能代表全部内含物。

2. 包装

鲜食葡萄必须以适当保护产品的形式包装。特等品果穗必须单层包装。所用的内包装材料必须新鲜、干净，其质量不能导致产品内外损伤。包装材料的使用，尤其是有贸易规格的纸和印，其印刷和标记必须使用无毒油墨和胶水。包装必须无任何异物，但长度短于5cm的葡萄枝段可以作为一种特殊显示形式留在果穗茎梗上。

（六）标签内容

每一包装必须标有以下详细内容，文字必须集中在同一侧，字迹清晰，无法擦去，从外部可以看见。

（1）身份证明。包装商和/或发送商的姓名和地址或官方发给或认可的代号。但是，在使用代号时，“包装商和/或发送商”字样（或其缩写）必须与代号紧密相连显示。

（2）产品性质。如内含物从外部看不见，应标明“鲜食葡萄”，单个品种名称或可用多个品种的名称。

（3）产品产地。原产国（或可用多个原产国）或选择标明为生产区或国家名、地区名或所在地名。

（4）商品规格等级。

（5）官方检验印记（非强制性）。

四、鲜柑橘分级等级要求

（一）适用范围

本标准是由农业农村部柑桔及苗木质量监督检验测试中心根据欧盟委员会标准（No. 1799/2001）整理。本标准所指柑橘鲜果包括供消费者直接食用的柠檬、宽皮柑橘（包括温州蜜柑、克里迈丁红橘、红橘等）和甜橙类柑橘水果，不适用于加工用的柑橘类水果。

（二）品质规定

本标准规定了预处理和包装时柑橘鲜果应达到的品质要求。

1. 基本要求

在各级别中，除了要满足各级别的特殊要求和容许度要求外，柑橘鲜果必须要达到的要求是：完整，无损伤；无擦伤或过大的愈合伤；无腐烂，无不适于消费的腐败变质果；清洁，无肉眼可见异物；无昆虫，无昆虫导致的破坏；无枯水现象；无低温伤害和冻伤；表面无异常水汽；无异常风味和气味。

采摘成熟度根据不同品种、采摘时间和生长地点而定，但必须确保柑橘鲜果在运输和处理过程中不受损害，而且在到达目的市场时外观内质令人满意。允许对柑橘果实进行“脱绿”处理，但不能对其他固有食用品质产生影响。

2. 成熟度要求

成熟度通过最低果汁含量和外观色泽来确定。

（1）柠檬。最低果汁含量，Verdelli和Primofiore品种为20%，其他品种为25%；色泽，具有该品种固有的色泽（指运到目的市场时，下同），当果实满足最低果汁含量要求时，果皮允许有绿色，但不能为深绿色。

（2）宽皮柑橘。最低果汁含量，克里迈丁红橘为40%，其他宽皮柑橘33%；色泽，至少1/3果实表面具有该品种成熟后的固有色泽。

（3）橙类。最低品种果汁含量，血橙30%，脐橙类33%，其他品种成熟后的固有色泽，表面允许有不超过1/5的淡绿色。果实发育期处于高温气候条件的地区，表面允许有超过1/5的绿色，但必须要满足最低果汁含量要求，莫三鼻、塞斯克迪和Pacitan等品种为33%，其他为45%。

3. 等级

鲜食柑橘共分为3个等级，分别为优等品、一等品和二等品。

（1）优等品。内质优良，外观形状、色泽等均具有该品种典型特征。本等级果实只允许有非常轻微的且不影响产品外观、品质、耐储存性和包装性能的表面缺陷。

（2）一等品。内质良好，具有该品种或商品的典型特征。在不影响产品外观、品质、耐储存性和包装性能等前提下，允许果形、色泽等方面存在轻微缺陷；允许在果实生长过程中形成的轻微缺陷，如粗皮、褐斑等；允许因机械损伤（如冰雹伤、摩擦等）和商品化处理过程中导致的轻微愈伤。

（3）二等品。本等级果品是指不能满足以上两种等级要求，但能满足基本要求的柑橘鲜果。果实在满足品质、耐储存性和包装性能等基本品质要求前提下，允许果形、色泽等方面存在缺陷，如表皮粗糙；允许在果实生长过程中形成的缺陷，如粗皮、褐斑等；允许由于商品化处理造成的愈伤；允许愈伤表皮变化；允许橙类和宽皮柑橘果实部分或轻微浮皮。

（三）果实大小要求

1. 最小横径要求

柠檬为45mm，克里迈丁红橘为35mm，其他宽皮柑橘为45mm，橙类为53mm。

2. 大小分组情况

见表2-5，其中，横径小于45mm仅针对克里迈丁红橘。

3. 一致性要求

对于按规则分层包装的鲜果，同一包装中最大果与最小果间的横径差异应在同一个组别；按数量包装时，同一包装中最大果与最小果的横径差异应在相邻两个组别范围内，其中，柠檬，0～7组横径差异不超过7mm；宽皮柑橘，1-XXX～4组不能超过9mm，5～6组不能超过8mm，7～10组不能超过7mm；橙类，0～2组不能超过11mm，3～6组不能超过9mm，7～13组不能超过7mm。表2-5是柑橘类鲜果按果实横径分组情况。

表2-5　柑橘类鲜果按果实横径分组情况

橙类		柠檬		宽皮柑橘	
组别	直径（mm）	组别	直径（mm）	组别	直径（mm）
0	92～110	0	79～90	1-XXX	≥78
1	87～100	1	72～83	1-XX	67～78
2	84～96	2	68～78	1-X	63～74
3	81～92	3	63～72	2	58～69
4	77～88	4	58～67	3	54～64
5	73～84	5	53～62	4	50～60
6	70～80	6	48～57	5	46～56
7	67～76	7	45～52	6	43～52
8	64～73			7	41～48
9	62～70			8	39～46
10	60～68			9	37～44
11	58～66			10	35～42
12	56～63				
13	53～60				

对于未实施规则分层包装的鲜果，同一包装中最大果与最小果间的横径差异不能超过同一组别的尺寸范围；按数量包装时，同一包装中最大果与最小果的横径差异应在相邻两个尺寸组别范围内。大箱包装或者用柔软包装物（如发泡网、包装袋）等包装的鲜果，同一包装中最大果与最小果的横径差异不能超过相邻的3个组别的尺寸范围。

（四）容许度规定

在每个包装中，考虑到质量和大小的差异性，其容许度如下。

1. 质量容许度

优等品：果实数量或重量的5%不能满足该级别要求，但能满足一等品要求（特殊条件下可在一等品的容许度以内）。

一等品：果实数量和重量的10%不能满足该级别要求，但能满足二等品要求（特殊条件下可在二等品的容许度以内）。

二等品：果实数量或重量的10%不能满足该级别要求，且不能满足基本要求，但无腐烂或其他变质而导致不能食用的果实，并允许最多有5%的果实表面有轻微未愈合的伤痕、干疤、软化或皱缩。

2. 大小容许度

在所有等级中，果实数量或重量的10%可不在该等级规定的尺寸范围内，但应在相邻的尺寸级别范围内；在任何情况下，柠檬果实横径应大于43mm，克里迈丁红橘应大于34mm，其他宽皮柑橘应大于43mm，橙类应大于50mm。

（五）包装规定

1. 一致性

每个包装中果实数量必须是一致的，且其来源、品种、大小、质量、成熟度和发育程度一致，对于优等品而言还要求色泽一致。包装透视部分展示的果实必须与整个包装内的果实一致。净重小于3kg的小包装，在满足EC No. 48/2003标准的条件下，果实可以混装。

2. 包装

果实必须通过适当包装以保障产品质量。包装填充物必须新鲜、干净，且不损伤产品。商标及说明书要使用无毒材料。果实包裹用纸应为新鲜、干燥、无味的较薄纸张。禁止使用任何可能对果实自然品质，尤其是口感、风味产生影响的材料。包装中无异物，但允许果实带细枝和叶片。果实粘贴的标签撕去不会损伤果皮，且不能留下任何痕迹。

3. 包装形式

可采用规则分层包装和不规则分层包装、大箱包装（只适用于一等品和二等品），质量小于5kg的小包装，以重量或果实个数计。

（六）标签规定

包装标签标注清晰、易辨认，从外侧可以直接看见。

（1）标志。标明包装商、分销商名称、地址、产品代号和官方控制标志。

（2）产品形状。如包装不具透视功能，须表明内装鲜果品种，对果品较复杂的宽皮柑橘可不用标明。对于柠檬，需要的情况下要标明“Verdelli”和“Primofiore”；对于克里迈丁红橘，需要的情况下要标明“克里迈丁红橘，无核”，“克里迈丁红橘（1～10粒种子）”，“克里迈丁红橘，有核（10粒种子以上）”。

（3）产地。注明出产国，需要时要注明产地详细名称。

（4）商品规格。包括级别、组别尺寸等级编码或者是尺寸编码上下限以及果实分层规则包装时的果实数量及尺寸编码等，需要时可注明应用的保鲜剂及采后处理过程中使用的其他化学物质。

第三节　国内水果分级标准

在我国，水果分级主要有国家标准、行业标准、地方标准以及企业标准。国家标准在全国范围内使用，由国家标准化主管机构批准发布；行业标准是在某一行业范围内使用的标准，由主管机构或专业标准化组织在没有国家标准的情况下批准发布的；地方标准是在某一行政区域范围内使用的标准，是由地方制定，在没有国家标准和行业标准的情况下批准发布的；企业标准是在某一企业内使用的标准，由企业制定发布。以下是苹果、梨、葡萄、柑橘等水果在我国市场上的等级分级要求。

一、鲜苹果分级等级要求

本书中鲜苹果分级等级要求根据国家标准GB/T 10651—2008《鲜苹果》，本标准是对GB/T 10651—1989《鲜苹果》的修订。本标准适用于富士系、元帅系、金冠系、嘎拉系、藤牧1号、华夏、分红女士、澳洲青苹、乔纳金、金冠、国光、华冠、红将军、珊夏、王林等以鲜果供给消费者的苹果，用于加工的苹果除外。其他未列入的品种也可参照使用。

1. 质量要求

（1）具有本品种固有的特征和风味。

（2）具有市场销售或贮存要求的成熟度。

（3）果实保持完整良好。

（4）新鲜洁净，无异味或非正常风味。

（5）不带非正常的外来水分。

2. 质量等级要求

鲜苹果质量分为3个等级，各质量等级见表2–6。

表2–6　鲜苹果质量等级要求

项目	等级		
	优等品	一等品	二等品
果形	具有本品种应有的特征	允许果形有轻微缺点	果形有缺点，但仍保持本品基本特征，不得有畸形果
色泽	红色品种的果面着色比例具体参照附表2-6A；其他品种应具有本品种成熟时应有的色泽		
果梗	果梗完整（不包括商品化处理造成的果梗缺省）	果梗完整（不包括商品化处理造成的果梗缺省）	允许果梗轻微损伤
果面缺陷	无缺陷	无缺陷	允许下列对果肉物重大伤害的果皮损伤不超过4项
①刺伤（包括破皮划伤）	无	无	无
②碰压伤	无	无	允许轻微碰压伤，总面积不超过1.0cm^2，其中最大面积不得超过0.3cm^2，伤处不得变褐，对果肉无明显伤害
③磨伤（枝磨、叶磨）	无	无	允许不严重影响果实外观的磨伤，面积不超过1.0cm^2
④日灼	无	无	允许浅褐色，面积不超过1.0cm^2
⑤药害	无	无	允许果皮浅层伤害，总面积不超过1.0cm^2
⑥雹伤	无	无	允许果皮愈合良好的轻微雹伤，总面积不超过1.0cm^2
⑦裂果	无	无	无

（续表）

项目	等级		
	优等品	一等品	二等品
⑧裂纹	无	允许梗洼或萼洼内有微小裂纹	允许有不超出梗洼或萼洼的微小裂纹
⑨病虫果	无	无	无
⑩虫伤	无	允许不超过2处 $0.1cm^2$ 的虫伤	允许干枯虫伤，总面积不超过 $1.0cm^2$
⑪其他小疵点	无	允许不超过5个	允许不超过10个
果锈	各品种果锈应符合下列限制规定		
①褐色片锈	无	不超出梗洼的轻微锈斑	轻微超出梗洼或萼洼之外的锈斑
②网络浅层锈斑	允许轻微而不分离的平滑网状不明显锈痕，总面积不超过果面的1/20	允许平滑网状薄层，总面积不超过果面的1/10	允许轻度粗糙的网状果锈，总面积不超过果面的1/5
果径（最大横切面直径）（mm）	大果型	≥70	≥65
	中小型果	≥60	≥55

注：苹果达到成熟时，应符合基本的内在质量要求，本标准给出了主要品种的等级色泽要求、果实硬度和可溶性固形物的质量指标供参考，详见附表2-6A、附表2-6B

附表2-6A　鲜苹果各主要品种的等级色泽要求

品种	等级		
	优等品	一等品	二等品
富士系	红或条红90%以上	红或条红80%	红或条红55%以上
嘎拉系	红80%以上	红70%以上	红50%以上
藤牧1号	红70%以上	红60%以上	红50%以上
元帅系	红95%以上	红85%以上	红60%以上
华夏	红80%以上	红70%以上	红55%以上
粉红女士	红90%以上	红80%以上	红60%以上
乔纳金	红80%以上	红70%以上	红50%以上
秦冠	红90%以上	红80%以上	红55%以上

（续表）

品种	等级		
	优等品	一等品	二等品
国光	红或条红80%以上	红或条红60%以上	红或条红50%以上
华冠	红或条红85%以上	红或条红70%以上	红50%以上
红将军	红85%以上	红75%以上	红50%以上
珊夏	红75%以上	红60%以上	红50%以上
金冠系	金黄色	黄、绿黄色	黄、红黄、黄绿色
王林	黄绿或绿黄	黄绿或绿黄	黄绿或绿黄

附表2-6B　鲜苹果主要品种的理化指标参考值

品种	指标	
	果实硬度（N/cm^2）≥	可溶性固形物（%）≥
富士系	7	13
嘎拉系	6.5	12
藤牧1号	5.5	11
元帅系	6.8	11.5
华夏	6.0	11.5
粉红女士	7.5	13
澳洲青苹	7.0	12
乔纳金	6.5	13
秦冠	7.0	13
国光	7.0	13
华冠	6.5	13
红将军	6.5	13
珊夏	6.0	12
金冠系	6.5	13
王林	6.5	13

注：1. 未列入的其他品种，可根据品种特性参数照表内近似品种的规定掌握

2. 试验方法和检验规则见附录6.C

3. 容许度要求

（1）质量容许度。

①产地验收的质量容许度。优等品苹果允许有3%的果实不符合本等级规定的质量要求。其中磨伤、碰压伤、刺伤不合格果之和不得超过1%。一等品苹果

允许有5%的果实不符合本等级规定的质量要求。其中磨伤、碰压伤、刺伤不合格果之和不得超过1%。二等品苹果允许有8%的果实不符合本等级规定的质量要求。其中磨伤、碰压伤、刺伤不合格果之和不得超过5%，下列缺陷的果实合计不得超过1%。

a.食心虫果及为害果肉的苦痘病等生理病害。

b.未愈合的轻微损伤。

②自起点至港站验收的质量容许度。优等品苹果允许有5%的果实不符合本等级规定的质量要求。其中磨伤、刺伤不合格果之和不得超过2%。一等品苹果允许有8%的果实不符合本等级规定的质量要求。其中磨伤、碰压伤、刺伤不合格果之和不得超过5%。二等品苹果允许有10%的果实不符合本等级规定的质量要求。其中磨伤、碰压伤、刺伤不合格果之和不得超过7%，下列缺陷的果实合计不得超过2%。

a.食心虫果及为害果肉的苦痘病等生理病害。

b.未愈合的轻微损伤。

（2）大小的容许度。各等级对果径有规定的苹果，允许有5%高于或低于规定果径差别的范围，但在全批货物中果实大小差异不宜过于显著。

（3）各级苹果容许度规定允许的不合格果，只能是邻级果，不允许隔级果。

（4）容许度的测定以检验全部抽检包装件的平均数计算。容许度规定的百分率一般以重量或果数计算。

4. 包装和外观要求

（1）包装容器应采用纸箱、塑料箱、木箱进行分层包装，应坚实、牢固、干燥、清洁卫生，无不良气味，对产品应具充分的保护性能。内外包装材料及制备标记所用的印色与胶水应无毒性，无害于人类食用。

（2）产品应按同一产地、同一批采收、同一品种、同一等级规格进行包装。

（3）分层包装的苹果，果径大小的差别为同一等级苹果之间相差不超过5mm。

（4）包装时切勿将树叶、枝条、纸袋、尘土、石砾等杂物或污染物带入容器，避免污染果品，影响外观。

5. 标志规定

同一批货物的包装标志，在形式上和内容上应完全统一。每一外包装应印有鲜苹果的标志文字和图案，对标志文字和图案暂无统一规定的，标志文字和图案应清晰、完整，集中在包装的固定部位，不能擦涂。应标明产品名称、品种、商标、等级规格、净重、生产单位名称、产地、检验人姓名和包装日期等，如有按照果数规定者，应标明装果数量。标签上的字迹应清晰、完整、准确。

附录6.C　试验方法和检验规则

6.C.1　试验方法

6.C.1.1　等级规格检验

6.C.1.1.1　检验程序

将抽取样品称重后，逐件铺放在检验台上，按标准规定项目检出不合格果和腐烂果，以件为单位分项记录，每批样果检验完毕后，计算检验结果，判定该批苹果的等级品质。

6.C.1.1.2　操作和评定

6.C.1.1.2.1　果实的外观指标和成熟程度由感官鉴定。

6.C.1.1.2.2　果实横径用标准分级果板测量确定。

6.C.1.1.2.3　果实单果重用电子秤称量确定。

6.C.1.1.2.4　果实果面的机械和自然损伤由目测或用量具测量确定。

6.C.1.1.2.5　果实色泽的测量由目测或用量具测量确定。

全红品种的着色百分比，应以该品种特有的着色良好的全红色泽覆盖的果皮面积计算，其中色泽较该品种特有的良好的全红色或条红色浅的苹果，应该归入满足其最小着色百分比的等级，并且应与该等级规定的果实具有同样良好的外观。条红品种的着色百分比应以条纹果皮面积计算，其中该品种特有色泽条纹应比淡红、青色及黄色条纹占绝对的优势，但着色浅于该品种特有色泽的果实，亦可划为某一等级，条件是：其着色面积超出这一等级所要求的特有色泽最低百分比，并足以使其与该品种特有的良好条红最低百分比的果实同样美观。淡褐色条纹不作着色计算。

6.C.1.1.2.6　对果实外部表现有病虫害症状，或外观尚未发现变异而对果实内部有怀疑者，都应检取样果用小刀进行切剖检验，如发现有内部病变时，可扩大检果切剖数量，进行严格检查。

6.C.1.1.2.7　在同一个果实上兼有两项或两项以上不同缺陷与损伤项目者，可只记录其中对品质影响较重的一项。

6.C.1.1.2.8　检出的不合格果，按记录单分项以果重为基准计算其百分率，如包装上标有果数时，则百分比应以果数为基准计算，精确到小数点后一位。

计算见式（6.C.1）：

$$\text{单项不合格果率（\%）}=\frac{\text{单项不合格果（或果数）}}{\text{检验批总果重（或总果数）}}\times 100$$

各单项不合格果百分率的总和，即该批苹果不合格果总数的百分率。

6.C.1.2　理化检验

6.C.1.2.1　试样制备

于每批大样中选取成熟度适中的苹果3～5kg，将果实洗净晾干后，从中选取中等大小具有代表性的苹果20个，作为测定果实硬度的样果。硬度测定后的苹果逐个纵向分切成8瓣，每一果实取2瓣，一瓣作为测定可溶性固形物的试样，另一瓣去皮和剂去果心不可食部分后，将可食部分用不锈钢小刀切成1cm×1cm的小块或擦成细丝，以四分法取试样100g，加1：1蒸馏水置入高速组织捣碎机中，或用研钵迅速研磨成浆，装入洁净的磨口玻璃广口瓶内，作为测试总酸量的试样，制备的样品应在当天进行测试。

6.C.1.2.2　果实硬度的测定

6.C.1.2.2.1　仪器：硬度压力计（须经计量部门检定）。

6.C.1.2.2.2　测定方法：将样果在果实胴部中央阴阳两面的预测部位削去薄薄的一层果皮，尽量少损及果肉，削部略大于压力计测头的面积，将压力计测头垂直地对准果面的测试部位，徐徐施加压力，使测头压入果肉至规定标线为止，从指示器所示处直接读数，即为果实硬度，统一规定以"N/cm^2"表示测试结果。每批试验不得少于10个样果，求其平均值，计算至小数点后一位。

6.C.1.2.3　可溶性固形物的测定

6.C.1.2.3.1　仪器：手持糖量计（手持折光仪）。

6.C.1.2.3.2　测定方法：校正好仪器标尺的焦距和位置，打开辅助棱镜，从果样中挤滤出汁液1～2滴，仔细滴在棱镜平面中央，迅速关合辅助棱镜，静置1min，朝向光源或明亮处，调节消色环，使视野内出现清晰的分界线，与分界线相应的读数，即试液在20℃下所含可溶性固形物的百分率。当环境不是20℃时，可根据仪器所附补偿温度计表示的加减数进行校正。每批试验不得少于10个果样，每一试样应重复2～3次，求其平均值。使用仪器连续测定不同试样时，应在使用后用清水将镜面冲洗洁净，并用干燥镜纸擦干以后，再继续进行测试。

6.C.2　检验规则

6.C.2.1　产地收购新鲜苹果时按本标准规定进行检验，凡同品种、同等级、一次收购的苹果作为一个检验批次。

6.C.2.2　生产单位或果农户交售产品时，应分清品种、等级，自行定量包装，写明交售件数和重量，凡与货单不符、品种等级混淆不清、件数错乱、包装不符合规定者，应由生产单位或生产户重新整理后，经销商再予验收。

6.C.2.3　对于产地分散或小生产户生产的苹果，允许零担收购，但应分清品种、等级，按规定的质量指标分等验收。验收后由经销商按规定要求重新包装。

6.C.2.4　抽样

6.C.2.4.1　以一个检验批次作为相应的抽样批次。抽取样品应具有代表性，应在全批货物的不同部位，按6.C.2.4.2规定的数量抽取，样品的检验结果适用于整个抽验批。

6.C.2.4.2　抽样数量：50件以内的抽取1件，51～100件的抽取2件，101件以上者以100件抽取2件为基数，每增100件增抽1件，不足100件者以100件计。分散零担收购的苹果，可在装果容器的上、中、下各部位随机抽取，样果数量不得少于100个。

6.C.2.4.3　在检验中如发现苹果质量问题，需要扩大检验范围时，可以增加抽样数量。

6.C.2.4.4　抽样人员在抽样同时进行检重，每件包装内的果重应符合规定重量，如重量不足应予添补。并同时按包装技术要求进行包装检查。

6.C.2.5　苹果收购检验以感官鉴定为主，按本标准等级规格规定的各项技术要求，对样果进行精密检查，根据检验结果评定质量和等级。

6.C.2.6　经检验不符合本等级质量条件，并超出容许度规定范围的苹果，应按其实际质量定级验收。如交售一方不同意变更等级时，可经加工整理后再申请经销商抽样重验，以重验结果为准，重验以一次为限。

二、鲜梨分级等级要求

本标准是GB/T 10650—2008鲜梨代替GB/T 10650—1989鲜梨。本标准适用于鸭梨、酥梨、茌梨、雪花梨、香水梨、长把梨、秋白梨、新世纪梨、库尔勒香梨、黄金梨、丰水梨、爱宕梨、新高梨等主要鲜梨品种的商品收购。其他未列入的品种可参照使用。

1. 质量等级要求

鲜梨质量分为3个等级，各质量等级要求见表2-7。

表2-7　鲜梨质量等级要求

项目	等级		
	优等品	一等品	二等品
基本要求	具有本品种固有的特征和风味；具有适于市场销售或贮藏要求的成熟度；果实完整良好；新鲜洁净，无异味或非正常风味；无外来水分		
果形	果形端正，具有本品种固有的特征	果形正常，允许有轻微缺陷，具有本品种应有的特征	果形允许有缺陷，但仍保持本品种应有的特征，不得有偏缺过大的畸形果
色泽	具有本品种成熟时应有的色泽	具有本品种成熟时应有的色泽	具有本品种应有的色泽，允许色泽较差

（续表）

项目	等级		
	优等品	一等品	二等品
果梗	果梗完整（不包括商品化处理造成的果梗缺省）	果梗完整（不包括商品化处理造成的果梗缺省）	允许果梗轻微损伤
大小整齐度	各等级果的大小尺寸不作具体规定，可根据收购商要求操作，但要求应具有本品种基本的大小。而大小整齐度应有硬性规定，要求果实横径差异<5mm		

注：梨达到成熟时，应符合基本的内在质量要求，本标准给出了13个品种的果实硬度和可溶性固形物的质量指标供参考，详见附表2-7A

附表2-7A　鲜梨主要品种的理化指标参考值

品种	项目指标	
	果实硬度（kg/cm^2）	可溶性固形物（%）≥
鸭梨	4.0～5.5	10.0
酥梨	4.0～5.5	11.0
茌梨	6.5～9.0	11.0
雪花梨	7.0～9.0	11.0
香水梨	6.0～7.5	12.0
长把梨	7.0～9.0	10.5
秋白梨	11.0～12.0	11.2
新世纪梨	5.5～7.0	11.5
库尔勒香梨	5.5～7.5	11.5
黄金梨	5.0～8.0	12.0
丰水梨	4.0～6.5	12.0
爱宕梨	6.0～9.0	11.5
新高梨	5.5～7.5	11.5

2. 容许度要求

每一包装件中果实，如不符合该等级规定的品质指标，对不合格部分允许有一定的容许度。

（1）港站验收质量容许度。优等品中不符合本等级质量的果实不得超过5%，其中碰压，刺伤果不得超过2%，串等果不得超过2%，食心虫和水烂斑点果不得超过1%，水烂斑点面积不超过$0.03cm^2$。不合格果必须符合次一等果的品质条件，不得有隔等果及病果和烂果。一、二等品中不符合本等级质量的果实不得超过8%，其中碰压、刺伤果不得超过3%，串等果不得超过3%，食心虫和水烂斑点果不得超过2%，水烂斑点面积不超过0.03cm^2。一等品的不合格果不得低于二等品的质量指标，二等品的不合格果中不得包括严重碰压伤、裂口未愈合、病果、烂果在内。另外允许果梗损伤果一等品不超过10%，二等品不超过20%，但都必须带有果梗。

（2）试验方法和检验规则见附录7.B。

3. 包装与外观要求

（1）同一批货物必须包装一致（有专门要求者除外），每一包装件内必须是同一品种、同一品质、同等成熟度的鲜梨，优等果还要求果径大小和色泽一致。

（2）包装容器必须清洁干燥，坚固耐压，无毒，无异味，无腐朽变质现象。包括内面无足以造成果实损伤的尖突物，外部无钉头或尖刺，具有良好的保护作用。

（3）包装内果实陈列需美观，表层和底层的果实质量必须一致，装果后勿使树叶、枝条、尘土等物质混入容器内影响果实的外观。装果时应注意勿使果梗损伤其他果实。

（4）鲜梨包装可用纸箱、木箱、塑料箱或条筐，箱装每件净重15～25kg，筐装每件净重25～35kg。

①纸箱。用瓦楞纸板制成，分层装果，每层用纸板和纸格或其他材料和形式将果隔开，层数、格数按果实大小和装果数量确定，在两端箱面上应留适当数量的通气孔，装果必须装实装满，防止箱内果实晃动，如有空隙须用清洁柔软的物料填满，装箱后，纸箱合缝处用胶带封严，并用塑料带两道捆扎牢固。

②木箱。用清洁、坚实、干燥的木板制面，箱的两侧在箱板间各留缝3条，底、盖可留1～2条，缝宽5～10mm。箱底、箱盖和两侧木板的厚度应不低于8mm，两端木板厚度不低于12mm，箱内应选用拉力较强和清洁的纸铺衬，要求能盖住整个箱面，装果时可采用细木花，碎纸或柔软无毒的化学物质作为果实的填充隔热材料。封箱后，在距木箱两端10cm处用16号铁丝或铁腰子捆紧加固。

③塑料箱。制箱材料的成分必须经卫生部门检验无毒，适于食品包装用，箱上应有通风气孔和防滑设施，箱内应铺衬清洁、坚实、具有隔热性能的衬纸或其他材料，其他条件可参照纸箱的包装规定执行。

④条箱。果实必须编制结实，装果35kg的果筐连筐盖的干重应达4kg以上，装果25kg的筐连盖的干重应达3kg。条筐规格标准：内上口直径约48.5cm，内底直径约40cm，内膛高约42cm，筐盖直径约51.5cm，略大于筐口，盖的中部隆起成拱形，全筐共有站条14～16道，每道3根，筐体中间部位织成网状花纹，占筐高的1/3。25kg果的条筐可参照上法编制。条筐装果时应内衬清洁、干燥的蒲包

或草帘，并在上下部适当铺放清洁、柔软、干燥、无杂质的垫草，每筐用草0.5kg以上。装果后，加盖封筐，至少缝扎8道，果筐外部用麻绳捆扎加固。

⑤包果纸。须清洁完整、质地细软、薄而半透明。具有适当韧性，以及抗潮和透气性能，大小适当，可将果实包紧包严。

优等果以及要求分层包装的鲜梨，都应采用箱装。用于冷藏的鲜梨，可根据冷库的具体情况选择采用适宜的贮藏容器，出库后再按规定进行销售分级包装。

4. 标志规定

果箱应在箱的外部印刷或贴上商品标志，果筐内、外应放置和系挂标志卡片。标明品名、品种、等级、净重、产地、发货人名称、包装日期和挑选人员或代号，要求字迹清晰，容易辨认，完整无缺，不易褪色或失落。如有果径大小或果数要求者，也应在标志上加以标明。

附录7.B　试验方法和检验规则

7.B.1　试验方法

7.B.1.1　等级规格检验

7.B.1.1.1　检验程序：将检验样品逐件铺放在检验台上，按标准规定检验项目检出不合格果，以件为计算单位分项记录，每批样果检验完后，计算检验结果，评定该批果品的等级品质。

7.B.1.1.2　评定方法：

7.B.1.1.2.1　果实的果形、色泽、成熟度均由感官鉴定。果面缺陷和损伤由目测结合测量确定。

7.B.1.1.2.2　果实的果径大小用分级标准量果板检测。

7.B.1.1.2.3　病虫害用肉眼或用放大镜检查果实的外表症状，并检取果数个用小刀进行切剖检测，如发现有内部病变时，必须扩大切剖数量，予以严格检查。

7.B.1.1.2.4　在同一果实上兼有两项及其以上不同缺陷与损伤项目者，可只记录其中对品质影响较重的一项。

7.B.1.1.2.5　检验时，将各种不符合规定的果实检出分项称量或计数，并在检验单上正确记录，按下式计算百分率，算至小数点后一位。

计算见式（7.B.1）：

$$\text{单项不合格果率（\%）}=\frac{\text{单项不合格果重量（或个数）}}{\text{检验总重量（或总果数）}}\times 100$$

7.B.1.1.2.6　各单项不合格果百分率的总和即为该批鲜梨不合格总果数的百分率。

7.B.1.2 理化检验

7.B.1.2.1 果实硬度

7.B.1.2.1.1 仪器：果实硬度计（须经计量部门检定）。

7.B.1.2.1.2 测试方法：检取果实15～20个，逐个在果实相对两面的胴部，用小刀削去一层直径为12mm的果皮，尽可能少损及果肉。持果实硬度计垂直对准果面测试处，缓慢施加压力，使测头压入果肉至规定标线为止，从批示器所指处直接读数，即为果实硬度，统一规定以N/cm^2（kgf/cm^2）表示试验结果，取其平均值，计算至小数点后一位。

7.B.1.2.2 可溶性固形物

7.B.1.2.2.1 仪器：手持糖量计（手持折光仪）。

7.B.1.2.2.2 测试方法：校正好仪器标尺的焦距和位置，从果实中挤出汁液1～2滴，仔细滴在棱镜平面的中央，迅速关合辅助棱镜，静置1min，朝向光源明亮处调节消色环，视野内出现明暗分界线及与之相应的读数，即果实汁液在20℃下所含可溶性固形物的百分率。若检测环境不是20℃，可按仪器侧面所附补偿温度计表示的加减数进行校正。连续使用仪器测定不同试样时，应在每次用完后用清水冲洗洁净，再用干燥的镜纸擦干才可以进行测试。

7.B.2 检验规则

7.B.2.1 同品种、同等级、同时收购的鲜梨作为一个检验批次。

7.B.2.2 生产单位或生产户在产地或收购点以自包装或代包装交售产品时，必须分清品种、等级，并按包装规定报验。收购单位如发现品种、等级混淆不清，数量错乱，包装不符合规定可不予验收，须由货主整理后，再进行抽样检验。

7.B.2.3 分散零担收购的梨，也必须分清品种，等级分等验收。称重后按品种、等级分别置放专用果箱内取样进行检验，验收后由收购单位按规定称重包装。

7.B.2.4 抽样

7.B.2.4.1 抽取样品必须具有代表性，应参照包装日期在全批货物的不同部位按规定数量 抽样。

7.B.2.4.2 数量：每批在50件以内的抽取2件，51～100件抽取3件，100件以上的以100件抽取3件为基数，每增100件增抽1件，不足100件者以100件计。

7.B.2.4.3 如在检验中发现问题，可以酌情增加抽样数量。

7.B.2.4.4 分散零担收购时，取样果数不少于100个。

7.B.2.5 理化检验取样：在检验大样中选取该批梨果具有成熟度代表性的样果30～40个，供理化和卫生指标检测用。

7.B.2.6 检重：在验收时，每件包装内果实的净重必须符合规定重量，如有短缺，必须按规定重量补足。

7.B.2.7　收购检验以感官鉴定为主，按质量等级要求所列各项对样果逐个进行检查，将各种不合格果拣出分别记录、计算后作为评定的依据。理化、卫生检验分析果实的内在质量，作为评定中参考的科学数据。

7.B.2.8　经检验评定不符合本等级规定品质条件的梨，应按其实际规格品质定级验收。如交售一方同意变更等级时，必须进行加工整理后再重新抽样检验，以重验的检验结果为定等级的根据，重验以一次为限。

三、鲜葡萄分级等级要求

GB/T 12947—2008鲜葡萄标准。本标准适用于收购凤凰51号、乍娜、里扎马特、巨峰（含巨峰系列品种）、藤稔、白香蕉、玫瑰香、无核白、牛奶、龙眼、意大利、红地球、保尔加尔等品种。凡未列品种，可参照上述规定中的类似品种执行。

1. 质量等级要求

鲜葡萄分优等品、一等品、二等品。各质量等级要求见表2-8。

表2-8　鲜葡萄的质量等级要求

项目	等级		
	优等品	一等品	二等品
品质基本要求	果穗完整，新鲜洁净，外形美观，无任何病斑或裂口，无异常的外部水分，无异常气味和/或滋味，具有适于市场和贮存要求的生理成熟度		
发育状况	具有本品种的典型特征	具有本品种的典型特征	具有本品种的典型特征
果形	具有本品种的典型特征	具有本品种的典型特征	允许果形有轻微缺点
色泽	具有本品种的典型特征，各主要品种的具体特征参考附表2-8A		
果粒	粒大而均匀，在主梗上具有均匀排列的间隙，基本上无落粒	粒大而基本均匀，在主梗上具有均匀排列的间隙，落粒不超过5%	粒大，尚均匀，落粒不超过10%
果穗	穗重不低于150g、中等紧密的果穗至少占80%以上，稀疏果穗不超过10%	穗重最小不低于100g、中等紧密的果穗至少占75%以上	穗重最小不低于100g、中等紧密的果穗至少占60%以上
果梗	发育良好且强壮，不干燥发脆，质地木质化，无冻伤、腐烂	发育良好且强壮，不干燥发脆，质地半木质化，无冻伤、发霉	不发软或不干燥，不发脆、呈褐绿色或绿色，无冻伤、霉烂
日灼	不允许	不允许	允许有轻微日灼

（续表）

项目	等级		
	优等品	一等品	二等品
转色病	不允许	不允许	不得超过每穗质量（重量）的2%
病虫害	无	无	无

注：各主要品种的可溶性固形物、总酸的质量指标参考附表2-8A，未列入的品种参照附表2-8A中所列近似品种的规定

附表2-8A 鲜葡萄主要品种的理化指标参考值

品种		等级		
		优等品	一等品	二等品
凤凰51号	果粒大小（g）≥	8.0	7.0	6.0
	果粒着色率（%）≥	95	85	70
	可溶性固形物（%）≥	17.0	16.5	16.0
	总酸量（%）≤	0.55	0.60	0.65
乍娜	果粒大小（g）≥	9.0	8.0	7.0
	果粒着色率（%）≥	75	66	60
	可溶性固形物（%）≥	17.0	16.0	15.0
	总酸量（%）≤	0.55	0.65	0.70
里扎马特	果粒大小（g）≥	11.0	10.0	9.0
	果粒着色率（%）≥	95	85	70
	可溶性固形物（%）≥	15.0	14.0	13.0
	总酸量（%）≤	0.60	14.0	13.0
巨峰	果粒大小（g）≥	13.0	11.0	9.0
	果粒着色率（%）≥	85	70	60
	可溶性固形物（%）≥	16.0	15.0	14.0
	总酸量（%）≤	0.50	0.60	0.65
藤稔	果粒大小（g）≥	18.0	16.0	14.0
	果粒着色率（%）≥	95	85	75
	可溶性固形物（%）≥	18.0	16.5	15.0
	总酸量（%）≤	0.4	0.5	0.6
白香蕉	果粒大小（g）≥	6.5	6.0	5.0
	果粒着色率（%）≥	无要求	无要求	无要求
	可溶性固形物（%）≥	17.0	16.0	15.0
	总酸量（%）≤	0.60	0.70	0.80

（续表）

品种		等级		
		优等品	一等品	二等品
玫瑰香	果粒大小（g）≥	5.0	4.5	4.0
	果粒着色率（%）≥	90	80	70
	可溶性固形物（%）≥	18.0	17.0	16.0
	总酸量（%）≤	0.45	0.55	0.65
无核白	果粒大小（g）≥	2.0	1.5	1.2
	果粒着色率（%）≥	无要求	无要求	无要求
	可溶性固形物（%）≥	19.0	17.0	15.0
	总酸量（%）≤	0.40	0.50	0.60
牛奶	果粒大小（g）≥	7.0	6.5	6.0
	果粒着色率（%）≥	无要求	无要求	无要求
	可溶性固形物（%）≥	15.0	14.0	13.0
	总酸量（%）≤	0.35	0.45	0.55
龙眼	果粒大小（g）≥	6.0	5.5	5.0
	果粒着色率（%）≥	75	66	60
	可溶性固形物（%）≥	19.0	18.0	17.0
	总酸量（%）≤	0.70	0.85	1.00
意大利	果粒大小（g）≥	8.0	7.0	6.0
	果粒着色率（%）≥	无要求	无要求	无要求
	可溶性固形物（%）≥	18.0	17.0	16.0
	总酸量（%）≤	0.50	0.60	0.65
红地球	果粒大小（g）≥	14.0	12.0	10.0
	果粒着色率（%）≥	95	85	75
	可溶性固形物（%）≥	17.0	16.0	15.0
	总酸量（%）≤	0.53	0.55	0.58
保尔加尔	果粒大小（g）≥	8.0	7.0	6.0
	果粒着色率（%）≥	无要求	无要求	无要求
	可溶性固形物（%）≥	18.0	17.0	16.0
	总酸量（%）≤	0.45	0.55	0.65

注：1. 各地同一品种因地理条件和栽培措施有别，各主要质量指标相差很大，各产地要根据该品种在当地的特性，参照本标准按等级自行适当规定

2. 本标准未列品种，各地可参照本标准制定适合本地区地方品种的标准

3. 试验方法和检验规则见附录8.B

2. 大小容许度要求

优等葡萄允许5%的果穗品质和果穗大小不符合本级要求，但符合一等品要

求。一等葡允许10%的果穗品质和果穗大小不符合本级要求，但符合二等品的要求。二等葡萄允许10%的果穗品质不符合本级要求，也不符合规定中的最低要求，但适于消费；有10%的果穗大小不符合本级要求，但不小于75g。

3. 包装及标志

（1）包装。

①包装容器可用瓦粉纸板箱、木箱、果篓。所用容器必须坚实、牢固、干燥、清洁卫生、无不良气味，对产品具有充分的保护性能。包装材料及制备标记所用的印色与胶水应无毒性，无害于人类食用。包装内应无任何异物，允许在果梗主梗上留有不超过5cm的蔓枝。

②同一货物的包装件应装入同一产地、品种、等级和成熟度比较一致的产品。优等葡萄尤其要求果穗大小、成熟程度基本一致。各包装的可见部分必须代表全部内容物。

③一、二等品对大小不作要求，但应避免同一包装内最大果与最小果差异过大。

④箱体高度不要求太高，以葡萄穗横着放1～2层，竖着放一层，净5～10kg为宜。

（2）标志。

①同一批货物的包装，在形式和内容上必须完全统一。

②包装箱应在箱外的同一部位，印刷或贴上不易抹掉的文字和标志，必须字迹清晰，容易辨认。

③标志内容应标明品名、品种、等级、产地、净重、包装者和/或发货人名称、地址、正式公布或公认的条形码、包装日期、挑选人代号。

附录8.B　试验方法和检验规则

8.B.1　试验方法

8.B.1.1　等级检验

8.B.1.1.1　检验工具：检验台、不锈水果刀、台秤、天平。

8.B.1.1.2　果实的外观和成熟度用感官检验。

8.B.1.1.3　果粒和果穗大小分别用天平和台秤测试确定。

8.B.1.1.4　对果实外部表现有病虫害症状，或外观尚未发现变异而对果实内部有怀疑者，都应检取样果，用小刀进行切剖检验，如发现内部病变时，可扩大检果切剖数量，进行严格检查。

8.B.1.2　理化检验

8.B.1.2.1　取样：随机取10穗葡萄，按每果穗上、中、下、左、右取5粒，共取50粒。

8.B.1.2.2　试样制备：将8.B.1.2.1所取50粒葡萄压成汁，用玻璃棒搅匀。

8.B.1.2.3　可溶性固形物测定：取1～2滴8.B.1.2.2制备的试样，按GB/T 12295方法测定。

8.B.1.2.4　可滴定酸测定：取8.B.1.2.2制备的试样，按GB/T 12293方法测定。

8.B.2　检验规则

8.B.2.1　产地收购新鲜葡萄时按本标准规定进行检验，凡同品种、同等级，一次收购的葡萄作为一个检验批次。

8.B.2.2　生产者交售产品时，须按品种、等级定量包装，写明交售件数和质量（重量）。凡货单不符、品种等级混淆不清、件数错乱、包装不符合规定者，应由产销者重新整理后，收购单位再予验收。

8.B.2.3　抽样

8.B.2.3.1　以一个检验批次作为相应的抽样批次。抽取样品必须具有代表性，应在全批货物的不同部位，按规定的数量抽取。取样时要做到手提果梗，由上而下，轻拿轻放，不要擦掉果粉。样品的检验结果适用于整个抽验批。

8.B.2.3.2　抽样数量：按10箱（筐）抽取1箱（筐）的原则，50～100箱（筐）抽取5～10箱（筐）；100件以上者以100件抽取数为基数，每增100件增抽1件，不足100件者以100件计。分散零担收购的葡萄，可在装果容器的上、中、下各部位随机抽取，样果数量不得少于50果穗。

8.B.2.3.3　在检验中如发现葡萄质量问题，需要扩大检验范围时，可以增加抽样数量。

8.B.2.3.4　抽样人员在抽样同时对每件包装进行检重。每件包装内的果重必须符合标示质量（重量），如质量（重量）不足，应予添补，并同时按包装技术要求进行包装检查。

8.B.2.4　经检验不符合本等级品质条件，并超出容许度规定范围的葡萄，应按其实际品质定级验收。

四、鲜柑橘分级等级要求

本标准是GB/T 12947—2008鲜柑橘标准，本标准代替GB/T 12947—1991《鲜柑橘》。本标准规定了甜橙类和宽皮柑橘类相关的术语和定义、要求、检验方法、检验规则、标志、标签与包装、贮存与运输及销售。本标准适用于甜橙类、宽皮柑橘类鲜果的生产、收购和销售。

1. 基本要求

鲜柑橘分级的基本要求是果实达到适当成熟度采摘，成熟状况应与市场要求一致（采摘初期允许果实有绿色面积，甜橙类≤1/3、宽皮柑橘类≤1/2、早熟品种≤7/10），必要时允许脱绿处理；合理采摘，果实完整新鲜；果面洁净；风味正常。在符合基本要求的前提下，按感官要求分为优等品、一等品和二等品。

2. 分等

在符合基本要求的前提下，按感官要求分为优等品、一等品和二等品，见表2-9。

表2-9　鲜柑橘的质量等级要求

项目		等级		
		优等品	一等品	二等品
果形		有该品种典型特征，果形端正、整齐	有该品种典型特征，果形端正、较整齐	有该品种典型特征无明显畸形果
果面及缺陷		果面洁净，果皮光滑。无雹伤、日灼、干疤；允许单果有极轻微的油斑、网纹、病虫斑、药迹等缺陷。但单果斑点不超过2个，小果型品种每个斑点直径≤1.0mm；其他果型品种每个斑点直径≤1.5mm。无水肿果、枯水果和浮皮果	果面洁净，果皮较光滑。允许单果有较轻微的日灼、干疤、油斑、网纹、病虫斑、药迹等缺陷。但单果斑点不超过4个，小果型品种每个斑点直径≤1.5mm；其他果型品种每个斑点直径≤2.5mm。无水肿果、枯水果，允许有极轻微浮皮果	果面较光洁。允许单果有轻微的雹伤、日灼、干疤、油斑、网纹、病虫斑、药迹等缺陷。但单果斑点不超过6个，小果型品种每个斑点直径≤2.0mm；其他果型品种每个斑点直径≤3.0mm。无水肿果，允许有轻微枯水果、浮皮果
色泽	红皮品种	橙红色或橘红色，着色均匀	浅橙红色或淡红色，着色均匀	淡橙黄色，着色较均匀
	黄皮品种	深橙黄色或橙黄色，着色均匀	淡橙黄色，着色均匀	淡黄色或黄绿色，着色较均匀

注：各等级果的理化指标见附表2-9A

附表2-9A　鲜柑橘主要品种的理化指标参考值

项目	优等品		一等品		二等品	
	甜橙类	宽皮橘类	甜橙类	宽皮橘类	甜橙类	宽皮橘类
可溶性固形物（%）≥	10.5	10.0	10.0	9.5	9.5	9.0
总酸量（%）≤	0.9	0.95	0.9	1.0	1.0	1.0
固酸比≥	11.6：1	10.0：1	11.1：1	9.5：1	9.5：1	9.0：1
可食率（%）≥	70	75	65	70	65	70

注：各项理性指标的检验方法见附录9.B

3. 分级

同种别果依据果实横径大小分为6个级别，分别为3L、2L、L、M、S、2S，大于3L或小于2S级均视为等外级果品，见表2-10。

表2-10 柑橘鲜果级别要求

品种类型		级别					
		3L	2L	L	M	S	2S
甜橙类	脐橙、锦橙	85.0≤ϕ<95.0	80.0≤ϕ<85.0	75.0≤ϕ<80.0	70.0≤ϕ<75.0	65.0≤ϕ<70.0	60.0≤ϕ<65.0
甜橙类	其他甜橙	80.0≤ϕ<85.0	75.0≤ϕ<80.0	70.0≤ϕ<75.0	65.0≤ϕ<70.0	60.0≤ϕ<65.0	55.0≤ϕ<60.0
宽皮柑橘类	椪柑类、橘橙类等	80.0≤ϕ<85.0	75.0≤ϕ<80.0	70.0≤ϕ<75.0	65.0≤ϕ<70.0	60.0≤ϕ<65.0	55.0≤ϕ<60.0
宽皮柑橘类	温州蜜柑类、红橘、蕉柑、早橘等	75.0≤ϕ<80.0	70.0≤ϕ<75.0	65.0≤ϕ<70.0	60.0≤ϕ<65.0	55.0≤ϕ<60.0	50.0≤ϕ<55.0
宽皮柑橘类	朱红橘、本地早、南丰蜜橘、砂糖橘等	65.0≤ϕ<70.0	60.0≤ϕ<65.0	55.0≤ϕ<60.0	50.0≤ϕ<55.0	40.0≤ϕ<50.0	25.0≤ϕ<40.0

注：ϕ为果实横径

4. 重量及大小容许度

等级质量之间出现的差异性，其允许差异限制在下述范围之内。产地站台交接，每件净重不低于标示重量的99%。目的地站台交接，每件净重不得低于标示重量的95%。大小差异每个包装内的串级果以个数计算，优等品允许混有的串级果不得超过总个数的5%，一等品、二等品允许混有的串级果不得超过总个数的10%。起运点不允许有腐烂果和重伤果，到达目的地后腐烂果不超过3%，重伤果不超过1%。带有病虫、伤痕、伤迹等附着物的果实，按重量计，优等品不超过1%，一等品、二等品不超过3%。

5. 包装及标志

（1）标志。包装箱上应标明品名、品种、产地、执行标准编号、果品质量等级（×等×级）、毛重（kg）、个数或净含量（kg）、装箱日期、体积。小心轻放、防雨、防压等相关储运图示标记应符合GB/T 191规定。

（2）包装。

①包装箱。果箱要求清洁、干燥、牢固，无毒、无害。其他应符合GB/T 13607的规定。

②捆扎材料。选用宽度≥60mm的无水胶带。

③包装物要求。a.装箱果品应排列整齐。衬垫材料要求柔软、干净、无污染，轻便，有一定缓冲性。b.纸箱应留有若干个2cm小通风孔，通风孔的总面积不大于纸箱侧面的10%。

附录9.B　鲜柑橘理化性指标的检验方法

9.B.1　可溶性固形物

9.B.1.1　仪器及用具

手持式糖量计或阿贝折射仪、胶头滴管、玻璃棒、漏斗、榨汁器、恒温水浴、不锈钢水果刀、烧杯等。

9.B.1.2　试液制备

取样品果10～20个，洗净，拭干，横切成两段，用玻璃榨汁器榨出果汁，经两层干净纱布过滤盛于烧杯，搅匀。

9.B.1.3　方法I——阿贝折射仪测定法（仲裁法）

折射仪的校正：折射仪置于干净桌面上装上温度计和电动恒温水浴流水管道。调节水温为（20±0.5）℃。分开折射仪的两面棱镜，用干燥脱脂棉蘸蒸馏水（必要时可蘸二甲苯或乙醚）拭净，然后用干净的脱脂棉（或擦镜纸）拭干，待棱镜完全干燥后，用洁净玻璃棒蘸取蒸馏水1～2滴滴于棱镜上，迅速闭合，对准光源由目镜观察，旋转手轮使标尺上的糖度恰好是20℃的0%，观察望远镜内明暗分界线是否在接物镜“×”线中间，若有偏差用附件方孔调节扳手转动示值调节螺丝，使明暗分界处调到“×”线中央，调整完毕后，在测定样品时，勿再动调节螺丝。

9.B.1.3.1　样液的测定：在测定前，先将棱镜擦洗干净，以免有其他物质影响样液测定结果。用玻璃棒蘸取或用干净滴管吸取样液1～2滴，滴于棱镜上，迅速闭合，静置数秒钟，待样液达20℃，对准光源，由目镜观察并转动补偿器螺旋，使明暗分界线明晰，转动标尺指针螺旋使其明暗分界线恰好在接物镜“×”线的交点上，读取标尺上的糖度读数，同时记录温度。平行测定2～3次取其平均值。

注1：按照仪器说明及有关事项正确操作。

注2：若不用恒温水浴流水，参照附录9.C.1校正结果。

9.B.1.4　方法Ⅱ——手持式糖量计测定法（适用于货场检验）

9.B.1.4.1　直接测定法：打开棱镜盖板，用柔软的绒布或脱脂棉蘸蒸馏水

（必要时可蘸二甲苯或乙醚）将棱镜拭干，注意勿损镜面，待棱镜干燥后，用干燥洁净滴管吸蒸馏水2～3滴于镜面上，合上镜板，使其遍布棱镜的表面，将仪器平置，进光孔对向光源，调整目镜，使镜内的刻度数字清晰，调节螺丝于视场内所见明暗分界处的读数为0点。在同样温度下，同样方法滴样液2～3滴于棱镜面上，调整目镜使镜内视物分界明显，记录明暗分界处的读数。平行测定2～3次取平均值，即为果汁中可溶性固形物百分率。

9.B.1.4.2　查表法：手持式糖量计使用前不用蒸馏水校正，按上法直接测定并记录测定时的温度，参照附录9.C.1。

9.B.2　可滴定酸测定——指示剂法（常规法）

9.B.2.1　原理：用氢氧化钠标准溶液对样液进行中和滴定，以酚酞为指示剂，根据所耗碱液的体积计算酸的含量。

9.B.2.2　仪器设备：碱式滴定管、锥形瓶、容量瓶、移液管、感量0.1g及0.000 1g天平等。

9.B.2.3　试剂：

9.B.2.3.1　1%酚酞指示剂：1g酚酞溶于100ml95%乙醇溶液中，贮于滴瓶中。

9.B.2.3.2　氢氧化钠标准溶液（0.1mol/L）：按照GB/T 601方法配制和标定。

9.B.2.4　测定步骤：吸取经过滤果汁25ml，用蒸馏水稀释至250ml，摇匀。吸取此稀释果汁10ml，放入150ml锥形瓶中，加1%酚酞2～3滴。用已标定的氢氧化钠标准溶液滴定至微红色30s不褪色为终点。平行试验2次，取平均值。同时作空白试验。

9.B.2.5　结果计算：按式（1）计算可滴定酸的含量。

$$X=\frac{(V_1-V_0)\times c\times 0.064}{V_2/V_3\times 10}\times 100 \tag{1}$$

式中，X为样品中可滴定酸的含量，以柠檬酸计，单位为克/100毫升果汁（g/100ml果汁）；V_1为样品滴定耗用氢氧化钠标准溶液的体积，单位为毫升（ml）；V_0为空白试验耗用氢氧化钠标准溶液的体积，单位为毫升（ml）；c为氢氧化钠标准溶液的浓度，单位为摩尔每升（mol/L）；0.064为1ml 0.1mol/L氢氧化钠溶液相当于柠檬酸的克数；V_2为原果汁的体积，单位为毫升（ml）；V_3为果汁稀释定容体积，单位为毫升（ml）；10为滴定时吸取稀释果汁的体积，单位为毫升（ml）。

在重复性条件下获得的两次独立测定结果的绝对差值不得超过算术平均值的10%。

注：试验所用水均须用经煮沸冷却的蒸馏水。

附录9.C.1　可溶性固形物与温度的校正表

温度（℃）		可溶性固形物					
		0	5	10	15	20	25
应减去之校正值	10	—	0.54	0.58	0.61	0.64	0.66
	11	0.46	0.46	0.53	0.55	0.58	0.60
	12	0.42	0.45	0.48	0.50	0.52	0.54
	13	0.37	0.40	0.42	0.44	0.46	0.48
	14	0.33	0.35	0.35	0.39	0.40	0.41
	15	0.27	0.29	0.31	0.33	0.34	0.34
	16	0.22	0.24	0.25	0.26	0.27	0.28
	17	0.17	0.18	0.19	0.20	0.21	0.21
	18	0.12	0.13	0.13	0.14	0.14	0.14
	19	0.06	0.06	0.06	0.07	0.07	0.07
	20	0	0	0	0	0	0
	21	0.06	0.07	0.07	0.07	0.07	0.08
	22	0.13	0.13	0.14	0.14	0.15	0.15
	23	0.19	0.20	0.21	0.22	0.22	0.23
	24	0.26	0.27	0.28	0.29	0.30	0.30
	25	0.33	0.35	0.36	0.37	0.38	0.38
	26	0.40	0.42	0.43	0.44	0.45	0.46
	27	0.48	0.50	0.52	0.53	0.54	0.55
	28	0.56	0.57	0.60	0.61	0.62	0.63
	29	0.64	0.66	0.68	0.69	0.71	0.72
	30	0.73	0.74	0.77	0.78	0.79	0.80

第三章　水果品质分级智能感知技术

随着信息技术的发展和人们对农产品质量与安全的逐步重视，具有快速、无损检测特点的智能感知技术在农产品品质检测中越来越受欢迎。现代智能感知技术主要包括：电子鼻技术、X射线技术、机器视觉技术、近红外光谱技术、高光谱成像技术、核磁共振技术、多传感器信息融合技术、重量智能感知技术等。为了方便对这些技术的理解与应用，本章主要从定义、原理、特点以及在水果品质检测方面的研究成果对这些技术进行介绍。

第一节　电子鼻技术

一、电子鼻技术发展简史

电子鼻技术是一项无损检测技术。无损检测技术是在不破坏被检测对象的前提下，运用各种物理学的方法如声、光、电、磁等对被测物进行检测分析的一种技术。国外对电子鼻的研究异常活跃，主要是对酒类、茶叶、鱼和肉等食品的挥发气味的识别、分类，以及对其进行质量分级和新鲜度判别。1964年，Wilkens和Hatman提出对嗅觉过程的电子模拟，这是有关电子鼻的最早报道。1967年，Figaro公司率先将SnO_2金属氧化物气体传感器商品化。1982年，英国Warwick大学的Persaud和Dodd提出了电子鼻的概念，他们的电子鼻系统包括气敏传感器阵列和模式识别系统两部分。1991年，北大西洋公约研究组织召开了第一次电子鼻专题会议，此后电子鼻研究得到了快速发展。1994年，英国Warwick大学的Gardner和Southampton大学的Bartlett给电子鼻下了定义，即“电子鼻是一种由具有部分选择性的化学传感器阵列和适当的模式识别系统组成，能够识别简单或复杂气味的仪器”，这标志着电子鼻技术进入了成熟、发展阶段。进入20世纪90年代，国际上对仿生嗅觉的研究发展非常迅速，特别是欧美地区，1995年出现了商品化的电子鼻仪器，目前常用的商品化电子鼻如美国宾夕法尼亚大学研发的Cyranose320、德国Airsense公司研发的PEN3、法国Alpha MOS公司研发的FOX4000等，报价一般在10万～100万元，一些商品化的电子鼻如表3-1所示。

表3-1　几种商品化的电子鼻

公司名称	产地	型号	核心元件
Cyrano Sciences	美国	Cyranose320	32个导电聚合物传感器
Electronic Sensor Technology	美国	zNose系列	声表面波与气相色谱联用
Alpha MOS	法国	FOX4000	6～18个MOS型传感器
Airsense	德国	PEN3	10个MOS型传感器
SYSCA	德国	ARTINOS	38个MOS（氧化钨掺杂）传感器
Scensive Tech	英国	Bloodhound ST214	14个导电聚合物传感器
Aroma Scan	英国	AromaScan A32S	32个导电聚合物传感器
Smart nose	瑞士	Smart nose	质谱
Technobio chip	意大利	Libra Nose	8个石英微天平
新宇宙电机株式会社	日本	XP-329系列	In_2O_3半导体和ZnO半导体
松下	日本	口腔监测仪	TGS550 MOS传感器

相比国外，国内对电子鼻的研究大概起步于20世纪90年代初，绝大多数还处在实验室阶段，国内的研究大致可分为两种：一是采用国外的电子鼻系统进行后继研究和试验；二是自主研发电子鼻系统，目前主要集中在第一种上，在电子鼻的应用、信号预处理、特征提取、模式识别算法、结构设计等方面取得了较大进展，研究单位主要有中国科学院半导体研究所、浙江大学、江苏大学等，主要面向食品、农产品、环境、医疗、有毒气体的检测。国内对电子鼻的研究大多集中在电子鼻系统的某个环节上，很少有成熟完整的商品化电子鼻系统。上海瑞玢国际贸易有限公司研发的智鼻（iNose）是为数不多的国产电子鼻商品之一，该产品的核心元件为14种不同性质的金属氧化物半导体传感器所构成的交互敏感传感器阵列。

二、电子鼻技术的原理

电子鼻系统包括采样系统（气体传输）、传感器阵列、信号预处理、模式识别和气味表达5部分，电子鼻系统和生物嗅觉系统对比如图3-1所示。当气体处于敏感材料测试环境中时，与敏感材料产生化学作用，随后传感器将化学变化的输入转化为电信号。阵列预处理单元对电信号进行一系列处理，如消除噪声、特征提取、信号放大等操作，然后采用合适的模式识别算法对处理后的数据进行分析。从理论而言，不同的气体与敏感材料发生反应时，具有自己的特征响应谱，因此，对于定性测试，可以根据特征响应谱的不同范围来区分各种气体，还可利用气体传感器的阵列化及多种气体的交叉敏感特性进行气体的定量测量。

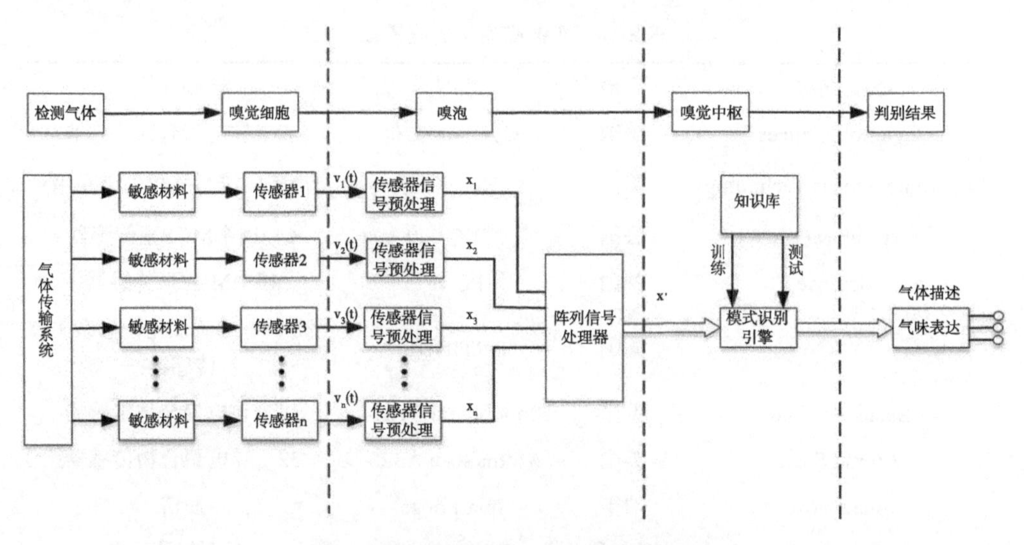

图3-1　电子鼻系统和生物嗅觉系统对比

气敏传感器及其阵列是电子鼻的重要组成部分，农产品气味的组成成分较复杂，单个气敏传感器无法评定，需用阵列化的传感器来评定。目前常用的气敏传感器有金属氧化物型，原理是被测气体与气敏元件发生氧化还原反应导致电导率、电阻值发生变化；导电聚合物型，原理是吸附气体后导致聚合物链发生溶胀反应，影响了聚合物分子链的电子密度，从而导致其电导率产生变化；质量敏感型分为石英晶体微天平传感器（Quartz Crystal Microbalance，QCM）和声表面波传感器（Surface Acoustic Wave，SAW），QCM原理是因聚合物涂层吸附到了气体分子导致石英盘质量增加，引起谐振特征频率发生变化，SAW原理是吸附气体分子的晶体表面声波的频率、相速和幅值发生变化；场效应管型是基于气体与敏感膜接触发生反应，导致MOSFET的阈值电压或电流发生变化。

三、电子鼻技术的特点

电子鼻技术响应时间短、检测速度快，不像其他仪器，如气相色谱传感器、高效液相色谱传感器需要复杂的预处理过程；其测定评估范围广，它可以检测各种不同种类的食品；并且能避免人为误差，重复性好；还能检测一些人鼻不能够检测的气体，如毒气或一些刺激性气体，它在许多领域尤其是食品行业发挥着越来越重要的作用。目前在图形认知设备的帮助下，其特异性大大提高，传感器材料的发展也促进了其重复性的提高，并且随着生物芯片、生物技术的发展和集成化技术的提高及一些纳米材料的应用，电子鼻将会有更广阔的应用前景。

四、电子鼻技术的应用领域与案例

随着人们对电子鼻研究的不断深入，电子鼻的应用领域不断扩大，如食品工业、医疗卫生、药品工业、环境检测、安全保障和军事、水果质量评价体系等方面。下面介绍一些电子鼻系统在多个不同行业成功应用的实例。

1. 电子鼻系统在食品工业中的应用

在食品工业中，烟酒产品的品质一直以来都是依靠专家的主观评定，然而这种评定方法却存在着很多弊端，因此人们期待一种更加准确、客观、快速的评价方法。黄骏雄和蒋弘江等于2000年采用英国Aroma Scan公司生产的Lab Station电子鼻仪器对几种国产香烟的质量鉴别进行了初步的研究。研究发现，电子鼻不仅可以区分不同的烟草，还能区别不同等级的香烟及判别其产品的真伪。秦树基和黄林等于2000年开发了一个能识别酒类的电子嗅觉系统。该系统能成功地识别酒精、烈性酒、葡萄酒和啤酒，其识别率可达95%。邹小波和赵杰文于2002年研制了一套能够实时、准确地检测饮料散发气味的电子鼻系统，并应用该系统对可乐、橙汁、雪碧等几种常见的饮料进行了快速、实时的区分。结果表明，其识别率高达95.2%。目前，国外在该领域已成功开发出了用于咖啡检测的AromaScan（32CP）、Fox4000（18MOS）等电子鼻系统，还开发出了用于检测鱼肉鲜度的NST3210（4MOS）电子鼻系统。

2. 电子鼻系统在精细化工行业的应用

在精细化工行业，如在比较典型的香精香料、化妆品生产中，香气是评价其内在质量的主要指标之一。传统方法采用专家评定和化学分析相结合。专家评定方法往往受到人的生理、经验、情绪、环境等主客观因素的影响，难以做到科学与客观，同时，人的感官易疲劳、适应和习惯；而化学分析方法所需时间长，且得到的结果是一些数字化的东西，与人的感官感受又不一样，不直观。所以，电子鼻系统在此就大有用武之地了，可以在新产品开发和在线质量控制方面广泛使用。据邱纪青2000年报道，Neotronics科学有限公司开发的电子鼻对Bell-Aire香精公司提供的13种无标签样品进行检测分析，其检测结果与评香专家的报告几乎完全一致。

3. 医疗诊断

在医疗诊断中，传统方式是化验从人体中抽取出来的一些液体，比较费时。如果用电子鼻直接检测患者呼出的气体就很简单快捷。有研究表明，患有疾病的人所呼出的气体中会出现某些特定成分，如肝硬化患者的呼气中会出现脂肪酸，肾衰竭者的呼气中有三甲氨，肝癌患者的呼气中会存在烷类和苯的衍生物等。目前临床上已有用电子鼻监测重症糖尿病患者病情的报道。

4. 环境监测

在人们生活的环境中，总是会存在一些有害的气体，例如H_2S、SO_2、CO、

NO_2、H_2、CH_4、C_2H_2和一些有机挥发性物质，如苯、甲醛等。这些气体的存在对人体的健康有着一定的影响甚至会发生爆炸，所以就需要有效地监测这些气体的浓度，从而把它们控制在适度的范围之内。张良谊、温丽菁等于2003年研制了一套用于测定空气中甲醛含量（0.001～0.25mg/L）的电子鼻。该系统对甲醛气体响应专一，抗干扰能力强，定量结果精确。

5. 公安与海关

在海关检查中，工作人员都会使用警犬的嗅觉来检查乘客的行李中是否有危险品（如炸药）和违禁品（如毒品），但是训练和饲养警犬需要花费大量的资金和人力，并且警犬的嗅觉受它本身的情绪影响，如果采用电子鼻配合机器视觉就能够更加精确和客观地得到检查结果。据报道，国外已有一种精密的电子鼻，其本领超过了猎犬和警犬，能分辨出几百万种不同气味，可以很好地帮助警方搜捕罪犯和搜查毒品。目前气味鉴定法在破案方面的准确率已经可以和指纹鉴定、DNA基因测试媲美，甚至在某些方面更为优越。

6. 火星生命探索

人类对外太空的探索是一个永恒的、意义深远的课题。近年来，科学家们为了揭开火星上是否存在水和生命的秘密，先后发射了火星探测者Ⅰ号和Ⅱ号火星车，而在探测器上就装备有先进的精密电子鼻。科学家们希望能闻到甲烷的气味，真正找到火星上有生命存在的直接证据。

7. 电子鼻在水果品质评价体系中的应用

近些年来，电子鼻主要应用在食品、工业、环境检测、医学等领域，且在这些领域研究较早，应用相对成熟，如工业中有毒气体的检测、发酵过程控制，食品中生产原料的在线检测、食品品质分类鉴别、食品生产条件控制等。

电子鼻在水果品质评价体系中应用研究较晚，应用还不成熟，而我国是水果大国，水果资源丰富，水果在贮藏和运输以及加工过程中都会释放一定的特征气体如CO_2、O_2等，气体浓度的不同都与水果自身的成熟、衰老以及品质的变化密切相关，电子鼻可以快速、实时监测这些特征气体及其浓度，弥补了人为评定和理化分析的缺点，为水果的品质安全提供一个理想的检测手段。

（1）电子鼻在水果品种鉴定方面的应用。电子鼻在区分不同品种或类型的水果中得到了较好的应用。不同品种水果的差异较大，有果实大小、颜色、营养成分的区别，但是这种差异有时候并不是特别明显，并且在大量挑选的过程中难以区分。不同品种水果香气物质的含量和种类差异较大，采用电子鼻系统检测不同品种水果香气成分的差异有助于人们对水果进行品种的鉴定。Benedetti等使用PEN2型便携式电子鼻对4种桃子进行检测，并使用PCA和LDA对数据进行分析，主成分分析结果显示，在收获当天占总变异99.43%的两种主成分的主成分散点图有4个清晰的区域，线性判别法分析结果显示，电子鼻的分类正确率达100%。Giuseppina等使用电子鼻结合ANN对10种杏果实顶空气体成分进行检测分析，模拟的判断模式能够准确的区分这10个品种，准确率达90%。

（2）电子鼻对水果成熟度的监控。水果的成熟度影响着水果的一些质量指标，如风味、硬度和果皮色泽等，选择一个合适的采收期有助于在后续的加工处理过程中延长货架期，延缓硬度下降、色泽变差、营养散失等。因此，评价水果成熟度变得越来越重要，消费者对产品一系列的满足感决定了水果的贮藏及市场分布。然而，一些评价成熟度的方法，诸如测定糖酸比、测定果皮颜色和评价质构特性等，没有考虑到水果种植和贮藏环境的影响，同时，这些方法大多数会损伤果实。成熟过程中有没有乙烯释放的高峰被认为是区分呼吸跃变型水果与非呼吸跃变型水果的一个特征。呼吸跃变型水果在成熟过程中香气成分的种类与组成会发生剧烈变化，而电子鼻技术能够很好地检测这一变化，这为电子鼻监控水果的成熟过程提供了可行性。Benedetti等用PEN2型便携式电子鼻对4种桃子进行试验，并使用PCA和LDA对数据进行分析；该电子鼻系统有10种传感器，采用W5S传感器对样品进行成熟度的区分，将桃子分为成熟组、未成熟组两种成熟度的正确率达87.29%，而后又将“成熟”组的样品分成“商熟”和“过熟”两类，分类正确率达67.69%。Brezmes等使用电子鼻对桃、梨和苹果3种水果进行成熟度的检测，根据使用手册将它们分成未成熟、成熟和过熟3种状态，结果显示该电子鼻系统对桃的检测正确率达93%，对梨的检测正确率达95%，但对苹果的检测效果不理想。对于非呼吸跃变型果实，电子鼻也能够很好的对其成熟度进行判断，特别是采收成熟度。Gómez等使用PEN2型电子鼻系统监测蜜橘不同采收时期香气成分的变化，同时运用PCA和LDA进行分析，结果表明通过LDA分析电子鼻能够按成熟度将蜜橘进行分类，准确率达92%，但是PCA分析不能明显区别各个成熟期的差异。

（3）电子鼻在水果贮藏中的应用。延长季节性水果供应周期的一个有效手段是将水果进行贮藏，贮藏水果质量的好坏决定了市场分布和消费者的喜好程度，水果香气的好坏是评价其贮藏质量的一个重要指标。在贮藏过程中，水果的香气成分的种类与含量会发生一系列变化，这是由于后熟、呼吸作用、发酵作用和酚类物质氧化造成的，并且病原微生物对果实的侵染也会导致香气成分的变化。基于水果香气成分在贮藏期间发生的变化，可利用电子鼻系统采集水果的芳香成分，监测贮藏期间香气成分的变化情况，并对水果货架期进行判断和对水果质量进行监控。

①货架期的判断。胡桂仙等通过PEN2型电子鼻系统动态采集柑橘芳香成分并得到电子鼻的响应值，再利用PCA、LDA等模式识别方法进行数据分析，结果表明不适合用PCA方法检测不同储藏时间内的柑橘，但LDA方法能很好区分不同

储藏时间内的柑橘。罗剑毅等选用PEN2型电子鼻系统对不同成熟度的雪青梨的贮藏期进行检测研究，采用LDA对测得的数据进行识别分析，结果表明电子鼻可以较好地区分不同贮藏期的雪青梨。张晓华等使用GC-Flash型电子鼻预测红星苹果货架期质量，PCA分析发现，电子鼻能够很好地将不同贮藏期内的苹果区分开来，并通过传统的理化检测方法证明了电子鼻预测货架期的准确性。

电子鼻系统不仅能够无损监控水果贮藏时期香气成分的变化，而且能够评价鲜切水果货架期的情况。Torri等使用电子鼻自动监控鲜切菠萝贮藏期间室内顶空气体成分的变化来评价鲜切菠萝新鲜度，结果表明电子鼻能够区别众多样品挥发性物质的变化，并且这些变化与新鲜度密切相关。

②危害与品质监控。Concina等对健康西红柿接种病原微生物使其发生病害，通过气质联用仪对香气成分进行半定量分析发现接种几小时后，西红柿香气成分变化显著，随后使用电子鼻进行判别，电子鼻不但能够将健康果实与病害果实区分开来，而且还能鉴别病害果实是否受到Saccharomyces cerevisiae和Escherichia coli其中一种微生物的感染。Natale等运用厚度剪切模式谐振器（TSMR）结合电子鼻系统监控苹果贮藏过程，结果表明电子鼻有足够的灵敏度预测瑕疵苹果占总苹果的比例。

潘胤飞等提出了一种根据苹果气味对苹果进行无损检测的新方法，并研制了一套适合苹果气味检测的电子鼻系统。他们对超市所购得的好坏苹果各50个分别进行了检测，采用PCA对所测的数据进行分析，结果表明好坏苹果是可以区分的，但有一点重叠的地方。Zhang等利用电子鼻系统对大白桃的质量指标（硬度、可溶性固形物、pH值）进行预测，并使用二次多项回归（QPST）、多元线性回归对响应数据进行分析，结果表明在两种分析方法下传感器阵列均与质量指标有很强的相关性。

第二节　X射线技术

一、X射线成像技术的概述

1895年，德国人伦琴在进行放射性试验的时候发现了X射线，使整个一门分支学科发生了前所未有的变化。经过长期努力，人们将X射线应用于医学、航空航天、国防、造船、工业探伤、林业、食品检测等众多领域，相继获得成功。X射线成像技术是一项新的检测技术，是以辐射成像技术为核心，集电子技术、计算机技术、信息处理技术、控制技术和精密机械技术于一体的新技术。

当X射线穿透被检物料时，由于X光子与被检物料原子相互作用而导致X射线能量衰减。其衰减程度与待检物料组分、厚度及入射射线能量有关。X射线透过被检物后被图像增强器或者线阵探测器所接收，再转换成可视图像；图像灰度值是通过计算射线穿透被检测物料之后的能量大小得到，因此图像某点的灰度值反映了射线在穿透被检测物体该点的衰减程度的大小，也反映了该点的组分变化。经计算机处理后，生成的图像能表征物料的内部缺陷、大小、位置等信息，按照有关标准对检测结果进行缺陷等级评定，从而达到检测的目的。

二、X射线检测的原理

X射线的检测原理主要是基于其具有穿透能力的性质。射线穿透被检测对象时，由于检测对象内部存在的缺陷或者异物会引起穿透射线强度上的差异，通过检测穿透后的射线强度，按照一定方法转化成图像，并进行分析和评价以达到无损检测的目标。按照成像的方式，可以分为射线照相法、射线数字化实时成像和射线CT。

射线照相法应用对射线敏感的感光材料来记录透过被检测物后射线强度分布的差异，能够得到被检测物内部的二维图像。射线照相法由于存在成本较高、数据存储不方便、射线底片容易报废以及实时性差等缺点，在农产品品质检测中几乎不再使用。

X射线实时成像包含两个过程：一是X射线穿透样品后被图像增强器所接收，图像增强器把不可见的X射线检测信号转换为光学图像；二是用摄像机摄取光学图像，输入计算机进行A/D转换，转换为数字图像。此检测过程由X射线发生装置、X射线探测器单元、图像单元、图像处理单元、传送机械装置和射线保护装置等几大部分组成。

X射线CT全称是“X射线电子计算机断层摄影技术”。CT的目的是得到物体内占有确切位置的物质特性的有关信息。X射线穿过物体某一层断面的组织，由于不同物质对于X射线的吸收值存在差异，CT机探测器接受衰减后的X射线，并将其转换成电信号输入计算机。经过计算机的数据处理后显示出图像，并获得相应点的CT值。通过建立CT值与目标检测值的数学模型，达到无损检测的目的。

三、X射线的特点

X射线因其波长短，能量大，照在物质上时，仅一部分被物质所吸收，大部分经由原子间隙而透过，表现出很强的穿透能力。X射线穿透物质的能力与X射线光子的能量有关，X射线的波长越短，光子的能量越大，穿透力越强。X射线的穿透力也与物质密度有关，利用差别吸收这种性质可以把密度不同的物质区分开来。

四、X射线检测技术在农产品品质检测中的应用

农产品机械损伤、内部生理失调和病虫害的侵入，给农产品质量带来严重的问题，并且这些问题很难通过农产品外部视觉进行判断和剔除，已经成为影响农产品内部品质的主要因素。X射线检测技术目前被广泛应用于医学透视、安全检查、工业探伤、晶体结构研究等诸多领域，在农产品无损检测中应用更有潜力。该技术可以检测农产品的内部和外部品质以及内部异物情况。

1. 水果内部品质检测

水果在运输过程中极易导致压伤，直接影响其品质。早在1970年，Diener等人利用X射线成像技术以苹果压伤程度为依据对其进行分类。随后，Shahin等人研究了根据压伤状态进行苹果分类的X射线成像技术，把预测旧压伤（30d）和新压伤（1d）作为辨别因子，建立相应的神经网络分类器。研究结果表明，旧压伤的预测准确率达到60%，两种不同苹果的新压伤预测准确率分别为90%和83%。

水果中果肉含水量直接决定水果的品质。1992年，Tollner等人研究了通过X射线图像特征反映出的X射线吸收率与苹果体积水含量的关系，建立了X射线断层扫描图像检测苹果含水量及密度的方法。2003年，浙江大学张京平对苹果水分和CT值做了进一步研究，发现苹果某点上的水分值与X射线CT图像上的CT值之间、CT图像的RGB（Red，Green and Blue）值与CT值之间存在一定的相关性，从而可以通过某点CT值或者RGB值得到其含水率，实现了RGB值与X射线胶片图像CT值的换算，为应用X射线CT技术在线检测水果水分含量创造出一种新的方法。

病原菌是影响水果质量的重要因素之一。水心病是苹果的一种重要的生理病害，严重的水心病果后期将发展成内部褐变，因此在储藏期监测水心病的发展是很有必要的。X射线检测技术在水心病的监测和分级上取得了重要的研究进展。Shahin等人利用苹果的X射线扫描图像中与苹果水心病有关的图像特征，建立了模糊分类器来预测苹果水心病。随后，他们又分别选择苹果图像面积和图像表征的密度两个变量、余弦变换特征以及小波变换特征为基本因子，建立了预测苹果水心病的贝叶斯分类器，其预测准确率达到了79%以上。Kim等人采用2D-X（2Dimension X-ray）射线检测苹果水心病。在此研究中，对于“红美味”苹果水心病的检测分为两个阶段：首先，从苹果扫描图像提取相应特征；其次，利用辨别特征对苹果水心病进行分类。从苹果X射线扫描图像中提取了8个特征，并将其输入进行分类的神经网络分类器中，以达到将检测结果分为无病、轻微发病和严重发病3个等级的目的。研究结果表明，在正确识别苹果水心病无病和严重发病中，假阳性为5%～8%。此外，这种方法在固定X射线束与苹果干花萼的角度条件下，还能够识别同一产地的苹果。

2. 水果外部品质检测

水果外部品质主要有表面颜色、表面光泽、表面平整度、外表形状以及尺寸大小等。X射线检测应用于水果外部品质检测与应用内部品质检测的研究相对较少，这是由X射线具有很强穿透能力的性质所决定的。1992年，Han等人研究了有破裂凹陷和正常凹陷梨的X射线图像检测，通过灰度阈值法分割出梨的凹陷区域，设计了凹陷正常与否的检测算法，其检测精度达98%。韩东海利用X射线通过正常柑橘和皱皮柑橘的透过率不同，将皱皮柑橘与合格柑橘分开。该研究发现了正常果某一断面的波形较圆滑的递减变化，而皱皮果的波形出现凹凸不平的现象。同时，他们还研究了不同X射线强度、不同大小的柑橘以及在实时检测过程中传送带速度对检测准确度的影响。

3. 农产品内部异物情况检测

X射线对于异物检测的范围很广，如金属、玻璃、塑料和石头等与被检物有着较大密度差异的异物。目前，X射线异物检测技术主要应用在禽畜产品的异物检测方面。在自动化剔除鸡肉中碎骨片的过程中，经常不能剔除完全，肉中碎骨的存在可能对消费者（特别是老人和孩子）造成伤害。基于肉片厚度的不均一性，Tao等人建立了补偿由于厚度不均一引起的X射线吸收的变化，结合不同厚度和X射线图像建立了图像测定函数，从而产生了骨头碎片信号的厚度补偿X射线图像。研究结果表明，经常在鸡肉中频繁出现和难以检测到的骨头碎片均被检测到，并且这种图像处理方法排除了假阳性，提高了检测的灵敏度。剔骨家禽肉中的外来物能够被检测出来，主要依赖于它们的不同X射线吸收值。最简单的方式是通过图像阈值在X射线图像上进行外来物的辨别。2001年，Tao等人建立了局部阈值图像分割方法。此技术也能够排除肉块厚度差异带来的检测误差。

第三节 机器视觉技术

机器视觉技术是20世纪70年代初期在遥感图片和生物医学图片分析两项应用技术取得卓有成效的成果后开始崭露头角的。机器视觉技术的出现解决了人工方式存在的很多问题，具有广泛的发展潜力。农产品分级分选的传统工作方式是人工肉眼识别，有很大的主观性，长时间的观测容易使人产生疲劳，检测效率低，缺乏客观一致性。随着计算机图像处理技术、机器视觉技术的发展和成熟，农产品分级分选已由人工分级、机械式分级、电子分级发展到机器视觉分级。利用机器视觉技术实现农产品分级分选检测具有实时、客观、无损的优点，因此成为国内外自动化检测领域中研究的热点，并取得了一定的成果。近年来，对农产品检测的研究主要集中在水果（苹果、柑橘、桃子、梨）等农产品。水果在其生产过程中由于受到人为和自然等复杂因素的影响，水果品质差异很大，如形状、大小、色泽等都是变化的，很难整齐划一，故在水果品质检测与分析时要有足够的应变能力来适应情况的变化。机器视觉不仅是人眼的延伸，更重要的是具有人脑的部分功能，其在水果品质检测上的应用正是满足了这些应变的要求。目前，国内外对利用机器视觉进行水果品质检测分级的技术主要针对其外部品质（如大小、颜色、形状、表面缺陷、纹理等）和内部品质（硬度、坚实度、酸度、可溶性固形物等），针对水果病虫害、损伤和综合品质的分级分选研究相对较少。

一、机器视觉技术的定义

机器视觉技术，是一门涉及人工智能、神经生物学、心理物理学、计算机科学、图像处理、模式识别等诸多领域的交叉学科。机器视觉主要用计算机来模拟人的视觉功能，从客观事物的图像中提取信息，进行处理并加以理解，最终用于实际检测、测量和控制。

二、机器视觉技术的原理

可见光波段的机器视觉是指计算机对三维空间的感知，是计算机科学、光学、自动化技术、模式识别和人工智能技术的综合，包括捕获、分析和识别等过程。机器视觉系统主要由图像的获取、图像的处理和分析、输出或显示3部分组成，一般需要图像信息捕获设备主要为电荷耦合元件（Charge Coupled Device，CCD）、互补金属氧化物半导体（Complementary Metal Oxide Semiconductor，CMOS）相机、检测装置、传送与置物系统、计算机和伺服控制系统等设备。在水果品质检测过程中，水果位于传送带或置物台上方，图像信息捕获设备配置在目标的上方或周边，在传送带的两侧安装有检测装置。当水果通过捕获设备时，捕获设备通过图像采集卡将水果图像信息传入计算机，由计算机对图像进行一系列处理，确定水果的颜色、大小、形状、表面损伤情况等特征，再根据处理结果控制伺服机构，完成品质分级。该方法可实现水果品质的无损检测，能减轻人工检测的大量劳动和人为误差，且具有速度快和精度高等优点。

三、机器视觉技术的特点

机器视觉技术的特点是速度快、信息量大、功能多。以水果为例，可一次性完成果梗完整性、果形、水果尺寸、果面损伤和缺陷等的分级，而且能完成许多其他检测方法难以胜任的工作，可以测量定量指标，如水果大小、果面损伤面积的具体数值，根据其数值大小进行分类等。机器视觉系统的特点是提高生产的柔性和自动化程度。在一些不适合于人工作业的危险工作环境或人工视觉难以满足要求的场合，常用机器视觉来替代人工视觉；同时在大批量工业生产过程中，用人工视觉检查产品质量效率低且精度不高，用机器视觉检测方法可以大大提高生产效率和生产的自动化程度。

四、机器视觉技术在水果品质检测方面的应用

体积大小、外形轮廓、表皮颜色、纹理、虫害及表面损伤缺陷程度是衡量水果品质的重要依据，国家制定的各种水果分级标准中对这几个指标有客观的定量规定，基于可见光波段的机器视觉技术的水果品质自动检测研究也主要集中在这些方面。

1. 水果的外形、大小检测

水果的大小与形状是衡量其生长发育程度的重要因素，一般是通过水果的果径（横径和纵径）来体现，同类水果通常以果径大、形状匀称为优质品。刘敏娟等通过对图像灰度变换、去除噪声、图像增强、图像分割等多种底层处理方法的对比研究，确定了适合于荔枝检测的预处理方法，利用荔枝横径测量的最大轴旋转法测量并分级的桂味和糯米糍两种荔枝的正确率分别为98.4%和96.7%。韩伟等提出了一种新的水果直径检测的快速算法，该方法通过对水果图像进行分割，并计算各个区域内水果的最大半径，进而计算出水果的最大直径，与传统方法相比较，该算法能够在较小的计算量下得到较高的计算精度。沈宝国等提出了一种利用最小外接圆检测苹果直径的方法，通过对8组苹果像素直径和近似圆度与实测直径进行二元拟合，得到拟合方程，其相关系数为0.988，利用此方法估测苹果直径的绝对误差在±1.8mm以内，为利用图像中的水果位置姿态进行检测直径提供了新的思路。陈英等通过8-邻域轮廓跟踪提取果穗轮廓曲线，然后基于改进的曲线旋转和局部极值判断方法搜索曲线上的凹点，从而将曲线分割成分段圆弧以实现果粒的分割和识别，进而采用最小二乘分段曲线拟合计算果粒直径。通过对巨峰葡萄的检测试验表明，该算法对葡萄果穗的果粒正确识别率在35%左右，用于统计葡萄的平均果粒直径，平均误差为0.61mm，最大误差为1.69mm，根据果粒大小分级的准确率为72.7%。

2. 水果的颜色检测

水果表面的颜色可反映其病害和腐坏情况，部分水果的表皮颜色与其成熟度密切相关，颜色检测对于评价水果的品质具有重要意义。机器视觉颜色检测技术在苹果、柑橘、番茄和香蕉等果种中的应用较多。Vidal等开发了一套用于测量柑橘颜色的在线游动式计算机视觉平台，系统地输出数据位颜色索引，实现了基于颜色的柑橘自动分级，柑橘在滚轴上的传送速度为0.4m/s时，其测量值与实际值具有良好的相关性，相关系数达到0.925，基于查找表、结合查找表与颜色索引、

RGB均值颜色索引3种算法运行时间分别为1 171ms、189ms和125ms，准确率均在88%以上。Rao等研制了一套实时计算机视觉检测系统，通过建立颜色模型实现水果品质的检测分级，对橙果的分级总误差为2.1%。胡孟晗等在香蕉贮藏过程中每天获取香蕉的图像，并以二值化后的图像为模板分别与灰度、R、G和B分量图像点乘进行背景分割，提取彩色分量的均值作为颜色指标；以不规则的生成方式提取灰度图像的共生矩阵，并获取其纹理二阶矩、对比度和均匀度3个纹理指标，结果表明，结合R和G均值的变化曲线可对香蕉在第6阶段之前的表面状况进行描述，采用基于灰度共生矩阵的对比度和均匀度的变化曲线能够对香蕉在第6阶段之后的表面状况进行描述。

3. 表面缺陷检测

缺陷果与虫害果的图像识别往往依据缺陷和虫害状的大小、形状、颜色、纹理等参数或几个参数的组合来进行。温芝元等研究了椪柑病虫害为害状图像傅里叶变换幅度谱的多重分形特征，并建立了BP神经网络椪柑病虫害识别模型来进行病虫害识别椪柑蓟马（*Pezothrips kellyanus*）、花潜金龟子（*Oxycetonia jucunda*）、吸果夜蛾（*Oraesia emarginata*）、侧多食跗线螨（*Polyphagotarsonemus latus*）、椪柑炭疽病（*Colletotrichum gloeoporioides* Penz.）5类病虫害，30组测试样本中吸果夜蛾识别正确率达96.67%（最高），侧多食跗线螨识别正确率为86.67%（最低），平均正确识别率为92.67%。黄文倩等以阿克苏苹果为研究对象，采用可见近红外双CCD成像系统，设计了一种无须预先建模的类球形亮度变换方法，提高了缺陷检测精度，整体检测精度达到97%。李彦峰等在LabVIEW平台上结合其视觉处理软件包IMAQ Vision和NI Vision Assistant开发了水果表面缺陷检测系统，根据水果图像的特征，通过灰度拉伸、滤波和边缘检测等处理过程实现了水果的表面缺陷检测。王方等通过计算圣女果图像中的表面缺陷区域像素，为圣女果表面缺陷检测提供依据，利用表面缺陷定位方法，获取圣女果表面出现缺陷区域的空间位置，提高了检测的准确性。刘海彬等建立了激光散斑图像采集系统，对皇冠梨缺陷部位以及完好部位分别进行了激光散斑图像的采集，利用Fujii方法和加权广义差分方法进行分析，提取灰度共生矩阵特征、角二阶矩、熵、惯性矩和相关性相应的均值及标准差，利用受试者工作特征曲线（Receiver operator characteristic curve，ROC曲线）进行特征量选取，并利用二元logistic回归方法对所选特征量两两组合进行分析，建模和预测准确率均达到了97.5%。Blasco等利用无监督区域增长算法对柑橘类水果表面缺陷进行分割，利用3个CCD相机获得的彩色图像，根据不同区域之间的马氏距离来评价区域之间的相似度从而检测出缺陷。

4. 纹理检测

表面纹理特征是衡量水果外部品质的重要指标，可以反映果实成熟度和内部品质，纹理鲜明的果质高于不鲜明的果质。纹理分析方法分为统计方法和结构方法。纹理识别方法很多，根据纹理特征提取方法不同，有基于灰度共生矩阵、基于马尔可夫随机场模型特征和小波变换等多种方法；根据采用的分类器不同，主要有神经网络、贝尔斯分类等纹理识别方法。Zhou利用傅里叶变换把图像以8×8的正方形窗口变换到频域，在频域中利用对傅里叶变换系数进行直方图统计和分析来提取纹理特征。付树军提出了一种特征驱动的双向耦合扩散方法，增强了不同图像区域之间过渡自然的图像纹理。刘忠伟利用灰度共生矩阵提取图像的纹理特征。国内研究纹理分级的还较少，康晴晴提出一种梯度法苹果表面纹理分级方法，采用梯度算法对苹果灰度图像进行两次梯度锐化，使苹果纹理清晰显示，再利用梯度差分算法提取图像的平均梯度信息，最后建立纹理分级模型，实现了苹果表面纹理的有效分级。

5. 内部品质检测

Miller BK等（1989年）研制了一套检测和分级新鲜市售桃的彩色机器视觉系统，当桃子在输送带上通过照明箱时采集桃子的彩色数字化图像，并通过将桃子的实际颜色和不同成熟度桃子的标准颜色相比较来确定桃子的成熟度。结果表明，机器视觉成熟度检测的结果与人工检测结果的吻合度为54%，机器视觉检测的表面着色面积与人工检测的着色面积的相关系数为92%。Throop等（1989年）研究表明利用机器视觉通过检测平均灰度来确定可见光在苹果中的透射能力，可以100%地测量苹果中是否有水芯存在，但无法确定水芯的严重程度。郭俊先等分析提取苹果RGB图像中单色、波长差、HSV转换后分量等多类型图像，采用多元线性预测苹果糖度，建模集和验证集糖预测相关系数分别为0.623和0.570；预测苹果质量，验证集预测相关系数为0.99，预测均方根误差为3.88g，相对分析误差为8.1。

基于可见光波段成像的机器视觉技术已经成为水果品质无损检测的重要手段，其技术改进速度不断加快，应用领域不断得到拓展。目前的机器视觉检测主要针对的是有一定的市场需求量、体积较大、形状较规则的水果，并有相当数量的研究成果和成熟技术。新的算法不断出现并被应用，提高了检测的精度，但运行时间较长，不便于实现实时检测，先进算法的简化高效运行将会是未来的一个研究趋势。我国的机器视觉水果品质检测技术大都停留在理论研究和建模阶段，已研制成功并推广使用的自动化流水线式的检测成套设备较少，国外在由技术实现设备产品化的方面做得比较好，我国在这方面也正朝着加快先进机器视觉技术产能化的方向发展。

第四节 近红外光谱技术

一、近红外光谱分析技术的研究现状

从20世纪60年代开始，近红外光谱分析技术（NIRS）逐渐应用到水果品质检测中。1986年，近红外光谱学国际委员会成立，标志着近红外光谱技术进入一个新的发展阶段。经过近50年的研究，利用NIRS可以检测苹果、梨、桃、柑橘、草莓等多种水果的品质（如外形、含糖量、含酸量、可溶性固形物含量、含水量等），国内外一些公司和科研部门研制了检测仪器，为水果产业的发展做出了重大贡献。目前，利用NIRS进行水果品质检测的研究，居于世界领先水平的有美国、日本、新西兰、德国、意大利等。

1970年，美国的一家公司首先将NIRS应用到实际生产中，研制出农产品分析仪，开创了NIRS应用的先河。这类仪器主要用于分析农产品中的水分、蛋白质等含量。由于能迅速得到分析结果，且操作简单，受到相关单位的欢迎。到20世纪80年代中期，在美国已有上千台近红外进入多家单位使用。俄勒冈州的AlleElectronics公司生产了能分选果实、蔬菜、果仁及各种小食品的装置。该装置采用高晰像度的CCD摄像机，能识别以每分钟约177m的速度在传送带上移动的产品上仅1mm大小的变色部分和缺陷部分。2005年5月，美国农业部的技术员热尼福·鲁以与密歇根大学同行发明了一种测定水果品质的新方法。根据水果吸收的光通量，不仅可以测定水果的硬度，而且可以测定水果的含糖量，从而能“预报”水果的香味和口味。

20世纪80年代后期，日本开始利用NIRS对水果品质进行分析。日本学者根据不同成分含量的物体对近红外线的反射、吸收和透过量都有不同的原理，将近红外线照射到桃的果实上，测定其反射强度，折算出含糖量。该方法的测算值与化学分析方法的测定值的相关系数为0.97。经过不懈的努力，日本公司已开发出柑橘糖酸度无损伤在线检测装置，主要由光源、光学传感器、数据处理三大部分组成。利用该装置，柑橘在不受任何破坏的情况下即可获得糖酸度值。此外，还研制了便携式小型近红外分析装置，与固定式相比，除可检测糖酸度外，还可在水果成长过程中，随时监测果实内部成分的变化，为栽培管理和适时收获提供科学依据。

近几年，新西兰的学者发表了许多基于NIRS进行水果品质检测的文章，分别利用漫反射光谱、规则反射光谱、透射光谱对水果品质进行了研究，达到预期效果。所用的光谱范围在500～1 140nm，属于可见-短波近红外光谱。试验的主要对象包括苹果、鳄梨、柑橘等，并分别建立了‘Royal Gala’苹果漫反射光谱与着色度、可溶性固形物、含酸量、坚实度等的数学模型，‘Hass’鳄梨反射光谱与干物质含量的数学模型，‘Braeburn’苹果透射光谱与黑心病（主要与苹果内部的褐变有关）的数学模型。试验结果证明，水果的储藏时间、近红外光源的强度、近红外光源与被测水果之间的距离、被测水果的大小、被测水果样品的数量直接影响数学模型的准确程度，进而影响最后的结论，并指出如果能够将果皮、果肉、果核中的散射光和吸收光分离，试验结果将更加准确。

德国在这方面进行的研究相对较晚，取得的成果也一般。Herold等人在500 ~ 1 000nm光谱范围内对生长中的‘Elstar’苹果进行了研究，并利用自已研制的便携式光谱分析仪对苹果进行透射光谱分析，得到苹果在成熟期的着色度与透射光谱的关系。

意大利研制成功了果实色泽重量分级机，并应用于商业化生产。其工作原理是：首先是在带有可变孔径的传送带上进行大小分级，在传送带的下边装有光源，传送带上漏下的果实经光源照射，反射光又传送给电脑，由电脑根据光的反射情况不同，将每一级漏下的果实又分为全绿果、半绿半红果、全红果等级别，通过不同的传送带输送出去。

2004年，Carlomagno等人利用透射光谱方法在730 ~ 900nm波长范围内对不同地域的桃进行了分析。根据桃的含糖量和坚实度判断成熟度，准确率可达到82.5%。

比利时的学者也在NIRS水果品质检测方面进行了研究。Kleynen等人在可见-近红外光谱（450 ~ 1 050nm）范围内选择最有效的波长对‘Jonagold’苹果的分级进行了研究，利用CCD采集苹果图像信息，根据苹果的外形大小、外表颜色和缺陷进行分类。试验结果表明，在450nm、500nm、750nm、800nm波长处处理图像信息时，苹果的分级效果最好。

20世纪90年代以来，我国近红外光谱技术的应用有了极大发展，正在进入高潮。但相对国外研究的状况，国内的研究相对较晚，进展比较缓慢。目前，我国利用NIRS进行水果品质检测方面的研究主要集中在部分高等院校，包括浙江大学、中国农业大学、台湾大学、西北林业大学、江苏大学等，进展速度不一，取得的成果也有差异。

浙江大学的应义斌等利用近红外漫反射光谱对苹果的含糖量进行了研究，取得了较为满意的预测效果。他们还利用光纤漫反射近红外光谱技术测量完整水蜜桃的漫反射光谱，对水蜜桃的糖度和有效酸度进行了预测，其预测值和实际值的相关系数分别为0.96、0.95。2004年6月，该校的应义斌和王剑平领导的课题组开发成功了我国第一套拥有自主知识产权的水果品质智能化实时检测与分级生产线。这一生产线由计算机视觉系统、能完成水果的单列化并均匀翻转的水果输送系统、精确地实施分级的高速分级机构和自动控制系统等部分组成，实现了检测指标的多元化，果品大小、形状、色泽、果面缺陷等多项检测一次完成。可用于柑橘、胡柚、苹果、西红柿和土豆等多种水果及农产品的智能化实时检测与分级。但这种检测系统体积庞大，价格昂贵，不能检测水果的内部品质。

中国农业大学的韩东海等采用短波近红外透射光谱快速无损检测的方法，自主研制了检测苹果水心病、鸭梨黑心病的仪器。

我国台湾大学的陈世铭、张文宏等利用近红外光谱（1 000 ~ 2 500nm）对水蜜桃和洋香瓜等果汁的糖度检测进行了研究，并用多元线性回归（MLR）、偏最小二乘回归（PLSR）和人工神经网络（ANN）3种不同模式探讨不同的光谱处理。

西北农林科技大学的何东健介绍了鲜桃近红外无损检测装置的基本原理和组成，阐明了如何确定能代表平均糖度的测定位置。试验结果表明，鲜桃赤道上与缝线呈90° 的部位，可以表示平均糖度；2001年，他又介绍了反射、半透射和透射3种测试装置的优缺点，并以柑橘和苹果为检测对象，采用透射光方法对两种水果的糖度、酸度和内部褐变进行试验验证，但试验的样品数量不多，所得结果不够准确。

江苏大学的赵杰文等利用近红外漫反射光谱技术，研究了1 300 ~ 2 100nm波长范围内无损检测苹果糖度的可行性。采集了每个苹果去皮前后最大横径上4个点的近红外平均光谱和整个苹果的糖度值。采用主成分回归（PCR）和偏最小二乘法（PLS）对试验数据进行了分析。结果表明，在1 300 ~ 2 100nm波长范围内无损检测（即带皮检测）。苹果的糖度是可靠的，并且PLS模型的性能更优于PCR模型。

可见，国内的研究虽然起步较晚，也取得了一些突破，但详细而系列的报道很少，研究对象也很不全面，有待探索的问题还很多。

二、近红外光谱分析技术的原理

近红外光谱的波段范围介于780 ~ 2 526nm，它处在红外光区和可见光区之间。近红外光谱来源于分子的振动，分子吸收能量时产生周期性振动。分子振动的时候就可以吸收光子，其基本原理遵守量子学原理的基础。分子振动能量的吸收是量化的，一般产生于红外光谱区域。光源靠近样品的时候，一部分光被反射回来，一部分光产生了漫反射，另一部分光穿透了样品形成了透射，剩余的部分被待检测样品吸收了。图3-2所示为近红外光谱所在区域。

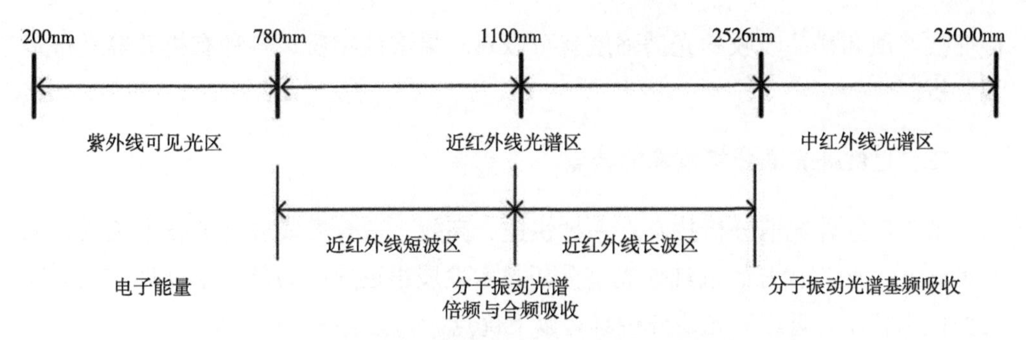

图3–2　紫外线到中红外线光谱分布与分子振动吸收情况

水果样品分子吸收的光子能量转化为分子的机械能，表现为分子动能和势能，当分子能量增加到一个限度的时候，分子振动的能级就会跳跃，从低能级向高能级跳变，即分子从基态跳变到激发态，分子可以对红外区域的光谱进行吸收，中红外区主要表现为基频的吸收，在近红外区主要是合频与倍频的吸收。近红外光区域的主要信息来源于–CH、–NH、–OH等官能团的倍频与合频，不同的官能团有不同的能级，并且在近红外光谱区有明显的差别，这样就可以根据样品在近红外光谱区吸收波峰的值来实现对样品有机物定性和定量分析。待测样品中组成不同有机物的官能团有很大的差别，不同官能团所在的能级的能量也不相同，并且同种物质中不同的官能团和相同的官能团在不同的测量条件下吸收不同波长的近红外光谱的能量是有很大差别的。每个官能团对光的吸收都需要特定的频率，只有与此频率相匹配的光谱才会被吸收，可知样品对光谱的吸收不是全部的，而是有选择性的吸收，近红外光照射样品后从样品上产生漫反射和透射后的光谱携带样品结构组织的各部分信息，通过漫反射或透射光谱仪就可以测定样品对光谱吸收率和透射率，进而对样品成分定量和定性的分析。表3–2为各种基团对近红外光谱区波段的吸收情况。

表3–2　各种基团对近红外光谱区波段的吸收情况（nm）

类型	芳烃CH	甲基	亚甲基C–H	N–H	O–H
一级倍频	1 680	1 700	1 745	1 540	1 450
合频	1 435	1 397	1 435	—	—
二级倍频	1 145	1 190	1 210	1 040	986
合频	—	1 015	1 053	—	—
三级倍频	875	913	934	785	
四级倍频	714	746	762	—	—

水果中的有机物、可溶性物质等很丰富，这些有机物和可溶性物质中都含有–CH、–NH、–OH等氢基团，这样通过测量近红外光谱吸收与透射后光谱出现的

特征波峰值和样品吸收的光谱强度就可以对水果溶性物质、各种有机酸等进行定量分析。

三、近红外光谱分析技术的特点

由于近红外光谱分析技术是一种快速、高效、适合在线分析的技术工具，从20世纪70—80年代开始近红外光谱分析技术发展很迅速，与其他常规理化或生物检测技术相比，近红外光谱分析具有以下优点。

（1）所检测的样品在检测之前一般不需处理。近红外光处于微波阶段，波长较短，因此它有很强的穿透力和散射效应，根据待检测样品的外部形态和内部组分的特性，可以选择透射检测方式或者漫反射检测的方式对样品的光谱进行采集测量，近红外光谱检测技术是一种典型的无损检测分析技术。

（2）近红外光谱分析可以对待测样品的多种组分含量同时测量，不像普通标准的测量方法那样复杂，这种测量方法效率很高。

（3）近红外光谱分析的重现性好，一般受外界因素参数影响小。

（4）近红外光有很强的穿透能力，对玻璃或石英等这类媒介质能够顺利的穿过，而且近红外光的能量又不会被这类介质吸收，所以采用玻璃或石英容器作为测量容器对待测样品进行近红外光谱的检测是可行的。此外，在近红外光谱线检测分析系统中可以采用玻璃或石英光纤作为通信手段。

（5）近红外光谱分析技术对待测样品无污染，不需要使用任何化学试剂，是一种绿色分析技术。

（6）近红外光谱分析技术对操作者个人素质要求低，这种分析方法可以实现智能光谱仪器的开发，对待测样品可以在线分析检测和远程控制等。

（7）对样品的分析检测所需时间短。一般在1min的时间内就可以对样品完成近红外光谱的检测，所测量的样品光谱数据又可以传给计算机快速的分析处理，通过相应的上位机软件显示所测样品组分含量。

近红外光谱对样品组分的分析技术有上述一些优点，但也有如下一些缺点。近红外光谱分析技术不是一种直接测量样品组分的分析测量方法，它首先结合理化化学方法来提取待测样品成分实际有用的组分信息，其次根据理化测量的数据结果和样品成分的光谱数据建立定量的预测数学模型，建立预测模型需要有足够数量的能够充分代表组分有用信息的样品，样品首先必须经过合理的筛选，因为样品的信息与建立预测模型的精确度和有效性有着直接的关系，应当对建立的预测模型不时地引入新的样品来补充新的信息数据，对预测模型进行优化和维护。如果样品中待测成分只有几个毫克，待测成分在样品中的含量极少如含量只有10^6，那么近红外光谱分析对此成分信息就很难预测。

四、近红外光谱分析技术在水果品质检测中的应用

1. 近红外光谱技术在水果成熟期监测中的应用

近红外与可见光结合的无损检测技术具有适应性强、灵敏度高、对人体无害、成本低和容易实现等优点，被广泛用于水果成熟度的无损检测。2002年，Mc Glone等利用VIS/NIR技术，依据果实成熟过程中叶绿素减少的趋势，深入探测了‘Royal Gala’苹果在采摘前和储藏后各品质指标的变化规律。该试验在商品采收前7周开始动态分析，对品质指标，如可溶性固形物、总酸及硬度等进行检测，并得到各预测模型。初步试验表明，VIS/NIR技术主要是依据果实成熟过程中叶绿素减少的趋势来探测。在苹果早采收、适中采收、晚采收的典型吸光度光谱对比中，发现在680nm波长处，叶绿素吸光度有明显的变化，早采收果实的吸光度明显高于适中采收和晚采收果实，因此认为该波长可用于区别苹果的成熟度。2005年，Ann Peirs等人在前人研究的基础上研究了苹果自然特性对可见光/近红外模型预测采摘期成熟度精确性的影响。研究表明，近红外光谱与成熟度有一定相关关系，其Rr>0.94，RMSEP<7.7。研究表明，苹果成熟度不只与果皮颜色相关，而且还受到内部品质的综合影响。2005年，Herold等人借鉴前人的研究利用光谱技术对‘Elstar’苹果果实发育进行了动态研究。从获得的光谱数据来看，不同的光谱指标都反映出果实色泽变化和果实成熟过程。果实不同时期的透射光谱在570nm和680nm处均出现显著变化。由于叶绿素吸光率降低导致果皮颜色中绿色减少，红色增加，故可在这两波长处进行分析，从而更好地了解果实成熟时的物质变化，并预测果实成熟期。同年Peirs等人在苹果自然变异对最佳采收期预测模型准确度的影响上做了研究。在最佳采收期预测的实践中，单个果园样品批量的平均预测值要高于单个果实的平均预测值。研究表明，当果实自然变异较小时，校准模型的准确度就要高些，反之亦然。利用Streif index校准模型的准确度不是很高，即使对其进行了对数转化。2007年，Yongni Shao等人用可见光与近红外检测技术结合硬度、糖度和酸度等指标检测番茄的成熟度，得到了各自的相关系数，分别为0.83、0.81和0.83，表明可见光与近红外技术无损检测水果成熟度的方法是可行而且实用的。

2. 近红外光谱技术在水果品质检测中的应用

利用近红外光谱（NIR）检测水果品质早已成为国际研究热点之一。2003年，Clark等利用700～900nm的透射光检测了褐心贝宾（Braeburn）苹果，探讨了投射测量时苹果的最佳位置。国内的相关研究也如雨后春笋般涌现出来，研究的水果有柑橘、苹果、梨、桃、枇杷等，检测的品质涉及糖度、酸度、可溶性固形物、维生素、坚实度、色泽及单果重量、褐变、模式识别等。

（1）水果糖度的检测。糖度是衡量部分水果品质的重要指标之一。目前，主要采用糖度计对水果进行糖度测定，但该方法测定时间长且需要破坏样品，同时对于糖度分布不均匀的水果的检测精度相对较低。而近红外光谱技术可以对水果的糖度进行高效检测。周文超等运用近红外投射光谱技术对80个赣南脐橙的糖度进行检测，结果表明，在波长200～1 100nm的范围内采用PLS法建立的糖度分析模型预测精度要高于多元线性回归法（MLR）、主成分回归法（PCR）的检测精度，其相关系数为90.32%，预测样本均方差误差为0.242 1。王硕等采用NIDRS技术在波长为725～1 000nm的范围内，结合PLS法建立了糖度分析模型，实现了对小西瓜平均糖度、中糖及边糖的快速检测，并且精度较高。2006年，应义斌等利用小波变换结合近红外光谱技术检测水果糖度，小波变换滤波技术能有效地消除苹果近红外光谱中的噪声，在采用小波变换尺度为3时，WT-SMLR法建立的校正模型精度明显优于采用SMLR法建立的模型。刘春生等利用可见/近红外漫反射光谱结合PLS建立南丰蜜橘糖度校正模型，预测集r=0.913 3，RMSEP=0.557 7，平均预测偏差为0.065 6。

（2）水果酸度的检测。水果中含有许多的有机酸、无机酸和酸式盐等化合物，其中以酒石酸、柠檬酸等为主。酸度作为衡量水果品质的指标之一，不仅能影响水果的风味，而且会随着水果成熟度的变化而变化，同时在水果的加工中对pH值的控制能有效地防止酶促褐变的发生。刘燕德等应用NIDRS技术在波数10 341～5 461cm^{-1}的范围内对120个红富士苹果，采用PLS法建立糖度定量分析模型，其模型的相关系数为97%，校正样本均方根误差为0.261，预测样本的均方根误差为0.272，模型的精度较高。杨帆等研究发现利用NIDRS技术能实现对来自中国、美国、印度3个国家的98个苹果酸度的快速检测。赵静等研究发现采用近红外透射光谱技术结合PLS法，能实现对不同放置方式的橘子的酸度检测，其模型的标准偏差都低于0.1，相关系数高于95%。应义斌等建立苹果有效酸度的近红外漫反射PLS模型，最佳PC=3，r=0.959，SEC=0.076，SEP=0.525，Bias=0.073。

（3）水果的可溶性固形物检测。可溶性固形物含量（SSC）是指包括糖、酸、维生素等可溶于水的物质含量，是衡量水果的成熟度、内部品质及食用加工特性的重要参考指标之一。2006年，李建平等应用近红外漫反射光谱定量分析技术对2个产地3个品种枇杷的可溶性固形物进行无损检测研究，发现在波长1 400～1 500nm和1 900～2 000nm两段范围，样品的可溶性固形物与光谱吸光度之间的相关系数较高，最终建立的可溶性固形物含量预测模型的校正集和预测集相关系数分别为0.96和0.95。2008年，刘燕德等应用近红外光谱（350～1 800nm）及偏最小二乘回归、主成分回归和多元线性回归对梨的可溶性固形物及逆行定量分析；在采用偏最小二乘回归算法之前先采用一阶微分对光谱数据进行预处理，研究表明果实中间部位的预测结果较为理想；近红外漫反射光谱可以作为一种准确、可靠和无损的检测方法用于评价梨果实内部指标可溶性固形物。2009年，周丽萍等采用可见光与近红外光结合技术对苹果的可溶性固形物含量的检测进行了研究，他们结合主成分分析和BP神经网络技术，建立苹果SSC预测模型；采用DPS数据处理系统对苹果样本的漫反射光谱（345～1 039nm波段），进行主成分分析，获得累计可信度大于95%的5个新主成分；建立一个3层BP神经网络模型，并将这5个新的主成分作为BP神经网络模型的输入量，其结果是98%以上，预测样本的预测相对误差在5%以下。王铭海等利用NIDRS技术结合移动窗口偏最小二乘法-极习机法（MWPLS-ELM），建立了桃中可溶性固形物含量的分析模型。该模型的校正样本均方根误差为0.397，相关系数为99.1%；预测样本均方根为0.497，相关系数为98.3%。陈辰等利用可见/近红外漫反射光谱技术在波长408～1 092.8nm范围内，采用MPLS法建立的葡萄中的可溶性固形物含量检测模型具有较好的预测效果。

（4）水果的坚实度检测。硬度是衡量水果品质及耐贮性的重要指标之一，通常用来确定水果的成熟度与采摘时间，同时也可为制定水果的储藏、包装和运输等环节提供重要参考依据。2006年，傅霞萍等采用傅里叶漫反射近红外光谱技术研究了水果坚实度的无损检测方法，他们对不同预处理方法和不同波段建模，对模型的预测性能进行分析对比，建立了利用偏最小二乘法进行水果坚实度与漫反射光谱的无损检测数学模型，同时结果表明，应用近红外漫反射光谱检测水果坚实度是可行的，为今后快速无损评价水果成熟度提供了理论依据。2009年，史波林等采用近红外光谱技术结合遗传算法分别对去皮前后苹果坚实度无损检测进行研究，他们采用光谱附加散射校正（MSC）、微分处理（Derivative）、直接正交信号校正（DOSC）等预处理方法和基于遗传算法（GA）的有效波段选择方法来消除果皮对模型精度的影响，结果表明，苹果果皮对近红外光谱分析模型的预测能力有很大影响，但仅通过常规的光谱预处理方法（MSC、Derivative）很难有效消除。他们提出的遗传算法结合直接正交信号校正（GA-DOSC）方法能有效消除果皮的影响，不但使所建模型的波长点和最佳主因子数分别由1 480和5降到36和1，相关系数r由0.753提高到0.805，更重要的是模型的预测相对误差RSDp从16.71%显著下降到12.89%，并接近采用苹果果肉建模的预测性能（12.36%），达到对苹果硬度的近红外无损检测要求。Cavaco等利用NIDRS技术结合PLS法建立了梨的硬度模型，得到了较好的预测效果。王丹等利用可见光/近红外漫反射光谱技术在波长400～2 500nm范围内，结合改进偏最小二乘（MPLS）建立了的甜柿硬度检测模型。

（5）水果中维生素C含量的检测。维生素C不仅是人体必需的营养素，也是衡量水果品质的指标之一。胡润文等研究发现利用NIDRS技术在波长5 176.3～

4 246.7cm^{-1}和8 751.8～7 498cm^{-1}范围内，能实现对脐橙中维生素C含量的检测。罗枫等利用NODRS技术在波长408.8～2 492.8mm范围内对沙密豆樱桃中的维生素C含量进行了检测，结果表明，采用MPLS法建立的模型，其校正样本均方根误差为0.258 3，相关系数为87.79%，预测相对分析误差为3.30，该模型对樱桃在冷藏过程中的维生素C含量的检测具有可行性。夏俊芳等采用偏最小二乘法交叉验证法（PLC-CV）建立脐橙维生素C含量数学模型，预测值与真实值的r=0.957 5、内部交叉验证均方差RMSECV=3.9mg/100g，主成分数PC=8。陈辰等利用可见光/近红外漫反射光谱技术，应用MPLS法建立了红提葡萄中维生素C含量的模型，该模型的预测相对分析误差为3.64，模型的稳定性较高。

（6）水心、褐腐检测。Clark研究组通过不同的采集方式和回归方法，利用投射法（300～1 140nm）检测苹果内部褐变，结果显示当果轴水平，在光源与检测器呈一定角度的条件下采集光谱，用PLS建模时效果最佳（r=0.91，RMSEP=7.9）；王加华等直接采用可见/近红外能量光谱法对苹果褐腐和水心进行鉴别，建立的偏最小二乘判别法（PLSDA）模型总判别率达98.1%，RMSEC=0.449、RMSEP=0.392。

（7）色泽及单果重量检测。李鑫等采用偏最小二乘法（PLSR）建立单果的数学模型。采集苹果梨的透射光谱，光谱经归一化后建立的模型稳定性最好，相关参数为SEP=18.01，Rc=0.70，RMSEC=18.68，PC=5。2008年，刘燕德等采用可见光/近红外漫反射光谱对梨表面色泽进行无损检测研究，采用多元线性回归（MLR）、主成分回归（PCR）和偏最小二乘回归（PLSR）3种数学校正算法，在350～1 800nm光谱区间，结合梨的原始吸收光谱和标准化光谱进行了定量对比分析。原始吸收光谱应用PLSR建立的定标模型对24个未知样品的预测结果是：L*、a*、b*均方差分别为1.425 1、0.456 9和0.949 7，相对预测偏差分别为3.740 4%、3.357 1%和2.587 7%，结果表明可见/近红外光谱技术对梨表面色泽的无损检测具有可行性。

第五节　高光谱成像技术

一、高光谱成像技术概述

高光谱成像（Hyperspectral Image）是集探测器技术、精密光学机械、微弱信号检测、计算机技术、信息处理技术于一体的综合性技术，是一种将成像技术和光谱技术相结合的多维信息获取技术，同时探测目标的二维几何空间与一维光谱信息，获取高光谱分辨率的连续、窄波段的图像数据。高光谱图像数据的光谱分辨率高达$10^{-2}\lambda$数量级，在可见到短波红外波段范围内光谱分辨率为纳米（nm）级，光谱波段数多达数十个甚至上百个，光谱波段是连续的，图像数据的每个像元均可以提取一条完整的高分辨率光谱曲线。与多光谱遥感影像相比，高光谱影像不仅在信息丰富程度方面有了极大的提高，在处理技术上，对该类光谱数据进行更为合理、有效的分析处理提供了可能。

二、高光谱成像的基本概念

1. 什么是高光谱？

在紫外（200～400nm）到可见光–近红外（400～1 000nm），再到红外（900～1 700nm，1 000～2 500nm）波段范围内，能够得到既多又窄的光谱波段，每个波段的数量级在纳米数量级，这就保证了极高的光谱分辨率，从而得到了平滑连续的光谱曲线。

2. 光谱技术及成像光谱技术

光谱技术是一种基于光的散射、发射或吸收信息来检测样品内部结构或成分含量的技术，而成像技术则是通过探测器得到样品的高清晰度图像从而对其空间上的特性进行分析。这两种技术是光电技术中的两个重要领域，原本按照各自的道路发展，然而从20世纪60年代开始，随着遥感技术的兴起，学者们开始热衷于对地表勘探和空间探索的研究，而单独获取光谱或图像信息已经无法满足相关研究的需求了。因此，将光谱以及图像信息结合在一起的技术手段成为当前的重要需求，这就极大地促进了光谱与成像技术二者的结合，成像光谱技术由此应运而生。

3. 成像光谱技术的分类

依据光谱分辨率，成像光谱技术能被分成以下3类。

（1）超光谱成像技术。将可见/近红外波段范围分为上千个相邻窄波长，其分辨率$\Delta\lambda=0.001\lambda$数量级。

（2）高光谱成像技术。将可见/近红外波段范围分为几十至数百个相邻窄波长，其分辨率$\Delta\lambda=0.01\lambda$数量级。

（3）多光谱成像技术。将可见/近红外波段范围仅分为几个相邻窄波长，其分辨率$\Delta\lambda=0.1\lambda$数量级。

其中，高光谱成像技术是利用高光谱成像仪逐一拍摄相邻单波长光信号，然后融合所有波长的图像以形成样本的高光谱图像，因而有着图谱合一的独特优势。随着该技术近年来的飞速发展，它在越来越多的行业得到重视和应用，从最初的遥感图像检测到现在的食品品质检测等民用行业。

三、高光谱图像技术检测原理

高光谱图像是在特定波长范围内由一系列波长处的光学图像组成的三维图像块。图3-3为三维高光谱图像块。其中，x、y为二维平面坐标表示的图像像素的坐标信息，λ表示波长信息。由此说明，高光谱图像既具有某个特定波长下的图像信息，又具有不同波长下的光谱信息。

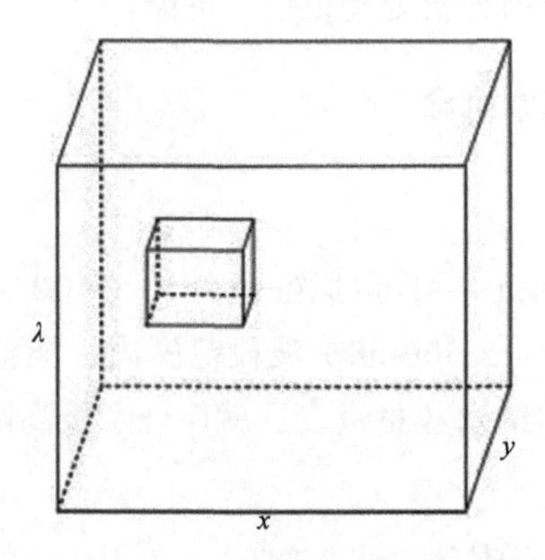

图3-3　三维高光谱图像块

在数据应用分析中，主要可以从以下3个方面获得高光谱图像信息：①在图像空间维上，高光谱图像与一般的图像类似。这就意味着可用一般的遥感图像模式识别方法进行高光谱数据的目标信息检测。②在图像光谱维上，高光谱图像的每一个像元可得到一条连续的光谱曲线，基于光谱数据库的光谱匹配技术可以实现对物体与目标的识别。③在图像特征空间维上，高光谱图像能够根据实际数据所反映的目标特征分布差异，将其有效数据由超维特征空间映射到低维子空间。

在实验室图像采集系统中，目前有两种方法获得高光谱图像：①基于滤波器或滤波片的方法。通过连续采集一系列波段下λ的样品二维图像，得到三维高光谱图像块。②基于成像光谱仪的方法。成像光谱仪是一种新型传感器，20世纪80年代初正式开始研制，研制这类仪器的目的是获取大量窄波段连续光谱图像数据，使每个像元具有几乎连续的光谱数据。它是一系列光波波长的光学图像，通常包含数十个到数百个波段，光谱分辨率一般为1～10nm。由于高光谱成像所获得的高光谱图像能对图像中的每个像素提供一条几乎连续的光谱曲线，其在待测物上获得空间信息的同时又能获得比多光谱更为丰富的光谱数据信息，这些数据信息可用来生成复杂模型，来进行判别、分类、识别图像中的材料。高光谱成像仪能快速有效地采集到目标对象的光谱以及图像信息，其结构元素包括聚焦透镜、光栅光谱仪、准直透镜以及面阵型CCD探测器等。在采集被测样本高光谱图像的过程中，高光谱成像仪可以吸收样本反射和透射后反在X轴上的分光，面阵CCD探测器能够实现对被测样本进行光学焦平面垂直（Z轴）方向上的横向推扫，接着就可以获得被测样本在条状空间中每个像素点上所含的任一单波长所对应的图像信息。这时当样本在位移平台上往返做横向移动时，面阵CCD探测器就像扫帚扫地一样，扫出样本每条各不相同的带状移动轨迹，进而完成样本的纵向扫描，再将样本在整个横向移动的过程中通过纵向扫描获得的全部信息融合在一起，最终就能够得到被测样本的三维光谱图像数据块。

高光谱图像技术无损检测水果内部品质的原理是：不同波长的光子穿透水果表皮进入组织内部，在水果内部组织发生一系列透射、吸收、反射、散射后返回果面形成光晕，探测器采集光子信息后形成图像。由于光的吸收与水果的化学成分（色素、精度、水分等）相关；光的散射是一种物理现象，它仅与细胞大小、细胞内和细胞外的细胞质和细胞液物质有关。因此，光子在水果果面形成光晕的信息，既表征内部组分的化学性质，也体现了它的物理性质。总而言之，因为它容易操作、费用低廉、快速且无损。近年来的研究表明，利用高光谱图像技术进行农产品品质无损检测是一个重要的发展趋势。

四、高光谱成像技术的特点

高光谱成像技术综合了机器视觉技术与近红外光谱技术这两种技术的优势，它与前者相比，二者都可以获取被测物体的图像信息，但高光谱成像技术还可以获取物体的光谱信息；与后者相比，其优势在于获得的是物体的“面”信息，而近红外光谱技术则是对物体“点”信息的获取。高光谱成像技术与二者的区别列举在表3-3。

表3-3 近红外光谱技术、机器视觉技术、高光谱成像技术之间的区别

特征	MV	NIRS	HIS
空间信息	√	×	√
光谱信息	×	√	√
多元融合信息	×	√	√
光谱信息获取的灵活性	×	×	√
对微量元素敏感性	×	×	√

高光谱成像技术通过高光谱成像仪采集所有连续单波段的图像数据，在尽可能获取更多的被测样本信息的情况下，能够更加高效准确地检测样本的内外部品质。表3-3中显示出的高光谱成像技术对多种信息“全兼容”的能力可以为这一点提供有力的科学论据。尽管它具有上述诸多优势，难以避免还是存在不少问题，包括数据量大、存在较多冗余、样品模型通用性差等。因此如何对高光谱图像进行降维处理（包括波段选取以及特征选取等）和谱间压缩是对高光谱成像技术进行应用时必须优先研究的课题。

高光谱图像可被看作一个拥有三维数据结构（由两个空间轴及一个波长轴构成）的立方块。高光谱图像是将每一个像素点（x，y）对应的完整光谱I（λ）簇集到一起形成的三维数据立方体I（x，y，λ）。而另一种方法，设定单独波段λ对应的单色图像为I（x，y），也可以把所有的λ和对应的I（x，y）堆叠形成的三维立方体I（x，y，λ）作为高光谱图像。由此可见，高光谱图像的处理能够从多种角度上进行考虑：已知像素点坐标（x，y），在光谱域I（λ）中进行光谱的处理；已知波段λ，在空间域I（x，y）中进行图像的处理；同时将空间域与光谱域作为对象进行处理。

五、高光谱图像技术在水果品质检测中的应用

高光谱成像技术，作为新一代的光电无损检测技术，结合了光谱技术和图像技术的主要优势，可以同时获得光谱和空间信息，对水果品质的无损检测具有非常大的应用前景。高光谱成像技术可以同时获得水果外部特征、物理结构和化学成分等，作为检测和分析水果质量安全的可靠工具已经得到广泛关注。国内外已经有许多研究利用高光谱成像技术对水果品质无损检测，涉及的水果品质主要包括缺陷、损伤、农药残留、表面污染、病虫害、水分、糖度、酸度、可溶性固形物及硬度等，研究对象大多集中在苹果、梨、番茄、草莓等小型水果。

1. 水果外部品质检测

（1）表面损伤检测。表面损伤（轻微损伤、碰伤、压伤等）是机器视觉在检测水果品质方面最广泛的运用，高光谱成像系统不仅可以检测到表面损伤，而且可以区分具有相似表面特征的损伤，甚至可以检测到一些不易被肉眼看见的轻微损伤。目前，国内外针对水果损伤缺陷检测大部分都是以苹果为研究对象。张保华等以双色红富士苹果为研究对象，提出了高光谱图像和最低噪声分离变换的方法，对苹果轻微损伤进行识别检测，损伤识别总体准确率达到97.1%，为实现苹果轻微损伤在线检测奠定了基础。Zhao等利用高光谱成像系统检测梨的瘀伤，这些瘀伤很难用传统的计算机视觉技术检测。其首先利用主成分分析（PCA）提取一些有用的信息，其次分别运用最大似然分类（MLC）、欧氏距离分类（EDC）、马氏距离分类（MDC）及光谱角（SAM）进行分类处理，并比较各种算法。结果表明，MDC和SAM的性能更好，检测精度分别达到93.8%和95%。田有文等以红富士苹果为试验样本，采集苹果样本高光谱图像，根据正常苹果表面区域和刚损伤、损伤后（3h、10h、24h）的损伤区域光谱反射率平均曲线得到有效光谱区域723～923nm，然后基于有效光谱区域进行数据处理和分析，结果表明，正常苹果样本正确检测率达100%，损伤苹果样本的正确检测率为97.5%，总体检测精确度高达98.75%。Ferrari C等将每幅图像转换为一维信

号，高光谱图像数据集可以看成是二维数据矩阵，进行数据处理后获取800幅近红外高光谱图像，利用偏最小二乘判别分析建模来预测苹果表面损伤，可以检测苹果表面损伤随时间的变化。Gamal ElMasry等将高光谱成像技术应用于识别‘Mc Intosh’苹果的早期损伤，利用偏最小二乘（PLS）法及逐步判别分析选取特征波段，研究发现750nm、820nm和960nm 3个波段的光谱特征对损伤检测发挥了较为显著的作用，并可精确地检测1h后的损伤。赵文杰等通过高光谱成像技术对苹果表面轻微损伤进行检测，样本苹果60个（损伤果35个，正常果25个），采用主成分分析法在光谱范围500～900nm图像数据中提取特征波长下的图像；然后，采用不均匀二次差分方法消除苹果图像亮度分布不均匀的影响；最后，采用阈值分割和二值图像的腐蚀和膨胀处理提取苹果表面轻微损伤区域。试验结果表明，高光谱图像技术可以对苹果轻微损伤进行检测。Lu R以两种苹果（‘Red Delicious’和‘Golden Delicious’）为研究对象，利用近红外高光谱成像技术在光谱范围900～1 700nm的区间中检测这两类苹果的表面损伤。研究发现，在1 000～1 340nm波段的光谱最适合检测这两类苹果的损伤。‘Red Delicious’的正确检测率范围是62%～88%，‘Golden Delicious’的正确检测率范围是59%～94%。

还有一部分学者利用高光谱成像技术检测其他水果的缺陷。吕强等提出了运用高光谱成像技术来检测猕猴桃果皮下的内部损伤，选用光谱波长范围为408～1 117nm的可见近红外光图像来进行高光谱图像数据收集，采用主成分分析提取有效波段。试验结果表明，损伤的检测率达到85.5%。薛龙等以梨为研究对象，通过高光谱图像技术检测梨表面碰压伤，采集光谱范围400～1 000nm，应用主成分分析方法获得主成分图像，提取3个特征波长，分别是572nm、696nm、945nm。经过滤波、分割等图像处理方法对梨表面的碰压伤进行检测，正确检测率达97%。检测结果表明，高光谱成像技术可有效检测梨表面碰压伤。Haojiang等采用高光谱成像技术识别库尔勒香梨的轻微损伤，应用PCA方法选取了472nm、544nm、655nm、688nm和967nm这5个特征波长，然后将每个波长变量作为独立的分类器并逐一采用受试者工作特征曲线（ROC）分析分类器精度，最终选出精度最高的472nm和967nm两个特征波段用于构建偏最小二乘判别分析（PLS-DA）模型，与基于全光谱范围的PLS-DA模型对比发现，损伤识别精度类似，说明本算法对于选取识别香梨损伤的特征波长是可行的。

（2）表面缺陷。鉴于消费者在购买水果时更多地关注水果外表面是否美观、完整、有无缺陷等，国内外学者利用高光谱图像技术对水果表面缺陷进行大量研究。刘燕德等采集表面缺陷黄桃与正常黄桃的近红外漫透射光谱。对比分析同一个黄桃样品损伤前后的光谱特征，建立黄桃最小二乘支持向量机判别模型与偏最小二乘判别模型。同时，建立黄桃可溶性固形物偏最小二乘回归模型并用连续投影算法对模型进行优化，研究表面缺陷果对黄桃可溶性固形物检测模型精度的影响，最终实现黄桃表面缺陷与可溶性固形物同时在线检测。采用未参与建模的样品来评价模型在线分选的准确性，缺陷果的正确判断率为100%，可溶性固形物分选准确率达到93%。气候变化、空气污染、品种特性、药剂选择不当、病虫为害、果园密度过大等因素都会使水果表面形成严重的果锈。蔡健荣等采用高光谱图像技术结合波段比算法检测柑橘果锈，其光谱采集范围是408～1 117nm，根据Sheffield指数确定的有效波段为625nm和717nm；然后，对特征波长625nm和其邻近波段621nm进行比值变换，提取图像轮廓；最后，采用阈值分割分析和数字形态学运算，完成柑橘果锈区域的提取。试验结果表明，此方法可有效检测柑橘果锈，检测率达到92%。Cho等利用一个多光谱荧光成像对有缺陷的圣女果进行无损检测。试验表明，在蓝绿波谱范围内，裂纹区域的荧光强度明显高于完整表面，即多光谱荧光成像技术可以用于对圣女果裂纹缺陷的检测。Nicola等利用近红外高光谱反射成像技术（900～1 700nm）对苹果表面的凹陷进行检测，采用偏最小二乘法建立校正模型，选用阈值分割处理图像。该方法能够检测肉眼无法识别的凹陷，但在光强度比较弱的边界位置会出现错误检测。

（3）虫害检测。虫害是水果缺陷检测的主要指标，昆虫通过改变颜色和在表面创建孔洞对水果造成严重损害。在装运的水果中，若有几个虫子的存在，就可以使整批货物滞销。因此，需要检测水果是否受虫害侵染，然后将健康的水果运送到市场上，这样，不仅会增加产品的市场化，也会延长或维持其保质期。Wang等利用高光谱反射成像方法在光谱区400～720nm检测冬枣的外部虫害。首先，采集了大枣样品完好的茎/萼端/果面区域及在虫害的茎/果面区域的高光谱图像；其次，通过逐步判别分析法提取了有效波段以用来区分虫枣或无虫枣。研究结果表明，没有任何的果面或完好的花萼端区域错误归类为虫害，完好的枣正确识别率超过98.0%，虫枣正确识别率为94.0%，总分类精度为97.0%。结果表明，高光谱成像技术结合统计判别分析方法可以根据枣外表特征检测枣的虫害。象鼻虫是一种严重为害水果的虫害，在生产线上处理过程中检测并筛选出被虫害侵染的水果对安全生产是有益的。Juan Xing等开发了一个专用的多光谱视觉系统来检测酸樱桃的内部虫害。试验中，采用遗传算法（GA）方法对高光谱透过图像（580～980nm）和反射光谱数据（590～1 550nm）进行分析。分析表明，使用的透射成像方法检测酸樱桃内部虫害的效果不理想。根据GA在反射率光谱上的分析得知，对于被虫害侵染的樱桃与完好的樱桃，采用偏最小二乘判别分析利用近红外波长比可见光波长的区分效果要好。试验结果表明，对GA选定的3个或4个波长区域建立的模型与全波长区域所建立的模型具有类似的分类精度，其表明了GA变量选择过程的有效性。

腐烂是水果最普遍、最严重的病害之一，在储藏或运输的过程中一个腐烂果可能会引起整批水果被感染，造成巨大的经济损失。为了检测这类型缺陷，Gómez-Sanchis等利用高光谱成像技术，以橘子为研究对象检测柑橘类水果腐烂区域。首先，选取20个特征波段；其次，采用分类识别树和线性判别分析方法分割图像，提取橘子腐烂区域。结果表明，柑橘类水果正常果与腐烂果的平均识别率超过91%；但该方法提取的波段过多，不能在线应用。水果腐烂早期检测可以有效降低损失。李江波等以脐橙为研究对象，利用荧光高光谱成像技术对早期腐烂果进行检测。首先，利用最佳指数OIF方法提取腐烂果的两个最优波段；其次，采用最优波长比图像及双阈值分割算法提取脐橙腐烂区域，识别率达到100%。研究表明，利用双阈值分割算法和波段比图像可以有效克服梗伤果及果梗对腐烂果识别的影响，为开发多光谱成像在线检测早期腐烂果系统奠定了基础。

（4）病害检测。张保华等人利用高光谱成像对苹果的早期腐烂进行检测，利用主成分分析变换选择检测早期腐烂的特征波段，并提出了基于特征波段的检测算法。利用该算法分别对正常果、损伤果及早期腐烂的苹果样本共计120个进行检测，检测正确率达到95.8%。Qin等采用高光谱成像技术识别水果果皮缺陷中溃疡病斑，首先采集柚子表皮溃疡病斑及其他病斑的高光谱图像，其次分别用主成分分析（PCA）法和光谱信息散度（SID）分类理论进行分类识别，平均识别率均超过96.2%；但由于该方法提取的波段多，不适合在线应用。李江波等提出了基于高光谱成像系统检测脐橙表面溃疡。首先，通过主成分分析法确定5个最佳波段；其次，对这5个特征波段再做主成分分析，选取第5主成分作为分类识别图像，采用图像分割对溃疡病斑等常见的10类脐橙表皮缺陷进行识别，平均识别率达到80%；最后，又提出特征波段主成分分析法与波段比算法相结合的方法，使溃疡病等10种脐橙表皮缺陷正确识别率提高到95.4%。但该方法提取的波段也比较多，不利于其在线应用。

（5）冻伤。冻伤是水果缺陷检测中最常见的指标之一，但是由于冻伤部位与正常果皮表面非常接近，所以冻伤早期检测和诊断有相当大的难度。近年来，也有少量学者尝试利用高光谱成像技术检测这种缺陷。张嫱等通过分析桃果实贮藏期间感官指标、褐变指数、硬度、出汁率变化，分析各指标间的相关性，将‘霞晖5号’水蜜桃的冷害进程分为0～3级，再利用半透射高光谱技术采集冷害桃果实400～1 000nm波段的图像，应用独立主成分分析法和权重系数法优选出冷害的特征波长，半透射条件下波长为640nm、745nm、811nm，同时得到桃果实不同冷害阶段的半透射高光谱图像特征，及冷害发生水蜜桃的ICA图像中的黑色斑点部位。最终提取特征波长处的光谱平均值作为Fisher判别方法建模的特征集，建立‘霞晖5号’水蜜桃不用冷害等级判别模型并进行验证，验证组的总体正确率为91.0%。EIMasry等利用高光谱成像技术检测早期冻伤的‘Red

Delicious’苹果，采用人工神经网络模型提取5个特征波段（717nm、751nm、875nm、960nm、980nm）；然后，以这5个特征波段作为输入，冻伤果与正常果作为输出，构建了人工神经网络识别模型，平均识别率达到了98.4%。研究结果表明，应用高光谱成像技术检测冻伤果具有一定的潜力。

（6）农药残留及表面污染检测。水果表面的农药残留以及污染物不仅影响食品质量安全，还影响果品出口贸易。张令标等应用可见近红外高光谱成像技术检测番茄表面农药残留。其先用蒸馏水将嘧霉胺农药稀释成3个梯度，将不同浓度的溶液分别滴在洗净的番茄表面，放置在通风阴凉处12h后，采集光谱图像；利用主成分分析法获得主成分图像（PC），然后根据第二主成分图像（PC-2）的权重系数选取出了特征波长564nm、809nm、967nm；再采用波段比方法对番茄表面农药残留进行检测，高浓度农药残留的检测率为100%，低浓度农药残留的检测率为0。这说明高光谱成像技术对高浓度农药残留检测效果较好。Lefcout等利用高光谱图像技术检测被动物排泄物污染的苹果表面情况，人工配置的3种不同动物粪便稀释溶液（1∶1、1∶20、1∶200），然后喷洒到苹果表面。试验表明，前两种稀释液检测准确率达到100%，第3种粪便稀释液检测准确率达到97%。

2. 水果内部品质检测

高光谱成像技术也常用于检测水果的内部品质，如可溶性固形物、坚实度、糖度、硬度、酸度及水分含量等。就内部品质而言，成熟度是影响水果收获及市场销售的极其重要的因素。经常被用来评估水果成熟度的参数有坚实度及可溶性固形物等。

（1）坚实度检测。Lu等应用高光谱成像技术通过光的散射对桃的坚实度预测进行了研究，研究对象为‘Red Haven’和‘Coral Star’，测量波长范围为500～1 000nm。研究结果表明，在677nm对‘Red Haven’和‘Coral Star’进行坚实度预测最为有效。Lu又利用高光谱散射图像像对苹果的坚实度无损检测进行了研究，研究对象为‘Red Delicious’和‘Gold Delicious’，测量波长范围同样为500～1 000nm，采用主成分分析和神经网络结合方法对两种苹果的坚实度和可溶性固形物进行预测，研究结果表明对‘Golden Delicious’苹果坚实度预测相关系数为0.76，预测样本中的标准误差为6.2N，而对‘Red Delicious’苹果坚实度预测相关系数为0.55，预测样本中的标准误差为6.1N。Nagata等应用近红外高光谱成像技术对草莓的坚实度测定进行了研究，测量波长范围为650～1 000nm，光谱间隔为5nm，采用多元逐步线性回归进行分析。最后提取3个波长（685nm、985nm和865nm）对50%到全熟一组样本的坚实度进行预测，相关系数为0.786，SEP为0.350N。李锋霞等利用高光谱成像系统检测哈密瓜坚实度，主要工作是比较不同波段范围、不同光程校正法、不同预处理和不同定量校正算法对预测模型准确度的影响。结果表明，500～820nm波谱范围内，偏最小二乘法对标准正则变换校正的一阶微分处理的光谱建模效果最好，相关系数达到0.873，均方根误差为4.18N，预测集的相关系数为0.646，均方根误差为6.40N。Mendoza等结合散射谱分析和图像分析技术处理苹果的500～1 000nm高光谱散射图像，同时改善苹果的坚实度及可溶性固形物的准确度。从每个苹果中提取了294个参数，用于偏最小二乘法（PLS）预测坚实度和可溶性固形物。结果表明，结合散射谱分析和图像分析的预测模型显著提高了坚实度和可溶性固形物预测的准确度。金冠（GD）、乔纳金（JG）和美味（RD）苹果3类品种的坚实度预测标准误差分别降低了6.6%、16.1%、13.7%；可溶性固形物预测标准误差分别降低了11.25%、2.8%、3.05%。Masateru等利用可见光和近红外波段高光谱图像分别对草莓的坚实度进行研究。可见光波段范围450～650nm，光谱分辨率2nm；近红外光谱波段范围650～1 000nm，光谱分辨率5nm。在可见光波段高光谱图像中根据光谱反射率选取了5个波段（510nm、650nm、644nm、628nm、598nm）对草莓的坚实度进行预测，使用1个波段，综合使用2个、3个、4个、5个波段的预测结果与采用传统的压力法预测结果之间的相关系数r分别为：0.80、0.83、0.83、0.79、0.78。近红外高光谱图像中选取3个波段（650nm、680nm、990nm）建立多元线性回归模型，预测的相关系数r为0.786。

（2）可溶性固形物检测。Liu等搭建了波段为700～1 100nm的高光谱激光诱导荧光成像平台并使用多元线性回归模型预测了柑橘的可溶性固形物含量，相关系数大于0.96。该研究表明高光谱激光诱导荧光成像技术是无损检测柑橘可溶性固形物含量的有效工具。Lu等利用高光谱散射成像对两种苹果的SSC无损检测进行了研究，所使用的光谱范围是500～1 000nm。试验利用神经网络和主成分分析两种方法相结合，对两种苹果的坚实度和可溶性固形物进行研究。试验结果表示，‘Red Delicious’苹果坚实度预测结果为0.64，标准误差为0.81，而‘Golden Delieious’的SSC预测结果为0.79，预测样本中的标准误差为0.72。黄文倩等用高光谱成像技术对苹果可溶性固形物含量进行预测。用遗传算法（GA）、连续投影算法（SPA）和（GA-SPA）在400～1 000nm范围内提取特征波长，利用偏最小二乘法（PLS）、最小二乘支撑向量机（LS-SVM）和多元线性回归（MLR）建模，发现SPA-MLR模型的结果最好。Rajkumar等以香蕉为研究对象，利用高光谱成像系统（400～1 000nm）在3个不同温度下同时对香蕉中的可溶性固形物、水分和坚实度进行预测。主成分分析法选取特征波长，然后利用多元线性回归法建立预测模型。结果表明，可溶性固形物、坚实度在成熟阶段随着温度变化呈复杂变化，而水分随着温度变化呈线性变化。测定值的相关系数r分别为，可溶性固形物0.85，坚实度0.91，水分0.87。这说明近似系数所见模型较为稳定。

（3）糖度检测。洪添胜等基于高光谱图像技术对雪花梨品质进行无损检测的研究，观察经多元散射校正（Multiplicative Scatter Correction，MSC）处理的雪花梨光谱反射回归曲线，分别针对含糖量和含水率选取对应的相关性最好的5个波段为特征波段，通过建立人工神经网络对雪花梨的含糖量、含水率及鲜重进行预测。试验结果表明，对含糖量预测的误差为0.474 9° Brix，对含水率预测的误差为0.065 8%，鲜重预测值和实际值间相关系数r为0.93。单佳佳等利用高光谱成像技术检测苹果糖分含量，对反射光谱曲线进行不同预处理，采用偏最小二乘回归方法建立预测模型。试验结果表明，原始光谱经过多元散射校正、一阶导数和SG平滑处理后建模效果较好，校正集相关系数r_c为0.93，SEC为0.47° Brix，验证集相关系数r_v为0.92，SEV为0.67° Brix。郭恩有等利用高光谱图像技术检测脐橙糖度，由反射光谱曲线获取特征波长，采用人工神经网络建立脐橙糖度的预测模型。试验结果表明，脐橙糖度预测模型的相关系数r为0.831，相对误差绝对值的平均值为0.464° Brix。吴彦红等利用高光谱成像系统采集荧光散射图像。在440nm ~ 726nm光谱段提取12个特征波长建立的猕猴桃糖度多元线性回归模型，校正集相关系数r_c为0.93，校正集均方根误差为0.48° Brix，预测集相关系数r_p为0.82，预测均方根误差为0.56° Brix。Jiewen Z等用高光谱成像系统（408 ~ 1 117nm）检测苹果的糖度。用偏最小二乘法建模，发现检测糖度的最佳光谱范围为704 ~ 805nm。王斌等采用高光谱成像技术检测梨枣的糖度，利用去噪和去基后的全光谱数据提取了42个近似系数，分别建立了PLS模型和PCR模型。试验结果表明，用近似系数所建的PLS模型和PCR模型的校正集系数r_c分别为0.931和0.882，比用全光谱所见的模型要高。

（4）水分检测。水果的水分含量是确定水果贮藏条件的重要因素之一，同时还是评价其成熟度的重要指标之一。Sivakumar等利用高光谱成像技术检测杧果的水分含量，采用人工神经网络建立预测模型。试验结果表明，杧果水分预测的相关系数为0.81，预测水分含量的最优波长为831nm、923nm、950nm。

第六节　核磁共振技术

核磁共振技术（包括NMR和MRI）在水果检测方面的研究始于20世纪80年代，因为NMR具有无损检测和可视化检测的特点，并且植物组织比动物组织在MRI图像上有更高的对比度，所以NMR在水果检测方面也具有巨大的潜力。在20世纪80—90年代，就有很多科研人员在这些方面做了大量工作，在图像处理和数据分析方面也提出了很多新方法，使核磁共振技术在农产品检测方面取得了巨大的进步。

一、核磁共振技术概述

核磁共振（Nuclear Magnetic Resonance，NMR）是原子核的磁矩在恒定磁场和高频磁场同时作用，且满足一定条件时所发生的共振吸收现象，是一种利用原子核在磁场中的能量变化来获得关于核信息的技术。

核磁共振成像（NMRI）是一种生物磁自旋成像技术，该技术在医学上的应用已取得了较大成功。其成像原理是：原子核带有正电，许多元素的原子核，如^{1}H、^{19}F、^{31}P等在通常情况下进行无序自旋运动。但当将其置于外加磁场中时，核自旋空间取向从无序向有序过渡。自旋系统的磁化矢量由零逐渐增长，当系统达到平衡时，磁化强度可以达到稳定值。如果在稳定状态下核自旋系统由于受到外界作用，比如一定频率的射频激发原子核，即可引起共振效应。当射频脉冲停止后，自旋系统已被激化的原子核不能维持原有状态，将回复到磁场中原来的排列状态，与此同时共振产生的电磁波便发射出来，这种微小的振动可成为射电信号后检出，并使之进行空间分辨，就可以得到运动中原子核分布图像。像这种原子核从激化的状态回复到平衡排列状态的过程叫弛豫过程，它所需的时间叫弛豫时间。弛豫时间有T_1和T_2两种，T_1为自旋——晶格或纵向弛豫时间；T_2为自旋——自旋或横向弛豫时间。最早观察到核磁共振（NMR）信号的是美国的两个实验室，他们在同一时期内用不同的方法观察到了NMR现象：一个是斯坦福大学的Bloch F领导的研究小组；另一个则是哈佛大学的Purcell EM领导的研究小组。NMR技术最初主要用于核物理研究方面，用它测量各种原子核的磁矩等，后来在化学分子的结构测量方面获得巨大进展，Bloch和Purcell两人因此获得了1952年的诺贝尔物理学奖。1973年，美国化学家Lauterbur受到X-CT的启发，在主磁场中使用梯度磁场，可以获得磁共振信号的位置，得到物体的二维（2D）图像，从此，核磁共振成像学正式诞生。后来，英国科学家Mansfield进一步发展了使用梯度磁场的方法，利用数学方法精确描述磁共振信号，从而为磁共振成像发展为一种应用技术奠定了基础。磁共振成像（MRI）技术的临床应用是医学诊断和研究的一项突破，是医学影像学中的一场革命。2003年10月6日，瑞典卡罗林斯卡医学院宣布2003年诺贝尔医学（生理学）奖授予Lauterbur和Mansfield，以表彰他们在医学诊断和研究领域所使用的核磁共振成像领域的突破性成就。

目前，核磁共振技术主要应用在以下三大领域：①在化学上决定分子的化学结构式及分子间的相互作用。②在生物化学上决定蛋白质分子的结构并且阐释其结构序列与功能的关联性。③在医学上利用质子产生具有解剖功能的身体内部器官和组织的影像，即核磁共振成像学（MRI）的临床诊断功能。

核磁共振（NMR）信号强度与样品中核密度有关，水果含有大量水分，水果内部组织的损伤或病变会引起细胞组织中含水量的变化，因此核磁共振成像技术可用于水果内部品质检测。

二、核磁共振技术的基本原理

1. 磁矩与能级分裂

NMR的一些基本原理如下：首先根据原子核的自旋运动，原子核始终处于自旋运动状态，其自旋方向在一定条件下总是取一定角度。原子核是带正电荷的粒子，由于旋转便产生一定的磁场，成为磁矩。磁矩与核的角动量成正比关系。如果将带有磁矩的自旋核放在外加磁场中，磁矩与外加磁场就会相互作用。不同状态的核在外加磁场中的旋转取不同的角度，每种取向各有与之相应的能量，能量低的低能态核的磁矩与相应的外加磁场的方向相反。如果以适当频率的电磁波照射在外加磁场中的自旋核，这时处于低能态的自旋核就会吸收电磁波的能量，从低能态跃迁到高能态。这种现象称为核磁共振。这时的核产生一种核磁共振信号，从而给出核磁共振谱，即NMR谱。根据此核磁共振谱可反映分子中原子所处的状态，这是其他分析手段（红外、紫外、圆二色性及质谱）所不具备的。

发生核磁共振时，照射频率的大小取决于外加磁场的强度。如果固定照射频率，对不同的核来说，磁矩大的核若发生共振，它需要外加的磁场强度将小于磁矩小的核，即原子核发生共振所需要的照射频率（共振频率）是由外加磁场强度和磁矩决定的。

2. 化学位移

原子核是被外部电子所包围的，这些核外电子由于不停地转动而产生一种环电流，并产生一个与外加磁场方向相反的次级磁场。这种对外加磁场的作用称为电子屏蔽效应。由于电子屏蔽效应，原子核受到的磁场强度不完全等于外加磁场强度，实际上受到的磁场强度等于外加磁场强度减去次级磁场强度。在分子中处于不同化学环境的原子核，其核外电子云的分布也各不相同，因此原子核受到的屏蔽作用也就不同。核外电子云的密度越大，屏蔽作用也就越大。若固定照射频率，受到屏蔽作用大的核，其共振信号将出现在外加磁场较高的部位，反之亦然，这种现象称为化学位移。因此，化学位移反映了原子核所处的特定化学环境。化学位移能够帮助化学家获得关于电负性、键的各种异性及其他一些基本信息，对确定化合物的结构起到了很大的作用。

3. 原子核的弛豫

由高能态通过非辐射途径恢复到低能态的过程称为弛豫。弛豫过程决定了自旋核处于高能态的寿命，而NMR信号峰自然宽度与其寿命直接相关。根据Heisenberg测不准原理，有：

$$\Delta\tau\times\Delta\nu\geq1$$

式中，$\Delta\tau$为自旋核高能态寿命。

自旋核总是处在周围分子的包围之中，一般将周围分子统称为晶格。在晶格中，核处于不断的热运动中，产生了一个变化的局部磁场。处于高能态的核可以将能量传递给相应的晶格，从而完成弛豫过程，称为自旋-晶格弛豫，其特征寿命为T_1。自旋-晶格弛豫的速度随被测物质的热运动速度的增加而加快。例如，在绝缘性较好的固体物质中，自旋-晶格弛豫难以发生，T_1较大；在黏性较小的液体中，T_1则较小。弛豫发生在自旋核之间，称为自旋-自旋弛豫，其特征寿命为T_2；自旋-自旋弛豫是使自旋体系内部出现的不平衡状态恢复到平衡态，并保持系统内部平衡的一种相互作用机制。

4. 傅里叶变换NMR

傅里叶变换NMR谱仪又称脉冲傅里叶变换NMR仪（PFT-NMR），是一种获取NMR信号的仪器。在PFT-NMR中，不是通过扫描频率的方法找到共振条件，而是在恒定的磁场中、在整个频率范围内施加具有一定能量的脉冲，是自旋取向发生改变而跃迁到高能态。高能态的核经一段时间后又重新返回到低能态，通过收集这个过程产生的感应电流，即可获得时域上的波谱图。一种化合物具有多种吸收频率时，所得的图像将十分复杂，成为自由感应衰减（Free Induction Decay，FID），其信号产生于激发态的弛豫过程。FID信号经傅里叶变换后即可获得频域上的波谱图，即常见的NMR谱图。

5. NMR成像

经典力学模型认为，对于一个具有非零自旋量子数的核，由于核带正电荷，所以在其旋转时会产生磁场。当这个自旋核置于磁场中时，核自旋产生的磁场与外加磁场相互作用，就会产生回旋，称为进动。进动频率与外加磁场的关系可以用Larmor方程表示，即：

$$\nu=rB$$

NMR成像需要在外磁场上再加上一个线性磁场梯度，质子进动频率则与其所在位置相关。因为频率可以通过测量得出，并且根据已知磁场的空间变化，便可确定共振核的位置。典型的傅里叶成像需要使用一个与原磁场方向相同的磁场梯度，同一磁场梯度的点则成为一个曲面。信号的频率在x轴方向上编码，相位也在y轴方向上编码。在二维傅里叶转换后，可获得一个编码NMR信息的矩阵。此矩阵经过软件进行处理后，能在显示器上显示或打印出来，便成为可视化的图像。

6. 用于NMR技术的原子

并非每一种原子核都可以用来做核磁共振，可产生共振的原子核必须具有量子数。常用的有^{1}H，其次是^{13}C、^{19}F、^{31}P。因为生物组织中有机物和水含量大，而H是这些物质中不可或缺的组成成分，且^{1}H在自然界的丰度又很大，所以^{1}H最先用于核磁共振，它也是目前应用最为广泛、技术最为成熟的核。^{13}C-NMR可以提供分子的骨架信息，在有机物的结构分析中起着重要作用，具有其特有的优越性，现已逐步成为常规的NMR方法。^{31}P-NMR主要应用于生物化学的研究领域。

三、核磁共振技术检测的特点

核磁共振成像技术具有准确性高，可以多参数、多层面、多方位成像和动态监测等特点，在对水果内部品质检测上优于其他检测技术。对于水果内部褐变缺陷，通过核磁共振成像技术，可以用肉眼直观地看到水果任意切面上的组织情况，可以了解病变的位置及病变的程度；对于水果采后损伤，利用核磁共振技术可以看到损伤的大小及深度，损伤在图像上的变化过程，可视化程度高、直观性强。

水果在储藏过程中不仅会因为水分蒸发而失重，还会由于物理、化学以及生物等因素引起果体老化、腐败等现象使之最终导致细胞衰亡，梨的“黑心”、苹果的“褐变”均是上述原因引起的，消费者在购买时无法从水果表面判断内部的这些症状。

四、核磁共振技术在水果品质检测中的应用

1. 水果内部品质及成熟度的检测

核磁共振技术（NMR）是探测浓缩氢核及被测物油水混合团料状态下的响应变化，能显示果实内部组织的高清晰图像，因此在测定含油水果如苹果、香蕉的糖度和含油成分方面有潜在价值。

Chaughule等用自由感应衰减（FID）谱测定人心果中的可溶性碳水化合物，成熟与未成熟果实的^{13}C-NMR谱显示：前者的葡萄糖和果糖各有一个峰，而后者只有一个蔗糖峰。用^{1}H-NMR对人心果果实中的水分进行检测，结果发现在水果生长的早期，波峰较宽，说明水分的活动性受到限制；在成熟果实的波谱中，糖峰处于水峰的右边且稍低，峰形不对称，说明水与可溶性碳水化合物之间具有相互作用。因此，观察人心果的^{13}C-NMR谱和^{1}H-NMR谱，可从其峰的特点推测其水和碳水化合物的组成和状态。另外，桃、橄榄等水果核内含有富含水和油脂的种子，利用NMR法可以观察到暗色的圆圈中亮色的种子，利用此法可保证加工过程中果核剔除干净，使未加工果实及时分离出来。Chen等的试验表明，单一脉冲

频谱分析可用于分析水果内部品质，如成熟度、可溶性糖含量等，并适合快速地在线检测，原料的传输速度可达0.25m/s，所得油水的共振峰比值与水果的干物质量的相关系数为r^2=0.98。如果水果的品质或成熟度仅用单一的共振峰值来评价，或仅与单一峰值的高低有关，则样品摆放的位置需要比较准确，而且峰值的大小也应比较准确；但有些水果的共振谱会因化学位移产生两个峰，且其品质或成熟度与峰值的比值有关，例如鳄梨，即使峰值大小不是很准确，只要两峰值的比值准确，同样可据此对水果进行分级。Kim等设计了一台NMR在线分级设备并进行了测试，试验结果表明，鳄梨在带速50mm/s的状态下，所得油水的共振峰值比值与成熟度的相关系数高达0.970。

2. 水果内部缺陷及损伤检测

在水果中，碰伤或腐败的组织会因水浸而产生较强的NMR信号，而空穴和发生絮状变质部位则信号减弱或没有信号，据此可以将发生不同变质的水果鉴别出来。Zion等提出一种基于MRI技术对苹果进行计算机检测的快速方法，并对不同品种的苹果进行损伤检测，取得了良好的效果。Kerr等对猕猴桃的冷害进行了NMR成像的研究。结果表明，经冰冻-解冻过的果实的弛豫时间T_2比新鲜的果实明显缩短，因此可以通过NMR成像的方法对猕猴桃进行在线分级，将受损的果实从中挑选出来。Sonego等对桃和油桃的木质化进行了NMR成像研究。对照NMR图像和真实切面图可以发现，在发生严重变质的部位，质子信号强度明显降低。根据相同的原理，Barreiro等对苹果和桃子进行MRI成像，并做数据分析，从而将苹果分为新鲜、中等、变质3个等级，正确率达87.5%。此外，Gonzalez等对苹果的内部褐变、Lammertyn等对梨的霉心也进行了类似的研究，并都得到了良好的检测结果。据Chen等报道，影响水果品质的很多缺陷都可以用NMR技术来检测，不仅包括以上所提及的，而且还可以检测水果中是否有害虫侵入、是否含有果籽和果梗等，从而还可以在食品加工中对水果原料的加工处理做相应的检测和控制。庞林江等在利用NMR技术对不同贮藏温度下苹果内部褐变引起果实成分变化的检测和监控方面也有报道。Chen等人利用NMR技术来测度桃和梨，结果发现在NMR图像中，果实的受损伤部分比邻近区域更亮，有虫害的比没有虫害的部分要暗，干枯的部分比正常部分要暗淡，有空隙的部分要显得暗淡。

3. 水果贮藏的研究

由于NMR技术具有无损检测的特点，并且也不会对样品造成任何的辐射伤害，所以它可以对水果或蔬菜等农产品在贮藏期间做长期的检测和观察，为果蔬采摘后的生理和贮藏条件的研究提供了一种理想的方法。Barreiro等运用MRI图像技术对苹果和桃子在不同贮藏条件下的变化进行了研究，结果表明，CA贮藏明显优于冷藏。Kerr等运用MRI技术观察了猕猴桃在-40℃流动空气中冷冻时冰形成的动态过程。Gonzalez等将苹果置于不同的贮藏条件下，对其内部褐变的检测和监控做了研究。试验发现，在MRI图像上可以将苹果分为3部分，即正常、浅色褐变与深色褐变。在浅色褐变区域，CO_2浓度为3%且温度为0℃的条件下较为显著，因为质子浓度较低，所以信号强度比正常的组织低，自旋-自旋弛豫时间也较短；而深色褐变在CO_2浓度为18%且温度为20℃的条件下较为严重，在MRI图像上显示，信号强度高于正常组织，自旋-自旋弛豫时间也较长。Willianmson等还曾报道，被病菌侵染的水果组织会有与正常水果明显不同的核磁共振性质，应用NMR技术不但可以用于检测，还可观察果实在被病菌侵染之后的变化过程。

第七节　多传感器信息融合技术

目前，对水果品质的分级检测多限于单一的无损检测方法，得到的信息片面，经常导致等级误判，甚至冲突，无法真正满足水果分级的要求。而水果品质的评价是多方面的，既包括成熟度、坚实度、可溶性固形物（SSC）等内部品质，又包括大小、形状、色泽、表面缺陷等外部品质。单一检测技术无法满足水果内外部品质同时检测的要求，因此，有必要结合多种无损检测技术的优势实现水果综合品质的评价。如何准确有效地对水果多个特征进行融合是解决水果分级检测问题的难点。采用多传感器信息融合技术能同时获取表征水果品质的多种不同信息，对来自多个传感器的信息进行多方面、多层次、多级别的处理，利用特征提取、模式识别和决策准则等方法得到融合模型，融合多源信息后能够实现更加准确的识别与判断。

一、多传感器信息融合技术的一般概念

多传感器信息融合（Multisensor Data Fusion）技术首先是从军事领域发展起来的，20世纪70年代，当时美国国防部为了检查某一海域中的敌方潜艇，很重视声呐信号理解的研究。尝试对多个独立连续的信号进行融合来检测敌方潜艇，多传感器信息融合技术开始出现。其后美国国防部不断地研究多传感器信息融合技术并投入实战。1991年，在海湾战争中，美国将多传感器信息技术应用在战场目标识别和态势估计上，取得了比较好的结果。由于多传感器信息融合最早用于军事领域，共最初定义为一个处理、探测、互联、相关、估计以及组合多源信息和数据的多层次多方面过程，多传感器信息融合的目的是获得准确的状态和身份估计，即完整且及时的战场态势和威胁估计。这定义主要强调多信息融合的3个方面。

（1）多传感器信息融合的内容主要包括处理、探测、互联、相关、估计及

组合信息。

（2）多传感器信息融合在几个层次上对多源信息进行处理，其中每个层次都表示不同级别的信息抽象。

（3）多传感器信息融合的结果既包括低层次的状态和身份估计，又包括高层次的整个战术层面上的全局态势估计。

上一定义是早期的，主要是应用在军事领域。国外的最新研究表明，比较确切的多传感器信息融合的定义是利用计算机技术在一定准则下自动分析、综合按时序获得的多个传感器的观测信息以完成所需的决策和估计任务而进行的信息处理过程。从这定义，可以看出多传感器信息融合的核心是协调优化、综合处理，其硬件基础是多传感器系统，加工对象是多源信息。多传感器信息融合技术实际上就是通过研究给定的某种任务和可以得到的各种信息资源，有效地组织和利用多源信息，以获得比只用单一信息资源更可靠、稳定、协调一致且经济的分析决策结果。总之，多传感器信息融合的功能与意义可以概括为：①提高时间或空间分拼率，扩展时空监测范围。②增加目标特征矢量的维数，降低信息的不确定性。③增强系统的容错能力和自适应能力，降低推理的模糊程度，提高系统的可靠性与鲁棒性。

综上所述，多传感器信息融合的实质是将来自多传感器或多源的信息和数据进行综合处理，从而得出更准确可信的结论。事实上，多传感器信息融合在自然中随处可见。以人脑为例，多传感器信息融合就是其常见的基本功能之一。在日常生活中，人们自然地运用大脑的这种能力把来自人体各个传感器（如眼、耳、鼻、皮肤等）的信息组合起来，并利用已取得的经验知识去估计、理解周围的环境和正在发生的事件。人脑在处理问题时充分利用了不同传感器的信息所具有的不同特征，如实时、快变、缓变、相互支持或互补，也可能互相矛盾或竞争。而多传感器信息融合的基本原理与人脑综合处理信息一样，充分利用多个传感器的冗余或互补信息依据某种准则来进行综合，以获得被观测对象的一致性解释或描述。多传感器信息融合的基本目标是通过数据的组合推导出更多的可变信息，即利用多个或多种传感器联合操作的优势，来提高单一传感器系统的有效性和反欺骗性。例如，计算机视觉系统可以检测农产品的外观品质，但对农产品的内部品质很难判别，容易受到欺骗，而近红外光谱系统可以判别农产品的内部品质，将这两种传感器系统的数据组合在一块可以推导出更多的可用信息。到目前为止，多传感器信息融合（Data Fusion）技术已广泛应用于工业控制、机器人、空中交通管制、海洋监视、综合导航和管理等领域。

二、多传感器信息融合技术的不同层次

因为多传感器信息融合技术所处理的多传感器信息具有复杂的形式，而且可

以出现在不同的信息层次上，所以多传感技术也具有不同的层次，即数据层、特征层和决策层。重要的是，这3个融合层次都可用于：①特征提取，把由传感器提供的原始信号转换成能节俭地描述原始信息的缩减的特征矢量。②一致评价，即基于特征提取过程，分配给被测产品一个质量等级。

1. 决策层融合

决策层融合（高层次融合）的目的是为指挥控制决策提供依据，如图3-4所示。决策层融合是直接针对具体决策目标的，是三级融合的最终结果，其融合结果直接影响决策的正确水平。因此，决策层融合必须按照具体决策问题的需求，充分利用特征层融合所提供的各类特征信息，采用适当的融合技术来实现。决策层融合的主要优点：灵活性高，通信量小，抗干扰能力强；因为是利用各类特征信息，系统对信息传输带宽要求很低；能有效地融合反映环境或目标不同侧面、不同类型的信息；传感器可以是不同类型的，对传感器的依赖性小；具有容错性，当一个或几个传感器出现错误时，通过适当地融合，还能获得正确的结果。决策层融合的主要缺点：预处理代价高，因为要对原传感器信息进行预处理以获得各自的判别结果。信息损失大，很多有用的信息在预处理和特征提取过程中损失掉了。

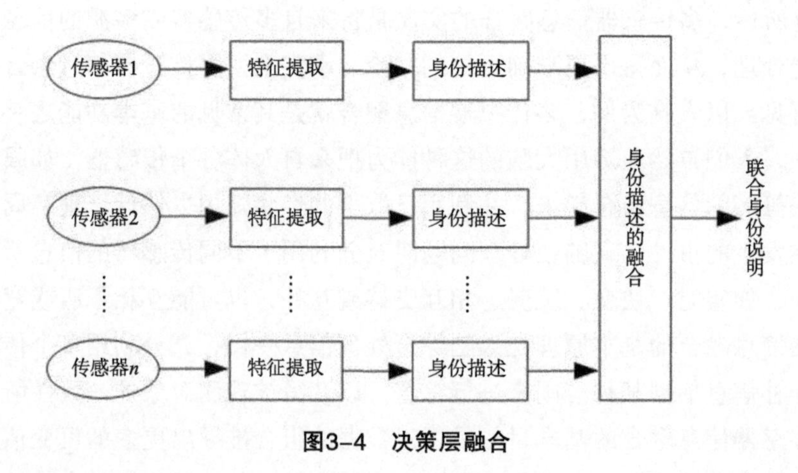

图3-4 决策层融合

2. 特征层融合

特征层融合（中层次融合）是中间层次上的融合，它是先提取传感器原始信息的特征信息，然后对各特征信息进行综合分析和处理，如图3-5所示。特征层融合的优点在于兼顾了数据级和决策级的特点，实现了可观的信息压缩，有利于实时处理，并且由于所提取的特征直接与决策分析相关，融合结果能最大限度地给出决策分析所需的特征信息。一致性描述的过程包括这样一些技术：基于知识的方法（如专家系统、模糊逻辑），基于训练的方法（如判别式分析法、神经网络法、贝叶斯技术、k的最近邻法、中心可移动算法）。

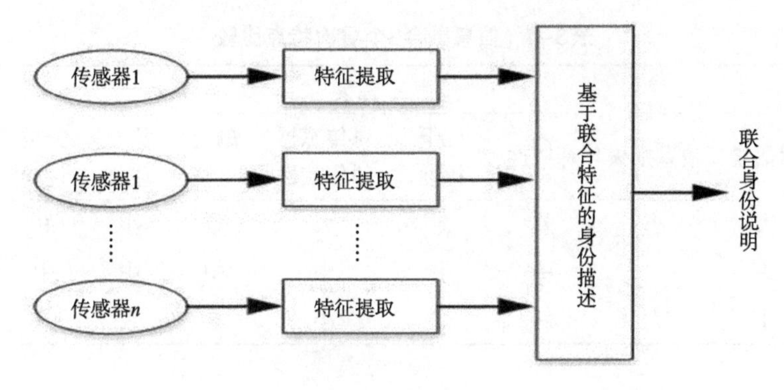

图3-5　特征层融合

3. 数据层融合

数据层融合（低层次融合）是把没有经过任何处理的不同的传感器提供的信号结合在一起，如图3-6所示。这意味着，这些传感器必须类似，信号必须是同类的。这些信号的合并是以可能存在于传感器间的关系为基础。例如，低水平融合可用于融合同一目标的两个图像：一个是可见光的，另一个是红外光范围的。这些信号的合并可以是每个像素的饱和度的简单相加，特征提取是在两张图像相加产生的事实图像上完成的，一致性描述是基于那两张图像的合并。其优点是保持了尽可能多的对象信息。其缺点是要处理的数据量太大，处理代价高，时间长，实时性差；抗干扰能力较差，传感器原始信息的不确定性、不完全性和不稳定性要求在融合时有较高的纠错处理能力；融合前要对传感器信息进行校准，各传感器信息之间有校准精度，同时各传感器的数据类型、数据量纲要一致，故一般用于同类或相似的传感器信息的融合。

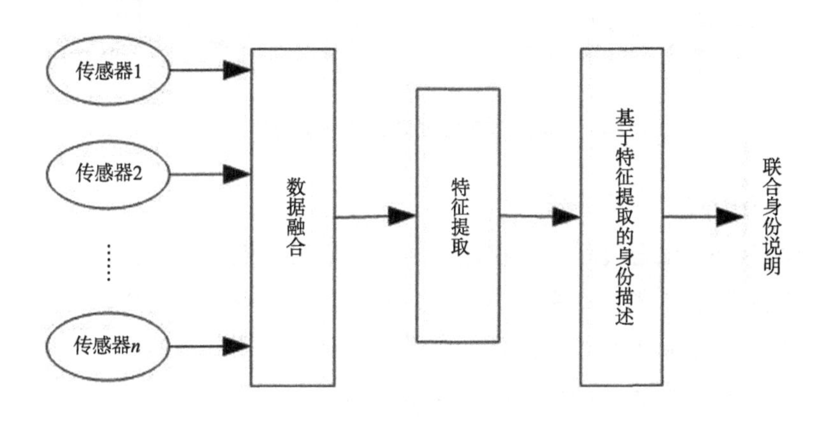

图3-6　数据层融合

信息融合3个层次特点比较见表3-4。

表3-4　信息融合3个层次特点比较

层次	性能								
	通信量	信息损失	容错性	抗干扰性	对传感器的依赖性	融合方法	预处理量	分类性能	系统开放性
数据层	大	小	差	差	大	难	小	好	差
特征层	中	中	中	中	中	中	中	中	中
决策层	小	大	好	好	小	易	大	差	好

4. 不同层面的联合融合

不同层面的融合可以结合在一起，如果想要合并4个传感器，其中两个是相似的（图3-7）。用一种数据层融合技术可融合那两个相似的传感器，其特征提取是基于那两个相似传感器提供的信号。此被提取的特征可以和从第三个传感器提取的特征融合，以提供一个一致性陈述。这个陈述可以和第四个传感器的陈述相融合。这个例子说明了3个水平融合的结合，但也显示出在传感器融合设计中的一个关键问题：如何选择传感器信息融合层面，也可以说，如何选择传感器信息融合技术。

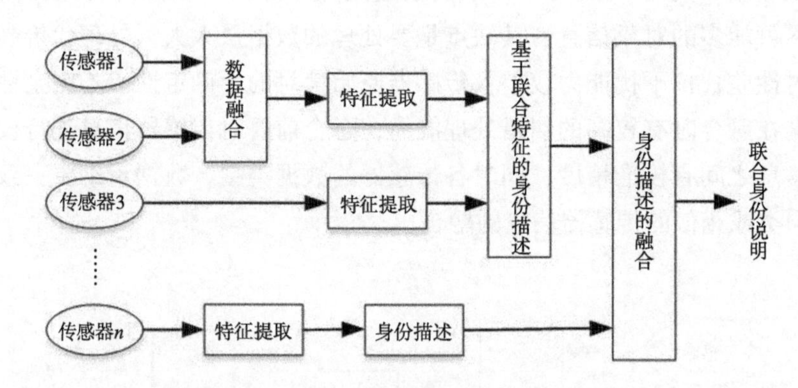

图3-7　结合不同多传感器融合层次的示意图

5. 传感器融合层次的选择

从理论上讲，融合过程工作在低层次应该是最有效的，然而这个层次在实际应用中有些局限。首先，在系统中很少只使用相同的或同类的传感器；其次，这个方法意味着要求系统有很大的存储容量和很高的数据处理速度，因而成本高、处理时间长。中间层次和高层次融合技术只用了每个传感器所提供的原始信号中的部分信息，最终融合时还包括传送给融合过程的错误信息。但中间层次和高层次的融合技术特别适用于具有不同类型传感器的实际情况，并且不要求高速的数据处理能力。融合水平的选择和技术的选择也有关。

三、多传感器信息融合技术的选择

融合方法的实际应用表明，从专家系统到概率统计技术的各种技术都很成功。因为选择合适的融合技术没有一个简单的规定，大多数技术都有实际应用的潜力。Hall提出一种基于试验和误差的方法：试用不同的方法，然后比较它们。Hall提出了一个详细的框架，其跨越各种融合技术和应用领域，这个框架主要是和军事应用有关。尽管如此，一些准则和食品大体相关，特别是水果要结合的。

（1）传感器的自然属性。例如，融合两个不同照相机提供的信息和融合一台照相机与一个光谱仪所提供的信息具有一样的约束。

（2）所提取的特征的精确度。例如，快速在线获取数据可能意味着数据的丢失或噪声数据。

（3）产品中存在的可利用的知识。例如，一个简单的规则就可被应用于融合两个不同的传感器。

（4）所提取的特征空间的大小。例如，太多特征会削弱一些技术性能，如神经网络，其对于过多参数很敏感，这可能意味着要进行特征选择的预处理。

但是由于统计理论的最新成果——支持向量机（Support Vector Machines，简称SVMs）的出现，第（4）条准则所针对的局限有希望得到解决，因为这种融合方法中输入变量的多少对其运算速度影响不大，因此很适合解决农产品快速无损检测中的多信息源的问题。

选择融合算法的过程很复杂，这是因为数据分析要试探地融合在复杂环境中实时获取的不完全和有丢失的数据，这又涉及复杂数据处理领域的问题。

四、多传感器信息融合技术的特点

与单一传感器系统相比，多传感器信息融合系统具有以下特点：①信息最大。大量信息的融合和综合能减小系统的不确定性，从而提高精度。②很好的容错性。在传感器有误差或失效的情况下，也能有较高的可靠性。③能获得单个传感器无法感知的特征信息。

五、多传感器信息融合技术在水果品质检测中的应用

用多个信息源决定水果质量由Dull首次提出。Fildes等提出了融合技术的重要意义。Steinmetz等总结了一套传感器信息融合应用于水果品质分级的方法论。国外学者将机器视觉、近红外光谱、电子鼻以及高光谱等多种传感技术进行信息融合，用于水果单一品质或综合品质的检测。我国虽然在这方面的研究起步较晚，但已有部分学者采用多源信息融合技术开展了水果成熟度、糖度、缺陷等的检测及综合品质分级研究。

1. 信息融合对水果单品质指标的检测

研究表明，水果的某些品质（如硬度、颜色、糖度和芳香味等）之间关联度较高，可以利用多个关联信息描述某一特征，这为利用多种传感器融合技术检测水果质量提供了有利依据。有时利用单一手段检测水果某一品质指标时，由于信息缺失，准确度不高，国内外学者尝试利用多种传感器提取水果的不同信息，多个传感器之间相互补充对方缺少的信息，使其确定性提高。Armstrong等使用多传感器融合技术对桃子的坚实度进行了分析，结果显示，信息融合提高了检测能力。Steinmetz等融合彩色摄像机和近红外光谱数据对苹果的糖分进行了预测。Mindoza等研究发现，可见/近红外光谱数据对苹果SSC含量的预测精度较高，而高光谱成像数据对苹果硬度的预测精度较高，故将近红外光谱数据与高光谱数据进行了融合，结果表明，两种数据融合后对苹果硬度和SSC含量的预测精度高于单一光谱数据的预测精度。杨万利等基于简单图像融合算法、主分量融合算法、小波融合算法以及区域特性选择的加权平均融合法，将红外与可见光图像融合技术用于苹果早期瘀伤的检测识别，结果区域特性选择的加权平均融合法效果最好。刘鹏等利用多传感器融合技术判断苹果的成熟度，通过融合使识别结果更好，较好地解决了只利用单一传感器或相应的单一方法检测分析时存在的重要信息缺失的问题。李军良等采用支持向量机在特征层融合了苹果机器视觉信息和近红外信息，建立苹果糖度分级模型。结果显示，基于信息融合的分级模型分级正确率为91%，效果优于基于单一传感器信息的模型。总之，与单一检测方法相比，多源信息融合技术能够提高水果单指标的检测精度。刘超等融合颜色特征和光谱特征所建立的回归模型效果好于单个颜色特征和单个光谱特征所建立的回归模型，当把蜜瓜的颜色特征、体积和果形指数作为外部特征融合蜜瓜光谱特征进行建模时效果最好。结果表明，光谱与图像信息融合，不仅可改善果实大小、形状差异对光谱检测精度的影响问题，也可利用蜜瓜的颜色信息与蜜瓜品质具有一定相关性的特点提高测定精度。徐赛等分别采用高光谱仪与电子鼻对番石榴损伤进行识别，结果表明，采用高光谱与电子鼻融合方法，结合线性判别分析可以较好地识别番石榴机械损伤程度，比单一方法具有更好的识别效果。根据分析结果推测，多源信息融合的分类识别方法既可获取更多的样本信息，提高相同样本之间的聚类性，又可较多地保持单一分类识别方法得到的不同样本之间的最大距离。验证了多源信息融合方法对提高水果机械损伤识别效果的可行性。

2. 信息融合对水果多品质指标的综合检测

当水果的形状、大小、颜色、缺陷、SSC、坚实度等信息被检测出来后，需要综合考虑上述指标对其品质等级进行评定，最终划分出相应的等级以代替人工方法实现分级分选。而之前的学者对水果分级的研究并没有提出十分有效的综合评定方法，而只是利用神经网络或决策树等方法对单一的特征进行分级，有些虽然可以取得很好的分级精度，但不能对苹果的综合品质做出评价。邹小波等用机器视觉检测苹果的颜色、大小和形状，用电子鼻检测腐烂程度，用近红外光谱检测含糖量，将特征信息进行决策层融合，结果表明，融合后的苹果分级精度更高。王克俊等利用多信息融合理论及改进的神经网络分类器对苹果的大小、果形、着色面积、表面缺陷4组特征信息进行融合，训练后的信息融合神经网络分类器的分级准确度达90%。展慧等以主成分分析法提取的板栗光谱和图像特征参数为输入，分别建立了基于BP神经网络和最小二乘支持向量机的板栗分级多源信息融合模型。结果表明，融合模型较单独采用机器视觉技术或近红外光谱技术建立模型的识别率均有明显提高，其中BP融合模型的识别精度要高于最小二乘支持向量机融合模型。李先锋等针对单特征苹果分级的不确定性和低正确率，通过图像处理提取大小、形状、颜色和缺陷4类能反映苹果外观品质的主要特征，引入信息融合的思想，以单特征初步分级的结果作为证据，用D-S证据理论的方法进行决策级融合处理，实现苹果的多特征综合分级。80个测试样本的分级试验表明，苹果分级正确率达92.5%，与单特征分级相比，此方法正确识别率高，稳定性好，效果显著。黄星奕等利用机器视觉检测杏干质量和缺陷，采用近红外检测糖度，结果表明，两种技术融合能对杏干内外品质进行综合检测。闫正虎等设计了基于颜色和气味多传感器融合的催熟水果检测系统，以昭通金帅苹果为试验对象，分为未成熟、催熟及正常成熟3组，分别利用模糊理论和径向基神经网络两种方法对经预处理的信息进行了模式识别。结果模糊理论的正确识别率为92.63%，径向基神经网络的正确识别率为93.3%，表明两种方法均可以很好地识别出催熟金帅苹果。谈英等设计了一种基于多信息融合的苹果采摘机器人在线自动分级系统。提取苹果质量及颜色两个特征参数作为信息源，采用权重分析法对数据信息进行融合，其分级结果相对单一特征的苹果分级方法具有更高的正确率，达87%以上。

第八节　重量智能感知技术

运用称重传感器进行重量检测的技术是常用的重量智能感知技术。随着技术的进步，由称重传感器制作的电子衡器已被广泛地应用到各行各业，实现了对物料的快速、准确的称量，特别是随着微处理机的出现，工业生产过程自动化、程度化的不断提高，称重传感器已成为过程控制中的一种必需的装置，从以前不能称重的大型罐、料斗等重量计量以及吊车秤、汽车秤等计量控制，到混合分配多种原料的配料系统、生产工艺中的自动检测和粉粒体进料量控制等，都应用了称重传感器。目前，称重传感器几乎被运用到了所有的称重领域。

一、称重传感器

1. 国外称重传感器的现状

自20世纪70年代以来，发达国家在电子称重方面，其技术水平、品种和规模都达到了较高的水平。称重传感器在技术方面的主要标志是准确度、长期稳定性和可靠性。目前作为贸易结算的静态秤已经能够满足以上要求。IML规定：在稳定性方面，一年内不允许超差；在可靠性方面，要求传感器在正常使用条件下，其寿命应能达到在10年以上，仪表的平均故障间隔时间（MTBF）超过20 000h，能够适应在各种恶劣条件下使用，准确度一般能够达到0.1%～0.3%。

传感器作为称重系统中的核心部分，对其稳定性和可靠性都有相当高的要求，目前应用于称重系统的传感器的主要类型有电阻应变式、电阻式、电压式、剪切式、振弦式压力传感器、面波谐振称重传感器、微处理器电子称重传感器等。

（1）电阻应变式称重传感器。在弹性元件表面粘贴有应变片，弹性元件在受力之后会发生一定的弹性变形，引起应变片也发生相应的变形，当应变片变形后，它的阻值将增大或变小，这时，通过测量电路将此变形情况转换为电流信号。这种将力变形转换为电信号的处理方法就称为电阻应变式称重传感器。

（2）电压式传感器。原理是正压电效应在对压电材料施以物理压力时，材料体内之电偶极矩会因压缩而变短，此时压电材料为抵抗该变化，会在材料相对的表面上产生等量正负电荷，以保持原状。该传感器的优点是具有高的灵敏度和分辨率，结构小巧。缺点是紧固应力被施加到压电元件的核心，它有可能弯曲受力变形的影响，导致传感器的线性度和动态性能退化。此外，在环境温度变化下，膜片的预应力变化时导致压电元件也发生变化，从而产生输出误差。

（3）剪切式称重传感器。一根承受剪力作用的圆轴，可以简化为两端简支梁，中间受一个空心截面梁的集中载荷作用。其发生剪切变形的应变仪的电阻连接到中心孔槽的中心，由于应变计嵌在深孔内，需要购置和设计专用的喷沙处理、划线贴片、加压固化工具和装备，因此对制造商的要求很高。

（4）振弦式压力传感器。这类传感器主要用于实验室和工业电子平台秤、电子皮带秤等。以张紧的钢弦作为敏感元件，钢弦的固有振动频率与其张力有关，对于一个给定长度的钢弦，在被测压力的作用下，钢弦松紧程度出现变化，固有的振动频率也随之改变，即振弦的振动频率反映了被测压力的大小。

（5）面波谐振称重传感器。原理是利用重力和频率的转换变化关系。通过超声波发射器的交流电压驱动由多个石英衬底的梳状电极，根据波浪方向同时发射的逆压电效应石英衬底用于弹性体的测量。利用此压电效应，两个相同的配置可以被转换成交流电压波。

（6）微处理器电子称重传感器。传统的模拟测量电路数字逻辑仅依赖于系统，不能满足电子称量的精度控制要求，特别是在自动化过程的控制中。而将微处理器和模拟电路相结合，可以轻而易举地实现自动称重，同时也改善了工作的灵活性，可以对程序预先编程，实现加工控制、自动校准等主要的功能。

2. 国内称重传感器的现状

目前，我国称重传感器产品中，静态秤已经满足国际法制计量组织Ⅲ级秤的要求。静态使用的工艺秤也能达0.1%～0.3%的准确度。动态称重能够达到国家规定的0.5级标准要求，个别产品可以达到0.2级。总体来说，我国电子称重装置的水平与发达国家尚存在不少差距，仅相当于发达国家20世纪80年代中期的水平，突出表现在电子秤数量所占比例仅为6.6%，其中工业用电子衡器为40.8%，商用电子衡器为6.4%。而发达国家的工业用电子衡器为80%～90%，商用衡器为50%～60%。其次是品种少，功能不全，还不能满足经济建设和科技进步的需求。

现在静态称重用的传感器已经有了较为满意的性能指标。但是，由于用于动态称重传感器的动态特性设计还没有受到足够的重视，现阶段动态称重用的传感器均使用静态称重所用的传感器，由于这类传感器的响应速度慢和超调量大，在很大程度上限制了动态称重的速度和准确度。

我国称重传感器的类型与国外传感器的类型基本相似。随着我国称重系统的不断发展，通过吸收国外称重传感器的先进技术，研究设计出了适合我们国家的产品，从技术和工艺水平方面都有一定的提高，为国内的市场提供了大量质优的产品。不过在有些重要的质量指标上，各项工艺技术还有所欠缺，仍存在较大差距，所以将来在准确度、稳定性等重要的参数指标方面需要更多的研究。

3. 称重传感器的选用

称重传感器的选择要考虑的因素很多，实际使用中，我们主要从以下几个方面考虑：首先根据目的，在称重传感器的选择范围内，基于最大秤重值和选定传感器的最大数目，可以生成负载和动态负载因素综合评价。一般来说，传感器的量程越接近分配到每个传感器的负载称量精度就越高。但在实际使用中，除了被称物体外，传感器的有效载荷还有秤体自重、振动所造成的冲击载荷等，因此传感器的选择必须考虑许多因素，以确保安全和传感器的使用寿命。其次，称重传感器的精度包括非线性、蠕变、滞后、重复性、灵敏度等技术指标。在通常选择时，不应盲目追求高品位的传感器，应考虑电子秤的精度和成本。称重传感器的形式取决于称重方式和安装空间的选择，以确保正确安装及称重安全。最后，参考制造商的说明书。称重传感器制造商通常会提供传感器的受力情况、性能指标、安装形式、结构、弹性材料等情况，以备正确选用，合理使用。

二、动态称重系统的性质和分类

称重传感器是电子称重系统的核心部件，是电子称重技术的重要基础。电子称重系统包括静态称重系统和动态称重系统。随着经济的发展和科技的进步，传统的静态称重已经不能满足人们对称重的快速性的要求，例如在包装行业在产品包装生产线上同时实现包装物的重量检测，交通运输行业的车辆动态称重WIM（weigh-in-motion）和农产品在线检测分级装备中的在线重量检测系统。具体来说，动态称重系统具有以下几个特征或它们的组合。

（1）测量环境处于非静止状态，即称重仪器处于运动的、振动的或者运动与振动并存的环境中，例如在巡航的船上、运行的车上、飞行中的飞机上进行物体重量的检测。

（2）被测对象处于非静止状态，即被称重或测力的物体在运动，例如对活的动物进行重量检测。

（3）在短时间内进行快速测量，测量时间短于称重仪器的稳定时间，需要系统有良好的动态响应特性。

从重量信号的形式来看，静态称重和动态称重信号的最直观的不同是静态称重时的重量信号可以认为是个恒定的量，而动态称重时的重量信号是个随时间变化的量。因此，动态称重的目标是从一个变化的动态重量信号中去估计物体的真实重量。虽然理论上可以通过构建一个理想的测量系统快速测量受环境干扰噪声影响的动态称重信号，获取被测物的真实重量，但是现实中的动态称重信号不仅受各种干扰信号的影响，而且信号的持续时间比较短，因此，相比只关注测量的稳定性和可靠性的静态称重方式，动态称重需要兼顾快速性和称重精度，其难度大大增加。

动态称重系统根据其被测对象的性质和工作方式大致可以分为三大类。

（1）分离质量分配称重系统（discrete mass delivery systems）。这是一种把散装物料分成预定的且实际上恒定质量的装料，并将此装料装入容器的衡器。例如配料秤和重力式自动装料衡器。

（2）非连续累计秤（discontinuous totalising weighers）。这是一种将一批散料分成若干份分立、不连续的被称载荷，按预定程序依次称量每份载荷的重量后并进行累计，以求得该批物料重量的衡器。作为一种对大宗散状物料进行高精度自动计量的设备，非连续累计秤被广泛应用于大型仓储、港口企业中。

（3）动态称重系统（in-motion weighing systems）。这是一种称量时被称载荷与衡器承载器存在相对运动的称重系统。根据被测载荷的性质，动态称重系统又可分为连续称重系统（continuous weighing systems）和分离质量称重系统

（discrete mass weighing systems）。最常见的连续称重系统对放置在皮带上并随皮带连续通过的松散物料进行自动称量皮带称、用于对大宗散状固态物料的连续累计称重计量的冲量式固体流量计和既能够对散状物料的给料速率进行连续调节，又能够对输送量进行计量的失重式给料称。常见的离散质量称重系统有车辆动态称重系统、用于称量铁路车辆的轨道衡和能够对预包装分立载荷或散装物品单一载荷进行称量的自动分检衡器。

在水果分选系统中，分选机通过称重装置对水果一个个进行单独称重，实现对每个果品快速、准确的称重。虽然没有相关标准规定水果在线检测的具体实现方式和称重的类型，但是从以上动态称重系统的总结来看，水果的在线重量检测属于动态称重（in-motion weighing systems）类别中的分离质量称重系统（discrete mass weighing systems），且需要在短时间内进行快速的测量。图3-8为苹果动态称重装置。

图3-8　苹果动态称重装置

三、动态称重系统在水果重量分级中的应用

在水果称重的动态称重方面，2003年中国农业大学王新亭在以色列ESHETEILON公司生产的链传动托盘式电子称重式水果分选机的基础上，开发了基于单片机的测控系统用于代替原有的PC机控制系统，降低了成本。2011年浙江大学蔡文研发了链传动果杯式球形水果动态称重与自动分选控制系统，处理速度可达每秒14个。

2011年，国外学者Elbeltagi等人使用新西兰Compac公司的果杯（图3-9、图3-10）开发了一套用于球形水果的高速动态称重系统，可以实现最快10个/s的称重速度。其称重原理为：水果进入称重区后称重架与卡座脱离接触，使水果重量加载在称重架上，而称重架以滑动的方式通过安装于链输送导轨两侧的“Z”形承重片上实现动态称重。

图3-9　Compac公司果杯

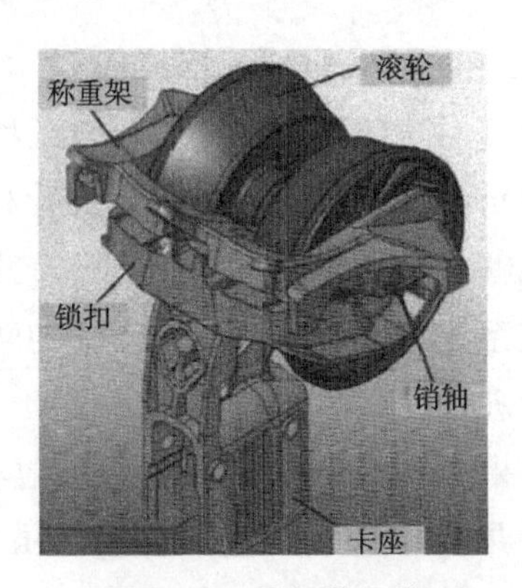

图3-10　果杯的三维

2015年Pawlowski等人研制了一种适合于直径大小在45～100nm的球形水果的环形分选机，如图3-11所示，可以实现最高3个/s的动态称重速度。称重方式的原理如图3-12所示，在称重过程中，果杯在提升斜坡的作用下被抬高，则果杯与水果的重量全部作用在秤台上实现称重，并通过一个感应式传感器的开关量信号检测果杯完全进入秤台，从而触发称重信号的采集。称重传感器组件如图3-13所示。

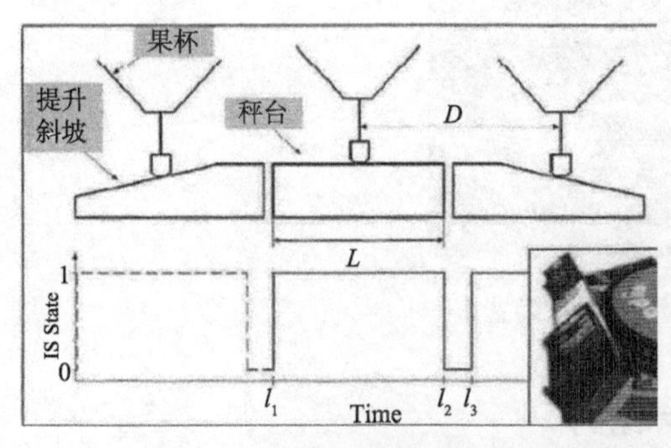

图3-11　称重系统的原理及时序

图3-12　环形水果分选机

图3-13　称重传感器组件

由于农产品的形状、大小、性质千差万别，且检测方法、精度等要求也不尽相同，所以农产品的动态称重装置也是各式各样的。但是从重量的检测方式来看，不论何种方式的重量检测设备，被测物和秤台的重量必须全部作用在称重传感器之上，然后通过称重传感器将重量信号转换为可便于测量的电信号，再通过数据采集和处理系统对动态称重信号进行实时采集和处理，得到被测物的重量值。

第四章　水果品质智能分析建模技术

随着技术的进步，科技在农业上的应用越来越广泛，机械化的水果分级也不再仅限于大小和重量，外观和内在品质如伤疤、糖度也成为水果分级的要求。这些更为精细的分级要求仅仅依靠机械设备和简单的程序是无法实现的，还需要计算机更多的支持。目前在分级工作中使用的方法是在计算机上建立好模型，对信息采集设备采集到的水果信息进行智能分析，给出分级结果，再通过机械设备对水果分级。

机械设备在分级速度上具有人力无法比拟的优势，但是在某些项目如外形、缺陷程度的分级准确率上却难以与人工分级相比，因为每个水果都是不一样的，而机械设备不具备人一样的思考能力，只能根据预先设定的模型进行分级。当然实际生产中不存在完美的模型，只能通过不断完善模型或者开发新模型来提升准确率。本章将对试验与生产中常用的模型进行概述，同时通过实例讲解这些模型如何在试验及生产中应用。

第一节　建模基础

当前在计算机上建模主要依赖的是机器学习技术，学习器（即模型）的种类有很多，可以根据不同的应用场景进行选择，在建模的过程中也有很多技巧，如样本的选择、参数的设置等。本节将对建模过程中常用的知识进行讲解。

一、常见概念

（一）学习方式

1. 监督学习

监督学习算法是基于一组标记数据进行预测。应用监督学习算法，我们需要一个包含标签的训练数据集，使用这个训练数据集训练模型，从而得到一个从输入数据到输出期望数据之间的映射函数。这类模型的推断作用是从一个数据集中学习出一种模式，可以让这个模型适应新的数据，去预测一些没有看到过的数据。

监督学习主要分为两大类：回归和分类。这两类的区别是：输出结果一个是连续的，另一个是离散的。回归分析的数据集是给定一个函数和它的一些坐标点，然后通过回归分析的算法，来估计原函数的模型，求出一个最符合这些已知数据集的函数解析式，然后它可以用来预估其他未知输出的数据。输入一个自变量，它就会根据这个模型解析式输出一个因变量，这些自变量就是特征向量，因变量就是标签，而且标签的值是建立在连续范围的。分类的数据集由特征向量和它们的标签组成，当你学习了这些数据之后，给出一个只知道特征向量不知道标签的数据，求它的标签是哪一个。由于在水果分级中有足够的样本且有固定的分级标准，所以本章建模方法将以监督学习为主。

2. 半监督学习

监督学习带来的最大挑战是标注数据，这是一项非常耗时的工程而且非常昂贵。如果标签的数量有限，可以使用一些非标记的数据来加强监督学习。由于在这种情况下机器学习算法不是完全的监督学习，把该算法称为半监督学习算法。在半监督学习中，我们可以使用未标记的数据和一小部分的标记数据来训练我们的模型，从而来提高我们模型的准确性。

3. 无监督学习

无监督学习所使用的数据都是不用进行标记的。算法模型会自动去发现数据内在的一些模式，比如聚类结构、层次结构、稀疏树和图等。常用的操作有聚类和降维，聚类是将一组数据进行分组，使得一个组里面的数据跟别的组里面的数据有一定的区别，也就是说每一个组即是一个聚类。这种方法经常被用来做数据切分，也就是把一个大的数据集先切割成几个小的数据集，而每一个小的数据集都是一个高度相似的数据集。这样可以帮助分析者从中更好地找到数据之间的内部结构。降维是减少数据变量中的维度。在很多的应用中，原始数据都具有非常高维度的特征，但是这些维度中很多特征都是多余的。降低维度可以帮助我们更好地发现真实数据之间潜在的内部关系。

4. 强化学习

强化学习是根据环境对智能体的反馈来分析和优化智能体的行为。智能体根据不同的场景会去尝试不同的动作，然后分析不同动作会带来什么样的回报，选取其中最大回报作为采取的最终动作。反复试错和奖励机制是强化学习和别的算法最大的不同。

（二）模型训练与使用中的常见概念

1. 准确率、正确率与召回率

准确率定义是对于给定的测试数据集，分类器正确分类的样本数与总样本数之比。正确率则表示预测为正例的样本中真正正例的比例；召回率表示预测为正例的真实正例占所有正例的比例。

对于准确率来说，有时准确答案不是必要的，近似答案也可以被接受，这取决于想要如何使用算法模型。

2. 训练时间

训练模型所需要的时间在不同算法之间变化很大，有些算法可能几分钟就可以训练完成，有些算法可能需要几个小时才能训练完成。训练时间往往与模型准确率密切相关，一般来说，训练时间越长，模型的准确率就越高。另外，有些算法对数值离散点数据更加敏感，而有些对连续数据更加敏感。如果数据集非常大，而且时间非常紧，那么根据模型的训练时间来选择算法是一条非常好的路径。

3. 模型参数

参数是机器学习模型中最重要的部分。比如，模型的迭代次数、模型的规模大小等都会影响到最后我们需要得到的结果，对算法的训练时间和准确性都是非常敏感的。通常，具有大量参数的算法都需要更多的试验和调参来找到一个最好的参数组合。当然大型的参数组合也是具有很多好处的，比如算法的灵活性会更加强大。

4. 正则化

为了防止过拟合，引出正则化的概念，目标是使得损失函数最小化。在损失函数加上正则项，正则项一般随着模型复杂度递增，模型越复杂，正则项越大。这样，我们目标是最小化风险函数，而随着模型复杂度越来越高，风险函数反之会变大，所以该方法可有效防止过拟合。

二、模型评估与选择

（一）经验误差和过拟合

不同学习算法及其不同参数产生的不同模型，涉及模型选择的问题，关系到两个指标性，就是经验误差和过拟合。

1. 经验误差

（1）错误率。分类错误的样本数占样本总数的比例。如果在m个样本中有a个样本分类错误，则错误率$E=a/m$，相应的，$1-a/m$称为精度（即准确率），精度=1−错误率。

（2）误差。模型的实际预测输出和样本的真实输出之间的差异。训练误差或经验误差为模型在训练集上的误差；泛化误差为模型在新样本上的误差。

理想情况下，泛化误差越小的模型越好，但现实中，新样本是怎样的并不知情，能做的就是针对训练集的经验误差最小化。针对已知训练集设计一个完美的分类器，但新样本却是未知，因此同样的模型在训练集上表现很好，但却未必在新样本上同样优秀。

2. 过拟合与欠拟合

模型首先是在训练样本中学出适用于所有潜在样本的普遍规律，用于正确预测新样本的类别。这会出现两种情况，导致训练集上表现很好的模型未必在新样本上表现很好。

（1）过拟合。模型将训练样本的个体特点上升到所有样本的一般特点，导致泛化性能下降。

（2）欠拟合。模型未能从训练样本中学习到所有样本的一般特点。

通俗地说，过拟合就是把训练样本中的个体一般化，而欠拟合则是没学习到一般特点。过拟合是学习能力太强，欠拟合是学习能力太弱。欠拟合通过调整模型参数可以克服，但过拟合无法彻底避免。机器学习的问题是NP难，有效的学习算法可在多项式时间内完成，如能彻底避免过拟合，则通过经验误差最小化就能获得最优解，这样构造性证明P=NP，但实际P≠NP，过拟合不可避免。

在模型选择中，理想的是对候选模型的泛化误差进行评估，选择泛化误差最小的模型，但实际上无法直接获得泛化误差，需要通过训练误差来评估，但训练误差存在过拟合现象也不适合作为评估标准，因此，需要进行模型评估。

（二）评估方法

评估模型既然不能选择泛化误差，也不能选择训练误差，可以选择测试误差。所谓测试误差，就是建立测试样本集，用来测试模型对新样本的预测能力，作为泛化误差的近似。

测试集，也是从真实样本分布中独立同分布采样而得，和训练集互斥。通过测试集的测试误差来评估模型，作为泛化误差的近似，是一个合理的方法。对数据集$D=\{(x_1, y_1), (x_2, y_2), \cdots, (x_m, y_m)\}$进行分隔，产生训练集$S$和测试集$T$，通过训练集生成模型，并应用测试集评估模型。文中有个很好的例子，就是训练集相当于测试题，而测试集相当于考试题。

在评估模型时需要对数据集D进行划分，将其划分为训练集和测试集以便于获得测试误差。

1. 留出法

留出法将数据集D划分为两个互斥的集合，其中一个集合用作训练集S，另一个作为测试集T，即$D=S\cup T$，$S\cap T=\varnothing$。在S上训练出的模型，用T来评估其测试误差，作为对泛化误差的近似估计。

以二分类任务为例。假定D包含1 000个样本，将其划分为700个样本的训练集S和300个样本的测试集T。用S训练后，模型在T上有90个样本分类错误，那么测试误差就是90/300=30%，相应地，精度为1−30%=70%。

留出法就是把数据集一分为不同比例的二，这里面就有两个关键点，一个是如何分，另一个是分的比例是多少。

在划分时，训练集和测试集的划分要保持数据分布的一致性。即分层采样，保持样本的类别比例相似，就是说样本中的各类别在S和T上的分布要接近，比如A类别的样本的比例是S：T=7：3，那么B类别也应该接近7：3。在分层采样之上，也存在不同的划分策略，导致不同的训练集和测试集。显然，单次使用留出法所得到的估计结果不够稳定可靠，一般情况下采用若干次随机划分，重复进行试验评估后取平均值作为评估结果。

对于S和T的比例，若训练集S过多而测试集T过小，S越大越接近D，则训练出的模型更接近于D训练出的模型，但T小，评估结果可能不够稳定准确；若训练集S偏小而测试集T偏多，S和D差距过大，S训练的模型将用于评估，该模型和D训练出的模型可能有较大差别，从而降低评估结果的保真性。S和T各自分多少，没有完美解决方法，常见的做法是将2/3～4/5的样本用于训练。

2. 交叉验证法

交叉验证法将数据集D划分为k个大小相似的互斥子集，即$D=D_1\cup D_2\cup\cdots\cup D_k$，$D_i\cap D_j=\varnothing$（$i\neq j$）；每个子集$D_i$都尽可能保持数据分布的一致性，即从$D$中通过分层采样所得。训练时，每次用$k$−1个子集的并集作为训练集，余下的一个子集作为测试集；如此，可获得k组训练集和测试集，从而进行k次训练和测试，最终返回k次测试结果的均值。k值决定了交叉验证法评估结果的稳定性和保真性，因此也称为k折交叉验证或k倍交叉验证，k常取值5、10、20。

和留出法一样，将数据集D划分为k个子集也是多样划分方式，为减小样本划分不同而发生的差别，k折交叉验证通常随机使用不同的划分重复p次，最后评估结果是这p次k折交叉验证结果的均值，如10次10折交叉验证。

典型的划分特例留一法，假设数据集D中包含m个样本，令k=m，就是每个子集只包含一个样本。这个特例，不受随机样本划分方式的影响，且训练集S只比数据集D少一个样本，其实际训练出的模型和期望评估用D训练出的模型相似，其评估结果比较准确。当然，问题就是一个样本一个子集，一旦样本过大，训练的模型所需开销也极其庞大，且其评估结果也不总是比其他方法准确。所有算法都有其优点也有其缺点，各有适用场合，符合性价比原则。留一法为了提升理论上的准确性，而导致相对庞大的开销，效益上是否可取，需要视实际情况而定。

3. 自助法

在留出法和交叉验证法中，训练集S的样本数小于数据集D，因样本规模不同会导致所训练的模型及评估结果偏差。留一法虽然S只少一个样本，但计算规模庞大。自助法可以应对上述两种方法的不足，避免样本规模影响且能高效计算。

自助法，基于自助采样获取训练集和测试集。给定包含m个样本的数据集，自助采样基本过程是：每次随机从D中选一个样本，放入D'，然后将该样本放回初始数据集D中，使得该样本在下次采样时仍有可能被采到；这个过程重复执行m次后，就得到了包含m个样本的数据集D'，规模和D一样，不同的是，D'中部分样本可能重复，也有部分样本可能不出现。一个样本在m次自助采样中都没有被采到的概率是$(1-\frac{1}{m})^m$，取极限得到：

$$\lim_{n\to\infty}(1-\frac{1}{m})^m \to \frac{1}{e} \approx 0.368$$

即通过自助采样，初始数据集D中约有36.8%的样本未出现在采样数据集D'中。自助采样后，将样本规模和数据集D一样的采样数据集D'作为训练集$S=D'$，将$T=D-D'$作为测试集（不在D'中的样本作为测试集）。如此，实际评估的模型（训练集S训练出的）与期望评估的模型（数据集D训练出的）使用了同样的样本规模（m个样本），同时又有大概36.8%的样本（未在采样数据集D'中）作为测试集T用于测试，产生的测试结果，称为包外估计。

每个算法都有自己的使用场合，并不是万能性地好用高效。自助法自助采样产生的数据集D'也是改变了初始数据集D的分布，也会引入估计偏差。自助法适用于规模较小，难以有效划分训练集和测试集的数据集。在初始数据量足够时，留出法和交叉验证法更常用一些。

为更好地对模型进行泛化性能评估，提出了近似的测试误差来评估泛化误差，也就衍生出了留出法、交叉验证法、自助法的数据集划分方法。实际上，算法还需要调参，不同的参数配置，模型的性能会有一定差别。在进行模型评估和选择时，除了选择算法还有数据集划分方法外，还需要对算法参数进行设定或说是调节。每一个算法都有参数设定空间，假定算法有3个参数，每个参数有5个可选值，对每一组训练集/测试集来说就有$5^3=125$个模型需要考察。

实际的学习过程中，对给定包含m个样本的数据集D，先选定学习算法及其参数，然后划分数据集训练和测试，直至选定算法和参数，再应用数据集D来重新训练模型。在研究对比不同算法的泛化性能时，用测试集上的判别效果来评估模型在实际使用中的泛化能力，而把训练数据另外划分为训练集和验证集，基于验证集上的性能进行模型选择和调参。

（三）性能度量

通过在训练过程中的评估方法来判定模型的泛化性能，还需要通过性能度量来考察。换句话来说，选什么模型，通过训练集、验证集、测试集来试验评估选定并输出；而所输出的模型，在测试集中实际的泛化能力，需要通过性能度量工具来度量。这样理解，基于测试误差近似泛化误差的认定，通过划分数据集为训练集、验证集、测试集，并选择不同的评估方法和调整算法参数来输出的模型，需要通过性能度量的工具来量化评估。

不同的性能度量，在对比不同模型能力时，会导致不同评判结果，因为模型的好坏是相对的。实际模型的好坏，取决于算法和数据，取决于训练中调参和试验评估方法，也取决于当前任务的实际数据。

模型训练出来后，进行预测时，给定样例集$D=\{(x_1, y_1), (x_2, y_2), \cdots, (x_m, y_m)\}$，其中$y_i$是示例$x_i$的真实标记，要评估模型$f$的性能，把模型预测结果$f(x)$与真实标记$y$进行比较。

预测回归任务最常用的性能度量是均方误差：

$$E(f;\ D)=\frac{1}{m}\sum_{i=1}^{m}(f(x_i)-y_i)^2$$

分类任务中常用的性能度量有如下几种。

1. 错误率和精度

错误率和精度是分类任务中常用的两种性能度量，既适用于二分类任务，也适用于多分类任务。错误率是分类错误的样本数占样本总数的比例，精度是分类正确的样本数占样本总数的比例。

对样例集D，分类错误率定义为：

$$E(f;\ D)=\frac{1}{m}\sum_{i=1}^{m}\Pi(f(x_i)\neq y_i)$$

式中，Π函数为指示函数，返回true或false。精度则定义为：

$$acc(f;\ D)=\frac{1}{m}\sum_{i=1}^{m}\Pi(f(x_i)=y_i)=1-E(f;\ D)$$

2. 查准率、查全率与F_1

在信息检索、Web搜索等的应用中，查准率（正确率，也称精确率）和查全率（召回率）是比较适用的性能度量。二者分子一样，就是预测结果中准确的样本，分母却不一样，准确率分母包含了那些预测和实际不一致的样本，而召回率分母则包含了那些没准确预测出来的样本。

用二分类问题来说明，可将样例根据其真实类别和模型预测的类别的组合分为：真正例、假正例、真反例、假反例4种情形，分别用TP、FP、TN、FN表示其对应的样例数，$TP+FP+TN+FN$=样例总数，分类结果的混淆矩阵如表4-1所示。

表4-1　分类结果混淆矩阵

真实情况	预测结果	
	正例	反例
正例	TP（真正例）	FN（假反例）
反例	FP（假正例）	TN（真反例）

查准率P和查全率R分别定义为：

$$P=\frac{TP}{TP+FP}$$

$$R=\frac{TP}{TP+FN}$$

查准率和查全率是一对矛盾的度量。一般来说，查准率高时，查全率往往偏低；而查全率高时，查准率往往偏低。可根据模型的预测结果对样例进行排序，排在前面的是模型认为最可能是正例的样本，排在最后的则是模型认为最不可能是正例的样本。按此顺序逐个把样本作为正例进行预测，则每次可以计算出当前的查全率、查准率，并以查准率为纵轴、查全率为横轴构造查准率-查全率曲线，简称P-R曲线。

P-R曲线是非单调、不平滑的。P-R曲线可用来评估模型的优劣。若一个模型的P-R曲线被另一个模型的P-R曲线完全包住，则后者的性能优于前者。如果两个模型的曲线发生交叉，则通过二者面积的大小来比较，面积大的表示查全率和查准率双高比较优秀，但不太容易计算曲线（不平滑）的面积，因此通过平衡点来度量。BEP（Break-Event Point）是坐标上查准率等于查全率时的点，平衡点值越大，模型越优秀。

BEP过于简化，定义F_1度量来比较模型P-R曲线的性能：

$$F_1=\frac{2\times P\times R}{P+R}=\frac{2\times TP}{\text{样例总数}+TP-TN}$$

不同的应用场合，对查全率和查准率的侧重不同。对查准率和查全率的不同偏好，可用F_1度量的一般形式F_β，定义为：

$$F_\beta=\frac{(1+\beta^2)\times P\times R}{(\beta^2\times P)+R}$$

式中，$\beta>0$度量了查全率对查准率的相对重要性；$\beta=1$时就是标准的F_1；$\beta>1$时偏好查全率；$\beta<1$时偏好查准率。

3. ROC与AUC

很多模型为测试样本产生一个实值或概率预测，然后将这个预测值和分类阈值进行比较，若大于阈值则分类正类，否则为反类。对测试样本的实值或概率预测结果进行排序，最可能是正例的排在最前面，最不可能是正例的排在最后面。分类过程就相当于在这个排序中以某个截断点将样本分为两部分，前一部分判为正例，后一部分则判为反例。

在不同的应用任务中，可根据任务需求来采用不同的截断点，选择排序中靠前的位置进行截断重视查准率；选择靠后的位置进行截断则重视查全率。排序本身的质量好坏，体现了模型在不同任务下的期望泛化性能的好坏，或者说，一般情况下泛化性能的好坏。ROC曲线正是考量期望泛化性能的性能度量工具，适用于产生实值或概率预测结果的模型评估。

ROC（Receiver Operating Characteristic，受试者工作特征），根据模型的预测结果对样例进行排序，按此顺序逐个把样本作为正例进行预测，每次计算出两个重要量的值，分别作为横、纵坐标，即得到ROC曲线。

ROC曲线的纵轴是真正例率，横轴是假正例率，分别定义为：

$$TPR = \frac{TP}{TP + FN}$$

$$FPR = \frac{TP}{TN + FP}$$

真正例率预测的真正例数和实际的正例数比值，有多少真正的正例预测准确；假正例率预测的假正例数和实际的反例数比值，有多少反例被预测为正例。

在实际任务中，样本是有限的，所以不能产生光滑的ROC曲线，而是带有齿状的近似ROC曲线。有限个测试样例ROC图绘制方法：给定m^+个正例和m^-个反例，根据模型预测结果对样例进行排序，开始把分类阈值设为最大（所有样例均预测为反例），此时真正例率和假正例率均为0，在坐标（0，0）处标记一个点；然后，依次将分类阈值设为每个样例的预测值（依次将每个样例划分为正例），并求解真正例率和假正例率，在相应的坐标处标记一个点。设前一个标记点坐标为（x，y），当前若为真正例，则对应比较点的坐标为（x，$y+\frac{1}{m^+}$）；当前若为假正例，则对应标记的点的坐标为（$x+\frac{1}{m^-}$，y），最后用线段把相邻的点连接起来即得近似ROC曲线。

若两个模型的ROC曲线发生交叉，要进行比较的话，就需要比较ROC曲线下的面积，即AUC（Area Under ROC Curve）。

AUC可通过对ROC曲线下各部分的面积求和而得。假定ROC曲线是由坐标为$\{(x_1, y_1), (x_2, y_2), \cdots, (x_m, y_m)\}$的点按序链接而形成（$x_1$=0，$x_m$=1），则$AUC$估算为：

$$AUC=\frac{1}{2}\sum_{i=1}^{m-1}(x_{i+1}-x_i)(y_{i+1}+y_i)$$

实际就是求每个长方形的面积并求和来近似ROC曲线面积。

4. 代价敏感错误率与代价曲线

对于之前所说明的性能度量工具，都隐性假设预测错误的均等代价，但在实际任务中，不同类型的错误所造成的代价是不同的，这就需要加权来评估学习预测错误的代价。为权衡不同类型错误所造成的不同损失，为错误赋予非均等代价。以二分类为例，设计一个代价矩阵，cost_{ij}表示第i类样本预测为第j类的代价（$i \neq j$）。

如表4-2，整体模型性能评估上，不是考虑最小化错误次数，而是最小化总体代价。假设表4-2的第0类为正类，第1类为反类，令D^+和D^-分别表示正、反例集合，则代价敏感错误率为：

$$E(f;\ D;\ \mathrm{cost})=\frac{1}{m}\left(\sum_{x_i\in D^+}\Pi(f(x_i)\neq y_i)\times \mathrm{cost}_{01}\right)+\sum_{x_i\in D^-}\Pi(f(x_i)\neq y_i)\times \mathrm{cost}_{10})$$

若令i，j取值不限于0、1，则可定义出多分类任务的代价敏感性能度量。

表4-2　代价矩阵

真实类别	预测类别	
	第0类	第1类
第0类	0	cost_{01}
第1类	cost_{10}	0

（四）比较检验

对模型的性能评估，基于测试集已经给出了评估方法和衡量模型泛化能力的性能度量工具，但是仅仅通过对性能度量值的比较不能完全评估模型优劣。因为测试集上的性能评估方法和度量工具始终还是测试集上的，与测试集本身的选择有关系，且机器学习算法本身存在一定随机性。统计假设检验为模型性能比较提供了重要依据。

基于假设检验结果可推断出，在测试集上观察到的模型A优于B，则A的泛化性能是否在统计意义上好于B，以及这个判定的准确度。也就是说，在测试集上的评估和度量，放在统计意义上进一步检验。以错误率为性能度量工具，用e表示，介绍假设检验方法。

1. 单个学习器的假设检验

假设检验中的假设是对模型泛化错误率分布的某种判断或猜想。在统计意义上，对泛化错误率的分布进行假设检验。现实任务中，只知测试错误率，而不知泛化错误率，二者有差异，但从直观上，二者接近的可能性较大，而相差很远的可能性很小，因此可基于测试错误率推出泛化错误率的分布。

实际上，评估方法和性能度量，正是基于上面这一统计分布直观思维来开展，这里更是通过假设检验来进一步肯定测试错误率和泛化错误率二者接近。针对单个测试错误率可以用二项检验，对k个测试错误率需要用t检验。

2. 多学习器的交叉验证t检验

在对不同学习器的性能进行比较时，用到交叉验证t检验。对两个学习器A和B，若使用k折交叉验证得到的测试错误率分别为e_1^A，e_2^A，…，e_k^A和e_1^B，e_2^B，…，e_k^B，其中e_i^A和e_i^B是在相同的第i折训练/测试集上得到的结果，可用k折交叉验证成对t检验来进行比较检验。交叉验证t检验的基本思想是若两个学习器性能相同，则在使用相同训练集测试集得到测试错误率应该相同，即$e_i^A=e_i^B$。

3. McNemar检验

对二分类问题，使用留出法不仅可估计出学习器A和B的测试错误率，还可获得两个学习器分类结果的差别，即两者都正确、都错误、一个正确另一个错误的样本数，如表4–3所示。

表4–3　测试错误率

算法B	算法A	
	正确	错误
正确	e_{00}	e_{01}
错误	e_{10}	e_{11}

若假设两个模型性能相同，则e_{01}应该等于e_{10}，那么变量$|e_{01}-e_{10}|$应当服从正态分布。McNemar检验考虑变量：

$$\tau_{\chi^2}=\frac{(|e_{01}-e_{10}|-1)^2}{e_{01}+e_{10}}$$

服从自由度为1的χ^2分布即标准正态分布变量的平方。给定显著度α，当以上变量值小于临界值χ_α^2时，不能拒绝假设，即认为两模型的性能没有显著差别；否则拒绝假设，即认为两者性能有显著差别，且平均错误率较小的那个模型性能较优。

4. Friedman检验Nemenyi后续检验

检查验证t检验和McNemnar检验都是在一个数据集上比较两个算法的性能，但在很多时候，会在一组数据集上对多个算法进行比较。当有多种算法参与比较时，一种做法是在每个数据集上分别列出两两比较的结果，可用前面假设检验方法；另一种方法，使用基于算法排序的Friedman检验。

假定用D_1、D_2、D_3和$D_4$4个数据集对算法A、B、C进行比较。首先，使用留出法或交叉验证法得到每个算法在每个数据集上的测试结果，然后在每个数据集上根据测试性能由好到坏排序，并赋予序值1，2，…；若算法的测试性能相同，则平均序值。

基于平均序值，使用Friedman检验来判断这些算法是否性能都相同。若相同，它们的平均序值应当相同。假定在N个数据集上比较k个算法，令r_i表示第i个算法的平均序值，则r_i的均值和方差分别为（k+1）/2和（k^2−1）/12。

Nemenyi检验计算平均序值差别的临界值。若两个算法的平均序值之差超出临界值域CD，则以相应的置信度拒绝“两个算法性能相同”的假设。两个检验方法的不同之处是，Friedman检验拒绝算法性能相同的假设，再用Nemenyi检验两个算法的差距，如果差距未超过临界值域，则认为两个算法没有显著差别。

（五）偏差与方差

通过试验方法估计的泛化性能，还需要解释其具有这样性能的原因，回答为什么具有这样的性能。偏差–方差分解是解释学习算法泛化性能的一种重要工具。

梳理模型评估与选择的整个思路：首先模型评估面临经验误差和过拟合现象，因此引入测试集，通过测试误差率近似泛化误差率来评估模型，提出了评估方法，并量化度量性能，在此基础上通过假设检验为性能度量提供依据，最后解释性能，即偏差–方差分解。

偏差–方差分解对学习算法的期望泛化错误率进行拆解。算法在不同训练集上学得的结果很可能不同，即便这些训练集是来自同一分布。对测试样本x，令yD为x在数据集中的标记，y为x的真实标记，f（x；D）为训练集D上学得模型f在x上的预测输出。以回归任务为例，学习算法的期望预测为：

$$\overline{f}(x)=E_D\left[f(x;\ D)\right]$$

使用样本数相同的不同训练集的方差为：

$$\mathrm{var}(x)=E_D\left[(f(x;\ D)-\overline{f}(x))^2\right]$$

噪声为：$\varepsilon^2=E_D\left[(y_D-y)^2\right]$

期望输出与真实标记的差别为偏差（bias）：

$$bias^2(x)=(\overline{f}(x)-y)^2$$

假定噪声期望为0，对多项式展开合并，可对算法的期望泛化误差进行分解，正好分解为偏差、方差和噪声之和。

偏差度量了学习算法的期望预测与真实结果的偏离程度，即刻画了学习算法本身的拟合能力；方差度量了同样大小的训练集的抖动所导致的学习性能的变化，即刻画了数据扰动所造成的影响；噪声则表达了当前任务上任何学习算法所能达到的期望泛化误差的下界，即刻画了学习问题本身的难度。偏差-方差分解说明，泛化性能是由算法的能力、数据的充分性以及学习任务本身的难度所共同决定的。给定学习任务，为取得较好的泛化性能，需使偏差较小，即能否重复拟合数据，并使方差较小，即使数据扰动产生的影响小。

然而，偏差和方差是有冲突的，称为偏差-方差窘境。给定学习任务并假定学习算法的训练程度，在训练不足时，模型的拟合能力不够强，训练数据的扰动不足以使模型产生显著变化，此时偏差主导泛化错误率；随着训练程度的加深，模型的拟合能力逐渐增强，训练数据所发生的扰动渐渐被模型学到，方差逐渐主导了泛化错误率；在训练程度充足后，模型的拟合能力已非常强，训练数据发生的轻微扰动都会导致模型发生显著变化，若训练数据自身的、非全局的特性被模型学到了，将发生过拟合。所以如何平衡两者关系也是相关建模工作中的重点之一。

第二节　线性模型

一、基本形式

线性模型试图学得一个通过属性的线性组合来进行预测的函数，它形式简单、易于建模，具有很好的可解释性，许多功能更强大的非线性模型可在线性模型基础上通过引入层级结构或高维映射而得来。

对线性模型的基本形式有如下定义：

给定由d个属性描述的示例$x=(x_1;\ x_2;\ \cdots;\ x_d)$，其中$x_i$是$x$在第$i$个属性上的取值，线性模型将会学习到一个通过属性的线性组合来进行预测函数，即：

$$f(x)=w_1x_1+w_2x_2+\cdots+w_dx_d+b$$

用向量形式写成：

$$f(x)=w^Tx+b$$

式中$w=(w_1;\ w_2;\ \cdots;\ w_d)$，得到$w$和$b$之后，就可以确定该线性模型。

二、线性回归

线性回归通过学习到一个线性模型来尽可能准确地预测实值输出标记，即先训练出一个线性模型的学习器，然后用来预测实际输出。给定数据集：

$$D=\{(x_1, y_1), (x_2, y_2), \cdots, (x_m, y_m)\}$$

其中，$x_i=(x_{i1}; x_{i2}; \ldots; x_{id})$，$y_i \in R$。

先考虑只有一个属性的线性回归，即$y_i \simeq f(x_i)=wx_i+b$。对于离散属性，若属性值间存在序关系，要将其连续化为连续值；若属性值间不存在序关系，假定属性有k个属性值，则通常转化为k维向量。

确定模型之后，还需要求解w和b，确定w和b的关键在于如何衡量$f(x)$和y的差别。均方误差多用来度量回归任务中的学习器性能，所以此处可以通过最小化均方误差来解决：

$$\begin{aligned}(w^*, b^*) &= \underset{(w, b)}{\arg\min}\sum_{i=1}^{m}(f(x_i)-y_i)^2 \\ &= \underset{(w, b)}{\arg\min}\sum_{i=1}^{m}(y_i-wx_i-b)^2\end{aligned}$$

式中，（w，b）表示w和b的解；argmin表示的是函数取值最小时的自变量取值，比如$f(x)$最小值在$x=x_0$时取得，那么便有：x_0=argmin $f(x)$。均方误差在几何形态上，接近欧几里得距离。基于均方误差最小化来进行模型求解的方法称为最小二乘法在线性回归中，最小二乘法就是试图找到一条直线，使所有样本到直线上的欧式距离之和最小。

线性回归模型的最小二乘参数估计，就是求解w和b，即$E_{(w, b)}=\sum_{i=1}^{m}(y_i-w_i-b)^2$的最小化求解。$E_{(w, b)}$分别对$w$和$b$求导，得到：

$$\frac{\partial E_{(w, b)}}{\partial w}=2(w\sum_{i=1}^{m}x_i^2-\sum_{i=1}^{m}(y_i-b)x_i)$$

$$\frac{\partial E_{(w, b)}}{\partial b}=2(mb-\sum_{i=1}^{m}(y_i-wx_i))$$

式中，$E_{(w, b)}$是关于w和b的凸函数，当它关于w和b的导数均为零时，得到w和b的最优解。凸函数定义如下：在区间$[a, b]$上定义的函数f，若它对区间中任意两点x_1，x_2均有$f(\frac{x_1+x_2}{2}) \leqslant \frac{f(x_1)+f(x_2)}{2}$，则称$f$在区间$[a, b]$上是凸的。如“U”形曲线的函数$f(x)=x^2$就是凸函数。对实数集上的函数，可通过求二阶导数来判别：若二阶导数在区间上非负，则为凸函数；若二阶导数在区间上恒大于0，则是严格凸函数。如此，可得w和b最优解的闭式解（闭式解也被称为解析解，与数值解对应）：

$$w=\frac{\sum_{i=1}^{m}y_i(x_i-\overline{x})}{\sum_{i=1}^{m}x_i^2-\frac{1}{m}(\sum_{i=1}^{m}x_i)^2}$$

$$b=\frac{1}{m}\sum_{i=1}^{m}(y_i-wx_i)$$

其中，$\overline{x}=\sum_{i=1}^{m}x_i$为$x$的均值。

到目前为止，已经对一元属性进行了最小二乘法获得其模型。推广到一般性，不是一元属性，而是多元属性，样本由d个属性描述$y_i\simeq f(x_i)=w^Tx_i+b$，成为多元线性回归。

要利用最小二乘法对w和b进行估计，要将w和b吸收入向量形式$\hat{w}=(w;\ b)$，把数据集D表示为一个$m\times(d+1)$大小的矩阵X，其中每行对应一个示例，每行前d个元素对应于示例的d个属性值，最后一个元素恒置为1，即：

$$X=\begin{bmatrix} x_{11} & x_{12} & \cdots & x_{1d} & 1 \\ x_{21} & x_{22} & \cdots & x_{2d} & 1 \\ \vdots & \vdots & \ddots & \vdots & \vdots \\ x_{m1} & x_{m2} & \cdots & x_{md} & 1 \end{bmatrix}=\begin{bmatrix} x_1^T & 1 \\ x_2^T & 2 \\ \vdots & \vdots \\ x_m^T & 1 \end{bmatrix}$$

再把真实标记也写成向量形式$y=(y_1;\ y_2;\ \cdots;\ y_m)$，则有：

$$\hat{w}^*=\underset{\hat{w}}{\arg\min}(y-X\hat{w})^T(y-X\hat{w})$$

令$E_{\hat{w}}=(Y-X\hat{w})^T(Y-X\hat{w})$，对$\hat{w}$求导，得到：

$$\frac{\partial E_{\hat{w}}}{\partial\hat{w}}=2X^T(X\hat{w}-y)$$

同样的，可得$\hat{w}$最优解的闭式解。但向量关系到矩阵计算，须分别来说。

当X^TX为满秩矩阵或正定矩阵时，$\hat{w}$最优解的闭式解为：$\hat{w}^*=(X^TX)^{-1}X^TY$。

其中$(X^TX)^{-1}$是X^TX的逆矩阵，令$\hat{x}_i=(x_i,1)$，则所得的多元线性回归模型为：

$$f(\hat{x}_i)=\hat{x}_i(X^TX)^{-1}X^TY$$

当X^TX不是满秩矩阵时，即变量数大于方程数时，或者说属性数d大于样例数m时，可解出多个$\hat{w}$，都能使均方误差最小化，此时选择哪一个解输出，取决于学习算法的偏好，常见做法是引入正则化。

线性模型简单，但也有诸多变化。对于样例（x，y），$y\in R$，定义线性回归模型$y=w^Tx+b$，使模型的预测值逼近真实的标记y。变化在于，能否令模型的预测值逼近y的衍生变化，就是说，$w^T x+b=g(y)$，如将示例对应的输出标记定义为指数尺度上的变化，即$g(y)=\ln y$，也就是$\ln y=w^T x+b$，这就是对数线性回归，也就是让$e^{w^T x+b}$逼近y。这种关系的演变，虽然还是线性回归，但实际上已是求取输入空间到输出空间的非线性函数映射。一般化定义这种衍生，设g是单调可微函数，令$y=g^{-1}(w^T x+b)$或者表达为$g(y)=w^T x+b$，这样的模型称之为广义线性模型，其中函数g称为联系函数。广义线性模型的参数估计通过加权最小二乘法或极大似然法进行。极大似然估计是建立在如下思想上：已知某个参数能使这个样本出现的概率最大，我们不会再去选择其他小概率的样本，所以就把这个参数作为估计的真实值。

三、对数几率回归

对数几率回归，又称“逻辑回归”“对数回归”，它是一种广义线性回归，因此与多重线性回归分析有很多相同之处。上一节中的广义模型对分类任务的线性模型回归学习，只需找到一个单调可微函数将分类任务的真实标记y与线性回归模型的预测值联系起来。考虑二分类任务，其输出标记$y\in\{0, 1\}$，而线性回归模型产生的预测值$z=w^T x+b$是实值（连续的），需将z值转化为0/1值，建立z和y的联系。一般采用单位阶跃函数：

$$y=\begin{cases}0, & z<0\\0.5, & z=0\\1, & z>0\end{cases}$$

即若预测值z大于零就是正例，小于零就是反例，预测值为临界值0则可任意判别。当然单位阶跃函数是不连续的，不符合单调可微的函数性质，需要找到在一定程度上可以近似单位阶跃函数的替代函数，符合单调可微的函数性质。对数几率函数正是这样的一个替代函数：

$$y=\frac{1}{1+e^{-z}}$$

对数几率函数不是对数ln函数，是一种sigmoid函数，将z值转化为一个接近0或1的y值，并且其输出值$z=0$附近变化很陡。将对数几率函数作为g^{-1}带入，得到：

$$y=\frac{1}{1+e^{-(w^T x+b)}}$$

也可变化为：$\ln\frac{y}{1-y}=w^T x+b$

若将y作为样本x的正例可能性，则$1-y$就是反例的可能性，两者的比值$\frac{y}{1-y}$

称为几率，反映了x作为正例的相对可能性，对几率取对数则得到对数几率：$\ln\frac{y}{1-y}$。如此，对数几率回归就是用线性回归模型的预测值去逼近真实标记的对数几率。

回归任务是针对连续型的，为支持分类任务（离散型），采用定义广义线性模型来实现，其中对数几率回归模型就支持分类学习方法。用线性回归模型来构建分类学习器，可以直接对分类可能性进行建模，无需事先假设数据分布，避免了假设分布不准确所带来的问题；不仅能预测出类别，也可以得到近似概率预测，在利用概率辅助决策上很有用。另外，几率函数是任意阶可导的凸函数，在数值优化算法上可直接求取最优解。总结来说，该函数有3个优点：可对分类直接建模无需事先假设数据分布、可做近似概率预测、可直接求取最优解。

四、线性判别分析

线性判别分析是一种经典的线性学习方法，其思想是：给定训练样例集，设法将样例投影到一条直线上，使得同类样例的投影点尽可能接近、异类样例的投影点尽可能远离；在对新样本分类时，将其投影到同样的直线上，并根据投影点位置来确定新样本的类别。

线性判别分析与方差分析和回归分析紧密相关，这两种分析方法也试图通过一些特征或测量值的线性组合来表示一个因变量。然而，方差分析使用类别自变量和连续因变量，而判别分析连续自变量和类别因变量（即类标签）。逻辑回归和概率回归比方差分析更类似于线性判别分析，因为它们也是用连续自变量来解释类别因变量的。线性判别分析的基本假设是自变量是正态分布的，当这一假设无法满足时，在实际应用中更倾向于用上述的其他方法。

线性判别分析也与主成分分析和因子分析紧密相关，它们都在寻找最佳解释数据的变量线性组合。线性判别分析明确的尝试为数据类之间的不同建立模型，主成分分析不考虑类的任何不同，因子分析是根据不同点而不是相同点来建立特征组合。判别分析不同于因子分析之处还在于，它不是一个相互依存技术：即必须区分出自变量和因变量（也称为准则变量）的不同。在对自变量每一次观察测量值都是连续量的时候，线性判别分析能有效地起作用。当处理类别自变量时，与线性判别分析相对应的技术称为判别反应分析。

线性判别分析具有以下优点：可以直接求得基于广义特征值问题的解析解，从而避免了在一般非线性算法中，如多层感知器，构建中所常遇到的局部最小问题。无须对模式的输出类别进行人为编码的特点，使线性判别分析对不平衡模式类的处理表现出尤其明显的优势。与神经网络方法相比，线性判别分析不需要调整参数，因而也不存在学习参数和优化权重以及神经元激活函数的选择等问题；

对模式的归一化或随机化不敏感，而这在基于梯度下降的各种算法中则显得比较突出。在某些实际情形中，线性判别分析具有与基于结构风险最小化原理的支持向量机相当的甚至更优的推广性能，但其计算效率则远优于支持向量机。

五、多分类学习

面对多分类学习任务时，更多时候基于二分类学习方法延伸来解决不失一般性，考虑N个类别，C_1，C_2，…，C_N，多分类学习的基本思路是拆解法，将多分类任务拆成若干个二分类任务求解。总的来说，是问题拆解和结果集成，先对问题进行拆解，对拆分出的每个二分类任务训练一个分类器；测试时，对这些二分类任务的分类器预测结果进行集成以获得最终的多分类结果。最经典的拆分策略有3种："一对一（OvO）""一对其余（OvR）""多对多（MvM）"。

OvO：将N个类别两两匹配，从而产生N（N−1）/2个二分类器。将新样本提交给所有的分类器，得到了N（N−1）/2个结果，最终结果通过投票产生。N较大时，代价较高。

OvR：每次将一个类作为样例的正例，其他所有均作为反例，得到N个分类器。提交新的样本同时也得到N个结果，最终结果通过投票产生。

MvM：每次将若干个类作为正例、若干个类作为反例。显然OvO、OvR都是其特例。MvM的正、反类设计必须有特殊的设计，常用到纠错输出码。纠错输出码简称ECOC，它将编码的思想引入类别的划分，并在解码过程中具有容错性。ECOC工作过程主要分为两步：①对N个类做M次划分，每次划分将一部分作为正类，一部分划分反类，从而形成一个二分类训练集。一共产生M个训练集，训练出M个分类器。②M个分类器分别对测试样本进行预测，这些预测标记组成一个编码。将这个预测编码与每个类各自的编码进行比较，返回其中距离最小的类别作为最终结果。

需要注意的是，多分类学习中多分类任务和多标记任务是有区别的，多分类任务是一个样本只属于一个分类但有多个选择；多标记任务是一个样本可以属于多个分类可以一个选择可以多个选择。

六、类别不平衡问题

类别不平衡问题是指分类任务中不同类别的训练样例数差别很大，导致训练出的模型失真。一般情况，分类学习任务中不同类别的样例数是相对平衡，数目相当的，如果有所倾斜，而且比例很大，那就失去意义了。如果假定样例中正例很少、反例很多，在通过拆分法解决多分类问题时，即使原始问题中不同类别的训练样例数目相当，在使用OvR、MvM策略后产生的二分类任务仍可能出现类别不平衡现象。

对线性分类器$y = w^T x + b$来说，对新样本x进行分类时，将y值和一个阈值进行比较，分类器的决策规则是：若$y/(1-y)>1$，则预测为正例。当训练集中正、反样例数目不等时，令m^+代表正例数目、m^-代表反例数目，则观测几率是m^+/m^-，通常假设训练集是真实样本总体的无偏采样，因此观测几率就代表了真实几率，于是只要分类器的预测几率高于观测几率就可判定为正例，即$y/(1-y)>m^+/m^-$，则预测为正例。如果从根源上可以做到无偏采样，那就没有类别不平衡问题，但是一般情况下都无法实现，只能找类别不平衡的解决方法。

再缩放是类别不平衡问题解决方法的一个策略。如先前所述线性分类器，调整预测值：$\frac{y'}{1-y'} = \frac{y}{1-y} \times \frac{m^-}{m^+}$。上文提到无法做到无偏采样，观测几率也会失真，未必能有效地基于训练集观测几率来推断出真实几率。有3类做法来改正：①欠采样，去除一些反例，使得正反例数相当；②过采样，增加一些正例，使得正反例数相当；③基于原始训练集学习，但用训练好的模型进行预测时，对输出结果进行阈值移动。

欠采样少了训练样例，过采样多了训练样例，从开销来说后者较大。另外，过采样如果是对原始训练集重复采集正例，则会出现严重的过拟合，可通过对训练集里的正例进行插值来产生额外的正例，代表性算法是SMOTE。欠采样法同样面临问题，如果随机丢失反例，可能失去信息，可利用集成学习机制，将反例划分为若干个集合供不同模型使用，对单个学习来说是欠采样，但整体来说并没有缺失也就不会丢失信息。

七、应用实例

1. 通过构造线性映射模型实现对酿酒葡萄的分级

酿酒葡萄的好坏与所酿葡萄酒的质量有直接关系，即好的葡萄酒需要好的酿酒葡萄，但是好的酿酒葡萄在特定条件下不一定能酿造出好的葡萄酒，所以在对酿酒葡萄进行分级的时候，既要考虑葡萄品质也要考虑客观因素。总的来说，评价酿酒葡萄主要由酿酒葡萄的理化指标决定，同时兼顾客观因素——葡萄酒质量。酿酒葡萄总得分的线性加权函数如下：

$$h_i = w_1 t_{1i} + w_2 t_{2i}$$

式中，w_1表示酿酒葡萄的理化指标所占的权重；w_2表示葡萄酒的质量所占的权重$t_{1i} = \frac{z_i - m_l}{M_l - m_l}$，$t_{2i} = \frac{y_i - m_p}{M_p - m_p}$；$z_i$表示葡萄酒第$i$个样品理化指标的综合得分；$M_l$表示葡萄酒理化指标的综合得分的最大值；$m_l$表示葡萄酒理化指标的综合得分的最小值；$y_i$表示评酒员评酒得分；$M_p$表示评酒员评酒得分的最大值；$m_p$表示评酒员评酒得分的最小值。

假设需要将酿酒葡萄分到4个等级，首先将各样品酿酒葡萄总得分映射到[0，4]上，其映射为：

$$H_i = \frac{-4}{M_h - m_h}(h_i - M_h)$$

式中，M_h表示酿酒葡萄总得分的最大值；m_h表示酿酒葡萄总得分的最小值。

则第i个酿酒葡萄样品的等级为

$$D_i = \begin{cases} 1, & H_i \in [0,1]; \\ 2, & H_i \in (1,2]; \\ 3, & H_i \in (2,3]; \\ 4, & H_i \in (3,4] \end{cases}$$

2. 通过线性回归模型测定西瓜贮藏时间

对不同品种西瓜在常温贮藏期间的品质变化进行研究，可以发现随着贮藏时间的延长，西瓜瓜皮不断变薄，质量损失增加，可溶性固形物减少，葡萄糖、果糖等主要营养物质也不断被消耗。研究表明，随着贮藏时间的推移，西瓜品质变化主要表现为含糖量和瓜瓤含水率的变化。因此，贮藏时间过长的西瓜内部营养流失速度加剧，且容易腐烂、变质，这样的西瓜不仅无法食用，而且会影响其他西瓜正常的生理代谢，给贮藏与销售带来一定的经济损失，因此，需要寻找有效的方法来检测西瓜贮藏时间。通过敲击试验，采集西瓜振动的声学信号，经过频率响应函数（FRF）分析计算得到西瓜的响应函数，研究利用其响应函数某些特征值建立与贮藏时间相关模型，为西瓜采摘后的运输时间以及最佳货架期提供参考。

用力锤激励装置对西瓜敲击产生的振动会反馈到信息采集装置（加速度传感器）上，信号解调仪会将采集到的信息进行滤波、放大，再经过NI数据采集卡将信息以谱振频率和响应能量密度数据的形式传送到计算机进行分析处理。研究发现谱振频率和响应能量密度特征与贮藏时间具有相关关系，因此可以利用这些特征值建立西瓜贮藏时间的检测模型。建立模型首先确定最佳激励-接收点，即激励点为瓜梗，接收点为瓜蒂。其原因是该位置组合所测声波信号为西瓜中心位置瓜瓤，在西瓜贮藏过程中，其内部发生生理变化，而中心瓜瓤生理变化比较均匀，不易受到外界环境的影响，因此该组合能获得较好的结果。如图4-1所示，频响响应谱中大部分能量都集中在前三阶峰值中，因此处理数据时，仅把前三阶峰值作为特征量，分别记录每个特征量所包含的响应频率以及能量密度。对获得的6个特征值，需要再从中选取多个对西瓜贮藏时间影响最为显著的特征值，建立关于贮藏时间的多元线性回归方程，为检测上市西瓜的货架期提供依据。

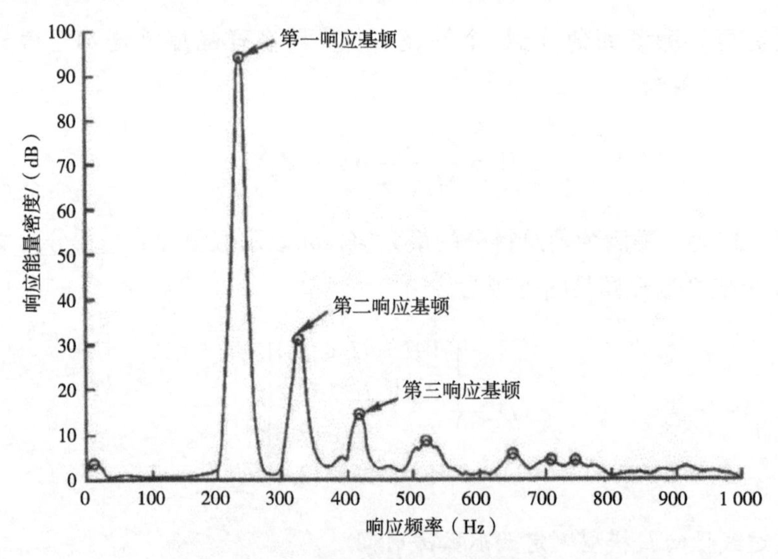

图4-1 频响信号特征值提取

确定最优特征值及模型时先运用SPSS软件对6个特征值进行逐步多元线性回归分析，分析结果得出，当特征值取第一响应基频、第二响应基频以及第一响应基频对应的响应能量密度时，所得到的多元线性回归模型确定系数最高，且标准误差最低，证明该模型能够较好地反映西瓜振动特性与其贮藏时间的关系。用这3个特征值建立的西瓜贮藏时间的多元线性回归模型即为我们需要的模型。

3. 线性判别分析在草莓成熟度自动分类识别的应用

草莓成熟期较短、上市时间集中，这限制了草莓的远销和生产的大规模发展。目前对草莓成熟度的判断主要依靠果农的感官，这种方法不仅需要耗费大量人力，而且效率低下，错误率较高。因此，能快速、无损、准确识别草莓的成熟度的方法有很大的实用价值。

近些年高光谱技术的快速发展促进了其在农业上的应用，农产品在多个不同的光谱波段上有不同的表征，研究农产品某一特征在特定波段的表征成为一个重要的研究方向。除了直接利用试验确定的波段进行检测，还可以通过组合多个光谱进行检测，线性判别分析可应用于确定多光谱参数的过程中。

通过先验知识确定如下两组备选波段：640nm、670nm、675nm、680nm、720nm、730nm、800nm（用于桃子成熟度检测）以及450nm、550nm、650nm。由以上两组波段分别组成4组参数。

组一：

$$\mathrm{Ind}d_1 = R_{730} + R_{640} - 2\times R_{680}$$

$$\mathrm{Ind}d_2 = R_{680} / (R_{730} + R_{640})$$

$$\mathrm{Ind}d_3 = R_{675} / R_{800}$$

$$IAD = \log 10(R_{720} / R_{670})$$

组二：

$$I_1 = R_{650} / R_{550}$$
$$I_2 = R_{650} / R_{450}$$
$$I_3 = R_{650} / (R_{450} + R_{550})$$
$$I_4 = 2 \times R_{650} - (R_{550} + R_{450})$$

研究的主要目的在于基于已有的参数，结合草莓本身的光谱图像和成熟过程中的生理生化特性，提出用于草莓成熟度检测的新的多光谱参数，并与已有参数的分类效果进行比较，找到效果更好的多光谱参数。

Jasper G Tallada等在文章中提到，光谱数据在675nm附近有很大的差别是叶绿素含量所引起的，而在980nm附近则主要是水分含量。分析草莓成熟过程中的生理特征可以发现，草莓果实在不同成熟度下的花青素含量不同，而花青素的波段在535nm附近。根据上述信息，提取535nm、675nm、980nm 3个波长为特征波长。参考Lieo等提出用于桃子成熟度检测的参数时的公式，建立参数：

$$i_1 = 2 \times R_{675} - (R_{980} + R_{535})$$
$$i_2 = R_{675} / (R_{980} + R_{535})$$

叶旭君等研究了一种替代传统的归一化植被指数（NDVI）用于农作物特征检测的两波段植被指数（TBVI），用于柑橘产量预测的可能，通过试验发现对于相同的两个波段，使用TBVI的预测准确性比使用NDVI的高。本研究结合前文提取的3个特征波长和TBVI，建立参数：

$$i_3 = (R_{6675} - R_{535}) / (R_{675} + R_{535})$$
$$i_4 = [R_{675} - (R_{535} + R_{980})] / [R_{675} + (R_{535} + R_{980})]$$

虽然以上参数效果不一，但是只通过样本分类结果的绘制图无法准确体现参数的分类效率差别，所以需要用Fisher线性判别法建立模型并通过模型使识别准确率得到更具体直观的结果。

研究中一共使用了12个多光谱参数（8个已有的参数和4个新建立的参数），为了比较这12个参数对3种成熟度（成熟、接近成熟和未成熟）草莓的识别效果，用建模集120个样本（40个成熟，40个接近成熟，40个未成熟）对每个参数的计算值分别建立Fisher分类识别模型，并用预测集60个样本（20个成熟，20个接近成熟，20个未成熟）判断模型识别的准确率，比较每个参数的分类识别效果。模型的建立与检测通过Unscrambler 10.1软件实现。表4-4为8个已有参数的结果，表中类别A表示成熟类别，类别B表示接近成熟类别，类别C表示未成熟类别；类别下的数字如37/40，37代表分类识别正确的样本数，40表示该类样本的总数。

表4-4　8个参数的Fisher线性分类结果

参数	校正集				预测集			
	A	B	C	准确率（%）	A	B	C	准确率（%）
Ind_1	37/40	24/40	26/40	72.5	18/20	15/20	13/20	76.68
Ind_2	37/40	26/40	31/40	78.33	18/20	14/20	17/20	81.67
Ind_3	37/40	27/40	32/40	80.00	18/20	13/20	16/20	78.33
IAD	37/40	27/40	29/40	77.50	18/20	12/20	16/20	76.67
I_1	40/40	23/40	40/40	85.83	20/20	12/20	20/20	86.67
I_2	38/40	23/40	40/40	84.17	20/20	13/20	20/20	88.33
I_3	39/40	22/40	40/40	84.17	20/20	14/20	20/20	90.00
I_4	37/40	33/40	38/40	90.00	19/20	17/20	19/20	91.67

从表4-4可以看出，8个参数对于A类的草莓样本识别效果均很好，建模集以及预测集的识别准确率都达到了90.00%以上；但是对于桃子成熟度识别有较好效果的4个参数Ind_1，Ind_2，Ind_3，IAD用于草莓成熟度的检测效果并不理想，对B类、C类的识别准确率都较低导致了模型的总体识别正确率偏低，建模集效果最好的参数Ind_3总正确率仅有80.00%，而预测集效果最好的参数Ind_2总正确率也只有81.67%。这是因为草莓与桃子在成熟过程中的生理生化特性变化不同，它们在380～1 030nm范围内的光谱图像虽然有一定的相似性，但并不完全相同，将用于桃子成熟度识别的参数直接套用至草莓成熟度，效果不是最佳的；可以考虑结合草莓的光谱图像，提取适用于草莓成熟度识别的波长，建立公式得到新的参数。而基于RGB 3个波段光谱数据建立的参数I_1，I_2，I_3和I_4对于C类的识别准确率也很高，所以总体的识别准确率明显优于参数Ind_1，Ind_2，Ind_3和IAD，但I_1，I_2和I_3对于B类的识别效果仍不理想，识别准确率比Ind_1，Ind_2，Ind_3和IAD更低。I_4对于A，B和C 3类的识别效果都较好，所以总体的识别准确率是8个参数中最好的，建模集和预测集分别达到了90.00%与91.67%。新建立的4个参数可以以参数I_4的模型识别准确率为标准，在对B类以及总体的识别准确率上期望能达到或更优于参数I_4的结果。新建立的4个多光谱参数的Fisher线性分类结果以及I_4的结果如表4-5所示。由表4-5可知，新建立的4个多光谱参数中除了参数i_3外，i_1，i_2和i_4对A、B、C以及总体的分类识别准确率均接近或高于I_4，其中效果最好的为参数i_4，其建模集和预测集的识别准确率分别为95.83%与96.67%；参数i_1和i_2相比于i_4总正确率稍低，但也是较为理想的结果；而参数i_3虽然对A类和C类的识别效果很好，但是对于B类的识别效果较差，建模集和预测集的准确率分别只有72.50%和60.00%。

表4-5　4个新建立参数以及参数I_4的Fisher线性分类结果

参数	校正集				预测集			
	A	B	C	准确率（%）	A	B	C	准确率（%）
i_1	36/40	40/40	39/40	95.83	17/20	20/20	20/20	95.00
i_2	37/40	39/40	39/40	95.83	17/20	20/20	20/20	95.00
i_3	40/40	29/40	39/40	90.00	20/20	12/20	20/20	86.70
i_4	37/40	39/40	39/40	95.83	18/20	20/20	20/20	96.67
I_4	37/40	33/40	38/40	90.00	19/20	17/20	19/20	91.67

综上所述，根据先验知识而建立的3个多光谱参数$i_1 = 2\times R_{675} - (R_{980} + R_{535})$，$i_2 = R_{675} / (R_{980} + R_{535})$，$i_4 = [R_{675} - (R_{535} + R_{980})] / [R_{675} + (R_{535} + R_{980})]$可以用于草莓成熟度的分类识别。

第三节　决策树

一、基本流程

决策树基于树结构进行决策，符合人的思维机制，是一类常见的机器学习方法。一般地，一棵决策树包含一个根结点、若干个内部结点和若干个叶结点。叶结点就对应于决策结果；内部结点则对应属性值分类，每个内部结点包含的样本集合根据属性测试的结果（值）划分到子结点中；根结点包含样本全集，从根结点到每个叶结点的路径对应一个判定测试序列。决策树学习的目的是为了产生一棵泛化能力强，可判定未见示例分类结果的决策树，其基本流程遵循简单而直观的分而治之策略。以判断一个西瓜是否为好瓜为例（图4-2）。

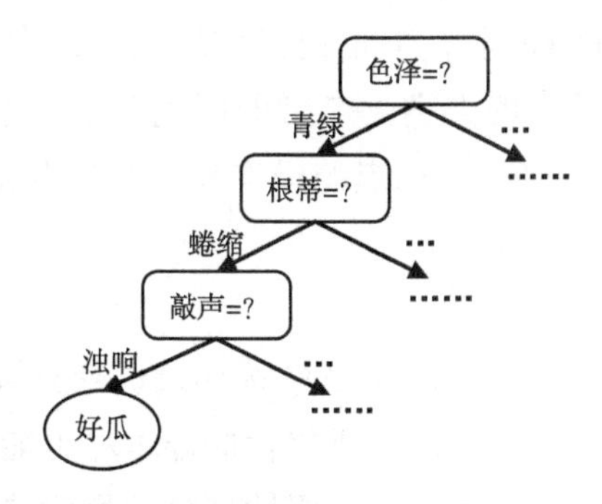

图4-2　选择好西瓜的决策树

决策树学习的基本算法描述如下：

输入：训练集$D=\{(x_1, y_1), (x_2, y_2), \cdots, (x_m, y_m)\}$

属性集$A=\{a_1, a_2, \cdots, a_d\}$

过程：函数$TreeGenerate(D, A)$

生成结点$node$；

if D中的样本全属于同一类别C then

将$node$标记为C类叶节点；return

end if

if $A=\varnothing$ or D中样本在A上取值相同 then

将$node$标记为叶结点，其类别标记为D中样本数最多的类；return

end if

从A中选择最优划分属性a_*；

for a_*中的每一个值a_*^vdo

为$node$生成一个分支；令D_v表示D中在a_*上取值为a_*^v的样本子集

if D_v为空then

将分支结点标记为叶结点，其类别标记为D中样本数最多的类；

return

Else

以$TreeGenerate(D_v, A\setminus\{a_*\})$为分支结点

end if

end for

输出：以$node$为根结点的一棵决策树。

决策树生成是一个递归过程，有3种情形会导致递归终止：①当前结点包含的样本全属于同一类别，无须划分。②当前属性集为空，或是所有样本在所有属性上取值相同，无法划分。③当前结点包含的样本集为空，不能划分。

第2种情形下，把当前结点标记为叶结点，并将其类别设定为该结点所含样本最多的类别；在第3种情形下，也是把当前结点标记为叶结点，不过将其类别设定为父结点所含样本最多的类别。二者的区别在于，第2种情形利用当前结点的后验分布；而第3种情形则把父结点的样本分布作为当前结点的先验分布。

二、划分选择

前文的决策树生成算法中第4步从A中选择最优划分属性a_*是重点，随着划分过程的深入，希望决策树的分支结点所包含的样本尽可能属于同一类别，即结点的纯度越来越高。用结点的纯度来衡量属性划分的最优选择，用信息熵这一指标来度量样本集合纯度。

假定当前样本集合D中第k类样本所占有的比例为$p_k(k=1, 2, \cdots, |\gamma|)$，则$D$的信息熵定义为：

$$Ent(D)=-\sum_{k=1}^{|\gamma|}p_k\log_2^{p_k}$$

$Ent(D)$的值越小，则D的纯度越高；$|\gamma|$表示样本的类别数。

假定离散属性a有v个可能的取值$(a^1, a^2, \cdots, a^v)$，若使用a来对样本集D进行划分，则会产生v个分支结点，其中第v个分支结点包含了D中所有在属性a上取值为a^v的样本，即D^v。根据信息熵定义，可计算D^v的信息熵，结合考虑不同分支结点所含样本数不同，为每个分支结点赋予权重$|D^v|/|D|$，即样本数越多的分支结点的影响越大，可计算出属性a对样本集D进行划分所获得的信息增益：

$$Gain(D, a)=Ent(D)-\sum_{v=1}^{v}\frac{|D^v|}{D}Ent(D^v)$$

一般来说，信息增益越大，使用属性a进行划分所获得的纯度提升越大，如此，用信息增益大小作为决策树划分属性的选择。在决策树生成算法上，选择属性$a_*=\arg\max_{a\in A}Gain(D,a)$作为划分依据。

三、剪枝处理

为解决决策树学习算法带来的过拟合，需剪枝。在决策树学习中，为了尽可能正确分类训练样本，结点划分过程将不断重复，有时会造成决策树分支过多，这时就可能因为训练样本学得太好了，以至于把训练集自身的一些特点当作所有数据集都具有的一般性质而导致过拟合，如此，可通过主动去掉一些分支来降低过拟合的风险。

决策树剪枝的基本策略有预剪枝和后剪枝。预剪枝是指在决策树生成过程中，对每个结点在划分前进行估计，若当前结点的划分不能带来决策树泛化性能提升，则停止划分并将当前结点标记为叶结点；后剪枝则是先从训练集生成一棵完整的决策树，然后自底向上地对非叶结点进行考察，若将该结点对应的子树替换为叶结点能带来决策树泛化性能提升，则将该子树替换为叶结点。预剪枝就是在生成过程中就判断泛化性能来剪枝，后剪枝则是在生成树后来判断泛化性能来剪枝。要看泛化性能是否提升，重心就落在了泛化性能的评估上。泛化性能评估上，采用留出法，即预留一部分数据作为验证集以进行性能评估。

1. 预剪枝

预剪枝的基本过程是：①划分训练集和验证集。②基于信息增益准则，应用训练集选择最优划分属性来生成分支。③对分支的划分前后用验证集分别计算精度。④如果有提升，则划分，无提升则禁止划分。

通过预剪枝剪去决策树不少分支，避免过拟合，减少决策树训练时间开销和测试时间开销。但是，被剪去的分支，虽然当前分支不能提升泛化性能，但有可能其后续划分可以显著提高。预剪枝这种基于贪心策略的算法，给预剪枝决策树带来了欠拟合的风险。

2. 后剪枝

后剪枝先从训练集上生成一棵完整的决策树，然后用验证集对内部结点计算精度来剪枝。后剪枝决策树通常比预剪枝决策树保留更多分支。一般情形下，后剪枝决策树的欠拟合风险很小，泛化性能往往优于预剪枝决策树。但后剪枝过程是在生成完全决策树之后进行的，并且要自底向上对树中的所有非叶结点进行逐一考察，因此其训练时间开销比未剪枝决策树和预剪枝决策树要大得多。

四、连续与缺失值

对于基于离散属性生成的决策树，信息增益准则作为划分属性的最优选择，对于可取值数目可分支；但如果属性值是连续性的，属性可取值数目不再有限，此时可以用连续属性离散化技术，最简单策略就是采用二分法对连续属性进行处理。

此外，现实任务中常会遇到不完整样本，即样本的某些属性值缺失，尤其在属性数目较多的情况下，往往会有大量样本出现缺失值。数据处理中样本存在缺失值时，通常概率化缺失值或者采用插值法等方法来应对，但在应对决策树缺失值时，还可以从熵增的角度考虑，即在计算分类损失减少值时，忽略特征缺失的样本，最终计算的值再乘实际参与计算的样本数与总的样本数的比值，乘值作为该属性的熵。

例如使用的是ID3算法，那么选择分类属性时，就要计算所有属性的熵增（即信息增益）。假设10个样本，属性是a，b，c。在计算a属性熵时发现，第10个样本的a属性缺失，那么就把第10个样本去掉，前9个样本组成新的样本集，在新样本集上按正常方法计算a属性的熵增。然后结果乘0.9，就是a属性最终的熵。

五、多变量决策树

若把每个属性视为坐标空间中的一个坐标轴，则d个属性描述的样本对应了d维空间中的一个数据点，对样本分类则意味着在这个坐标空间中寻找不同类样本之间的分类边界。决策树所形成的分类边界有一个明显的特点：轴平行，即它的分类边界由若干个与坐标轴平行的分段组成。

分类边界的每一段都是与坐标轴平行的，这样的分类边界使得学习结果有较好的可解释性，因为每一段划分都直接对应了某个属性取值。但在学习任务的真实分类边界比较复杂时，必须使用很多段划分才能获得较好的近似，此时决策树会相当复杂，由于要进行大量的属性测试，预测时间开销会很大。若使用斜的划分边界，则决策树模型将大为简化。

多变量决策树可以实现对复杂划分决策树的斜划分。多变量决策树的斜划分，非叶结点不再是仅对某个属性，而是对属性的线性组合进行测试，即每个非叶结点是一个形如$\sum_{i=1}^{d} w_i a_i = t$的线性分类器，其中$w_i$是属性$a_i$的权重，$w_i$和$t$可在该结点所含的样本集合属性集上学得。

与传统的单变量决策树不同，在多变量决策树的学习过程中，不是为每个非叶结点寻找一个最优划分属性，而是试图建立一个合适的线性分类器。

六、随机森林

随机森林是决策树应用最广的扩展，它是包含多个决策树的分类器，并且其输出的类别是由个别树输出的类别的众数而定。随机森林用随机的方式建立一个森林，森林由很多决策树组成，随机森林的每一棵决策树之间没有关联。在得到森林之后，当有一个新的输入样本进入时，就让森林中的每一棵决策树分别进行判断，判断这个样本应该属于哪一类（对于分类算法），哪一类被选择最多，就预测这个样本为该类。

随机森林是一种有监督学习算法。就像它的名字一样，它创建了一个森林，并使它拥有某种方式随机性。所构建的“森林”（图4-3）是决策树的集成，大部分时候都是用‘Bagging’方法训练的。Bagging方法，即Bootstrap aggregating，采用的是随机有放回地选择训练数据，然后构造分类器，最后组合学习到的模型来增加整体的效果。随机森林的构建过程，主要包含以下3个步骤。

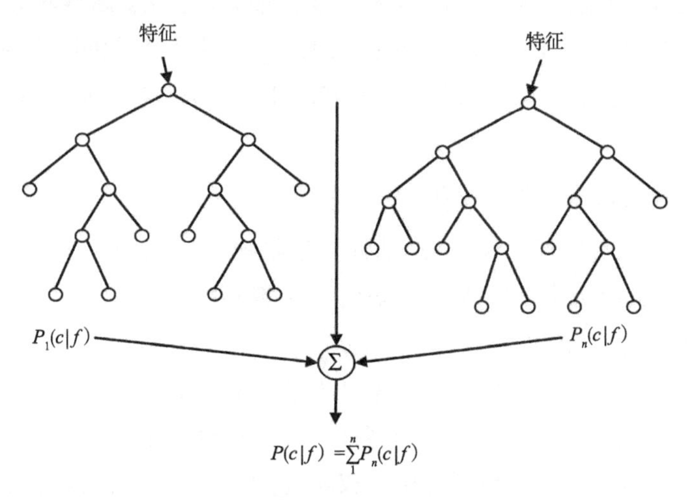

图4-3　随机森林

1. 为每棵决策树进行训练集抽样

想要得到泛化能力强的集成学习器，基学习器应尽可能相互独立。在实际中“独立”很难做到，只能让基学习器差异最大化。通常对训练样本进行采样时，产生出不同的子集，根据不同子集训练出的基学习器有比较大的差异。如果采样的子集完全不同，则每个基学习器只用了一小部分数据，则不能进行有效学习。为此，考虑相互有交叠的采样子集。随机森林是借助Bootstrap重抽样的方法进行样本子集抽取。在Bootstrap抽样方法中，假设数据集D包含m个样本，每次随机选择一个样本拷贝到新数据集D_1中，然后将该样本放回数据集D中，这个过程重复m次之后，就可以得到包含m个数据集D_1。可以看出，D中有些样本可能多次出现在D_1中，有些样本可能从未被抽到。根据概率统计，在m次采样中，样本始终没有被采集到的概率是$(1-\frac{1}{m})^m$。

2. 构建每棵决策树

对每个子集进行训练，使之生成多棵决策树，然后通过组合，从而形成“森林”。在训练的过程中主要涉及两个重要步骤：一是节点分裂，二是选取随机特征变量。节点分裂是决策树构建的核心环节，每个分支的生成都是按照一定的分裂规则来选择属性。随机森林的基学习器是没有剪枝的CART，并根据基尼指数进行分裂属性选择。随机特征变量是指，在随机森林训练的过程中，节点分裂属性进行比较的个数。具体来说，传统的决策树在选择划分属性时，是当前节点所有属性进行比较，从中选择一个最优的属性；而在随机森林算法中，为了减小决策树与决策树之间的相关性，并同时提高每棵决策树的预测精度，进而引入随机特征变量。对于决策树的每个节点，从该节点的属性集合中随机选择一个包含k个属性的子集，从选择的属性子集中选择一个最优属性划分。其中，参数k控制了随机性的引入程度，如果k与节点属性集合中的个数相同，则说明与传统的决策树构建相同；如果k=1，说明是随机选择一个属性进行划分，没有进行最优属性的比较；一般情况下，k取$\log_2^m$，其中m是属性集合的个数。

3. 随机森林的形成及算法的执行

首先，从训练集中通过Bootrap抽样方法抽取多个训练子集；其次，在每个训练子集上构建一棵决策树；最后，对每棵决策树的输出取平均（回归）或投票（分类）作为最终输出结果。

随机森林算法中树的增长会给模型带来额外的随机性。与决策树不同的是，每个节点被分割成最小化误差的最佳特征，在随机森林中选择随机选择的特征来构建最佳分割。因此，在随机森林中，仅考虑用于分割节点的随机子集，甚至可以通过在每个特征上使用随机阈值来使树更加随机，而不是如正常的决策树一样搜索最佳阈值。这个过程产生了广泛的多样性，通常可以得到更好的模型。

随机森林模型的性能指标主要受3方面因素影响，一是训练样本数据本身的情况，包括样本个数、样本变量个数、变量的类型等；二是单棵决策树的预测能力；三是决策树之间的相关度。通常用决定系数（R^2），校正均方根误差（RMSEC）和预测均方根误差（RMSEP）以及泛化能力来评价模型的效果。泛化能力指的是经训练建立的模型，对新样本的预测能力，即机器学习算法对新数据的适应能力。由于随机森林在进行训练子集抽取时，使用的是Bootstrap抽样方法，这样数据集中就会有一部分不能被抽取到，没抽取到的数据占样本集的$(1-\frac{1}{m})^m$，取极限收敛于$\frac{1}{e}\approx 0.368$，即有36.8%的样本没有被抽到。没被抽到的样本组成一个集合，称为袋外数据，记作OOB（out-of-bag）。因此，可以用OOB估计随机森林的泛化能力。OOB估计方法是以每棵树为单位，利用未被该棵树抽中的样本集，计算出该树的OOB误差率；然后对所有树的OOB误差率进行平均，平均值即该森林的OOB误差率，从而可以得到误差估计。

随机森林的一个优点是它可以用于回归和分类任务，并且很容易查看模型的输入特征的相对重要性。随机森林同时也被认为是一种非常方便且易于使用的算法，因为它使用默认的超参数，通常会产生一个很好的预测结果。超参数的数量也不多，而且它们所代表的含义直观易懂。机器学习中的一个重大问题是过拟合，但大多数情况下这对于随机森林分类器而言不会那么容易出现。因为只要森林中有足够多的树，分类器就不会过度拟合模型。

随机森林的主要限制在于使用大量的树会使算法变得很慢，并且无法做到实时预测。一般而言，这些算法训练速度很快，预测十分缓慢。越准确的预测需要越多的树，这将导致模型越慢。在大多数现实世界的应用中，随机森林算法已经足够快，但肯定会遇到实时性要求很高的情况，那就只能首选其他方法。

七、应用实例

1. 随机森林对不同种类水果糖分建模

高光谱技术可用于水果糖分预测，由于水果糖分的近红外光谱复杂多变，对多种水果混合进行建模时，模型的通用性往往较差。本例以水果糖分为对象，采用随机森林方法对水果通用模型进行研究，对水果进行糖分预测。由于苹果和梨无论是从果形大小、果皮厚度、果核位置，还是果肉质地等都具有很大的相似性，并且糖分也是影响二者口感的主要因素之一，因此以苹果、梨二者糖分为对象，对建立多种类水果通用模型进行研究具有理论上的可行性。试验所用样本是3个品种的苹果，1个品种的梨，品种分别是山西红富士苹果20个，冰糖心苹果15个，黄元帅苹果15个，鸭梨10个，总计50个贮藏期水果。使用纱布对样本表面进行清洁并对每个样品沿赤道位置间隔72°进行标号，即每个水果均匀标记5个样本点。在进行标记时，尽可能避免明显擦伤、伤疤等表面缺陷的位置。

首先要采集水果的光谱和糖分数据，并进行预处理。苹果近红外漫反射光谱测量过程中，光线由光源发出，经入射光纤照射到苹果，并在果肉中发生漫反射，然后从果肉漫反射出光，从接收光纤射出并进入光谱仪。在测量过程中，光纤探头紧贴标记好的位置，共采集到250条光谱，原始光谱如图4-4所示。

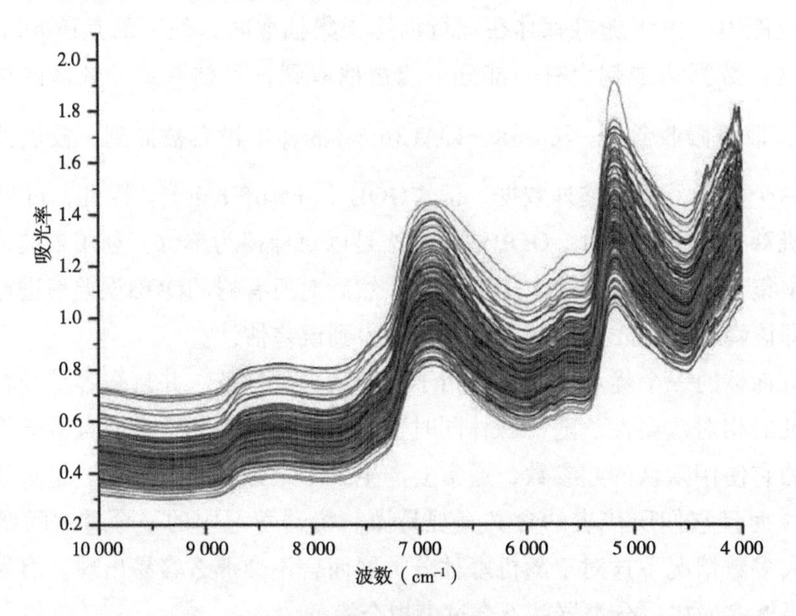

图4-4 原始光谱

水果的实际糖分测量用ATC型手持糖量计，在标记处用刀子取长、宽、深约为1.5cm的果肉，带上一次性手套，用手挤压出果汁，并滴在折光仪棱镜表面中央2～3滴，迅速合上辅助棱镜并静置10s，调节目镜使视场的蓝白分界线清晰，分界线处相应的读数即是苹果的实际糖分值（百分含量）。当连续测试不同样本时，应每次先用清水洗净，再用镜头纸擦干后进行测试，以避免残留物影响测量结果，水果样本糖分含量统计结果见表4-6。

表4-6 水果样本糖分含量统计

种类	个数	样本数	最小值（°Brix）	最大值（°Brix）
红富士苹果	20	100	11.1	17
冰糖心苹果	5	25	13.9	20.1
黄元帅苹果	15	75	9.6	17.8
鸭梨	10	50	10	14.2

为便于通用模型分析，通过与一种水果进行对比，选用红富士苹果样本作为

单一种类水果，使用所有样本（红富士苹果、冰糖心苹果、黄元帅苹果、鸭梨）作为多种类水果进行分析。其中单一种类水果共100个样本，多种类水果250个样本。使用Kennard-Stone法分别对两样本按校正集和测试集4：1进行划分。单一种类水果建模80，测试20；多种类水果建模200，测试50。校本校正集与测试集糖分含量统计结果见表4-7。

表4-7 样本校正集与测试集糖分含量统计

参量	总样本数	建模集	预测集	最大值（°Brix）	最小值（°Brix）	平均值（°Brix）
一种	100	80	20	17	11.1	14.14
多种	250	200	50	20.10	9.6	13.39

为了减小试验过程中仪器以及环境引起的噪声影响，提高模型的精度和稳定性，对校正集和测试集的数据分别使用一阶求导、S-G平滑、归一化、多元散射校正等多种方法进行预处理。

本例选择使用Python中scikit-learn工具箱中的Random Forest Regressor程序包建立随机森林回归模型，并反演水果糖分值。在建模过程中，由于单棵决策树的训练集是通过Bootstrap抽样方法从原始数据中抽取。在单棵决策树的节点分裂过程中，内部分裂节点的随机特征变量也是从原输入因子中抽取。最终的预测结果是通过综合多棵决策树的输出结果并进行平均。所以，决策树的个数n_{tree}和分裂点抽取属性个数m_{try}是对模型影响最大的两个参数。整个回归过程中，需要调节的参数较少，Breiman研究指出，当随机森林的参数取默认值时，往往也能取得比较理想的效果。使用Random Forest Regressor程序包进行建立回归模型，除了输入光谱数据，还需要设置3个主要参数，分别是决策树个数n_{tree}，随机特征变量个数m_{try}，以及叶子节点停止分裂的阈值nodesize。一般情况下n_{tree}的默认值是500，nodesize对于分类和回归默认值分别是1和5。m_{try}对于分类和回归默认值分别是$\sqrt{p}$（分类模型）和$p/3$（回归模型），其中p是数据中变量的个数。在实际建模过程中，一般需要进行参数优选。根据决定系数R^2、袋外均方根误差RMSE-OOB和均方根误差RMSE来判断随机森林模型的优劣。

对决策树数量对随机森林模型的影响进行分析，从1～200中，隔5取1作为决策树数目进行建模，并从中选取最优的模型结果。试验证明，当决策树小于50时，RMSE-OOB、RMSEC、RMSEP 3者都随着决策树个数增加而减小，当决策树个数n_{tree}足够多时，n_{tree}对RF的性能变化不敏感，随机森林在样本选取上的随机性使其本身具有交叉验证的优点，当n_{tree}足够大时，几乎每个样本都可以作为训练样本和测试样本，这样避免了过度拟合，并具有强鲁棒性。为使误差稳定，选取n_{tree}值为200。

当决策树个数n_{tree}为200时，分析随机特征变量数目m_{try}对模型影响。在1～100中，隔5取1作为分裂属性数目进行建模。试验证明，相对于n_{tree}参数，m_{try}对模型的影响较小。每个节点处的随机特征变量数m_{try}大于30时，RMSE-OOB变换浮动小，趋于稳定。综合考虑，取m_{try}=40。参数叶子节点停止分裂的阈值nodesize经测试对模型的结果影响不大，使用默认值nodesize=5。

使用随机森林方法对多品种水果混合建模，通过试验对比，无论建模还是预测，随机森林的效果比偏最小二乘法和多元线型回归要好。这是由于两个随机变量的引入，使随机森林法对噪声变量和离群值具有鲁棒性且不易发生过拟合。

2. 利用随机森林进行苹果内部品质多标签分类

苹果的外观与理化指标不一定成正比，外观较好但苹果的口感、理化品质不一定优，因此需要系统的无损检测方法检测影响苹果口感的理化指标并实行有效分级。多标签分类多用于图像的分类，本例基于无损检测，借鉴图像多标签标注算法，采用随机森林方法对苹果内部口感品质多语义分类。

取500个外表无伤、无病果，然后对其进行编号并逐个测定其在158Hz、251Hz、398Hz、15 800Hz、25 100Hz、39 800Hz、1 580 000Hz、2 510 000Hz、3 980 000Hz共9个频率点下的介电特征值。介电频率点选取的原则是参考之前的大量研究表明在以10为底的对数下时，苹果的理化特征与介电特征间的关系更加明显，而158、251、398在对数关系下是等距的，后面6个频率值分别对应其在对数关系下增加了一个常数值（2和4）。在测量每个果实的介电特征值时，沿着果实最大横截面测量两次，且两次测量点互相垂直，最终将两次测量数据取平均值作为该果实的介电特征数值。试验选取12种介电参数进行研究，每种介电参数在158～3.98MHz频率范围内共9个频率点（i=158～3 980 000Hz）下得到9种介电特征。最终得到9×12共108种介电特征。

对于500个无病害、无损伤的苹果，待其测量完介电特征数值之后，将不再重新放入库中存放，而是立即开始测量其理化特征值，试验中一共测量得到了8种常用品质评估理化特征数值，8种理化特征介绍详见表4-8。

表4-8　8种苹果理化特征说明

理化特征编号	理化特征名称	单位
1	含水率	百分比（%）
2	干重率	百分比（%）
3	硬度	kg/cm^2
4	可溶性固形物	百分比（%）
5	可滴定酸	百分比（%）
6	抗坏血酸	mg/100g

（续表）

理化特征编号	理化特征名称	单位
7	呼吸强度	mg_{CO_2}/（kg·h）
8	乙烯释放率	μl/（kg·h）

考虑到介电特性与苹果内部构成及理化指标间的关系，试验中采取的预分级方式为将苹果依据理化指标按照从小到大排序分为5个等级。依据此分级标准，系统对苹果8个理化指标进行预测分级。

随机森林的构建过程如前所述，在参数的选择与设置上，与上一小节类似。

（1）训练集随机抽样选取。随机森林构建过程中，每棵树使用不同的子集训练，这些子集从所有苹果参数训练数据集中随机抽样得到。本研究中，选取袋装（Bagging）方法来进行抽样，袋装方法可以避免过拟合并且能够提高森林的泛化性能，同时，与使用全部训练样本进行训练相比，具有较快的训练速度。

（2）随机特征变量的随机选取。在建树过程中，每棵树的内部结点随机选择ρ个特征和τ个离散阈值，其中j表示单棵决策树中的第j个结点（内部结点），特征i_l从全部的d维特征空间中一致抽样得到，即（$i_l \neq i_n$，$\forall 1<l<n<\rho$）；同样地，离散阈值τ_l从第j个结点的全部训练样本的特征i_l的最大值和最小值中一致抽样得到。当结点中的特征向量不再随着分裂属性选择的计算而变化时，或当结点中的训练样本总数比阈值m_{mim}小时，停止树的生长。

假设当前结点中训练样本数M为10，样本特征维度d为20，特征类型为数值特征。从当前结点的训练样本中随机选取5维特征。从10维特征中随机考察其中一维特征，假设当前结点中10个样本的该维度特征值已知，对这10个数值进行排序，然后从中随机选取4个阈值。

（3）分裂函数的选择。分裂函数在训练和测试过程中起关键作用。分裂函数的参数定义为：

$$\theta=(\phi,\ \psi,\ \tau)$$

式中，$\phi=\phi(v)$为特征选择函数，从全部的特征向量中选出当前结点计算所使用特征；ψ定义了分裂数据所使用的几何模型；τ包含了二值输出的不等式测试中所使用的阈值。本例选用非对齐的分裂函数：

$$h(v,\ \theta)=[\tau_1>\phi^T(v)\psi\phi(v)>\tau_2]$$

式中，$\psi \in R^{3\times3}$表示同轮坐标系中的圆锥曲面。

（4）节点分裂即训练目标函数的选取。使用信息增益率作为目标函数，定义为：

$$I=\frac{H(S)-\sum_{i\in\{L,R\}}\frac{|S^i|}{|S|}H(S^i)}{SplitInfo(v)}$$

其中，
$$SplitInfo(v)=-\sum_{v\in V}p(v)\log(p(v))$$

式中，S为分裂结点介电特征的属性数据集；$H(S)$为信息熵；$SplitInfo(v)$称为分裂信息；v为当前分裂属性的取值；V为当前分裂属性的所有可能取值的集合；$p(v)$表示集合S中的样本的当前分裂属性取值为v的概率。信息增益率目标函数选择具有最大信息增益率的属性作为分裂属性，即倾向选择分裂不均匀（即分裂后的两个子集中样本个数差异较大）的特征作为分裂特征。

在随机森林训练后，使用投票策略选定测试样本的输出类别，然而在苹果内部品质多标签分类研究中，分级标签为8个，所以将测试样本用理化指标标注标签，通过随机森林中的每棵随机树，从根节点到叶子节点按照分割函数不断进行深度优先搜索完成。使用TF-IDF算法进行输出类别选取，进而进行排序，选取排名较高的标签信息，作为测试集的标签信息。

第四节　神经网络

一、神经元模型

神经网络是由具有适应性的简单单元组成的广泛并行互连的网络，它的组织能够模拟生物神经系统对真实世界物体所作出的交互反应。对这句话的理解，简单提要下，主角是简单单元（输入单元、功能单元），特性是适应性和并行互连，功能是模拟生物神经反应。

神经网络是一个数学模型，其最基本的成分是神经元，即简单单元。在生物神经网络中，每个神经元与其他神经元相连，当它兴奋时，就会向相连的神经元发送化学物质，从而改变这些神经元内的电位；如果某神经元的电位超过了一个阈值，那么它就会被激活，即兴奋起来，向其他神经元发送化学物质。这个过程，神经网络模型加以数学简化并模拟。

在这个模型中，很重要的就是神经元的互连以及输入和输出（阈值触发）。从最简单的M-P神经元模型（图4-5）来看，神经元接收来自n个其他神经元传递过来的输入信号，这些输入信号通过带权重的链接进行传递，神经元收到的总输入值与神经元的阈值进行比较，然后通过激活函数处理以产生神经元的输出。

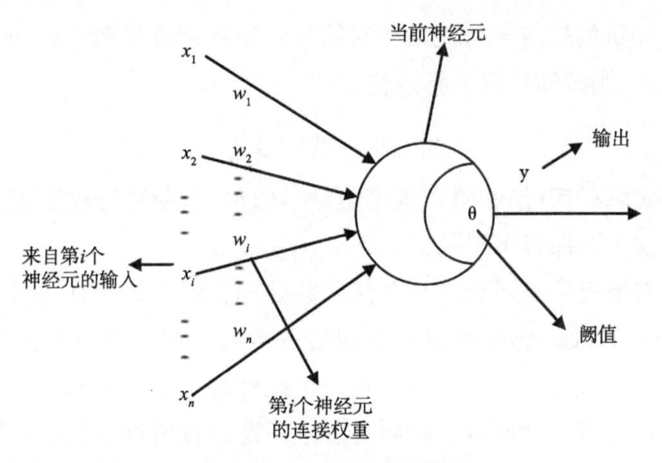

图4-5 M-P神经元模型

理想中的激活函数是阶跃函数，将输入值映射为输出值0和1，1对应于神经元兴奋，0对应于神经元抑制。不过，阶跃函数不具有连续和光滑性质，因此常用sigmoid函数（图4-6）。

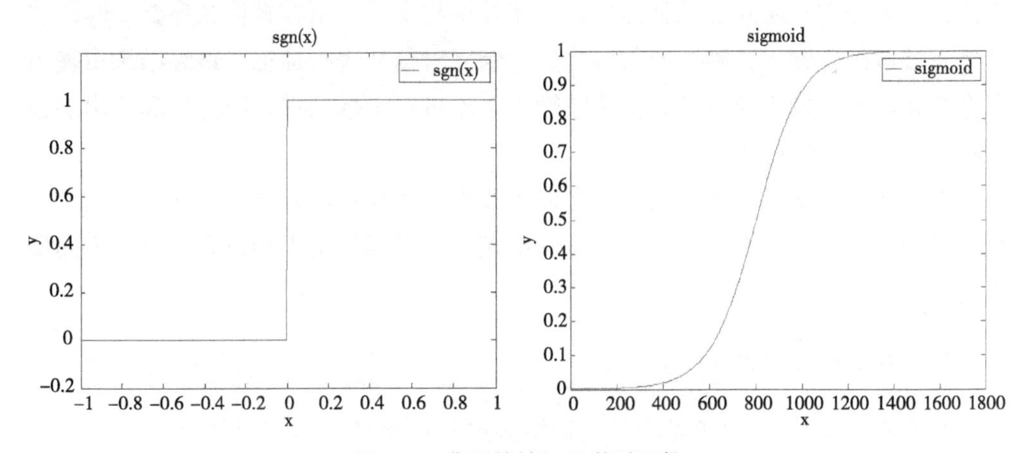

图4-6 典型的神经元激活函数

如上定义，一个神经网络是包含许多参数的数学模型，模型中包含若干函数，所以不管是否真的模拟了生物神经网络，归根到底还是要数学来支撑神经网络学习。下文深入探讨模型中的函数和参数是如何通过机器学习获得，从而构建具有一定层次结构的神经网络。

二、感知机与多层网络

感知机由两层神经元组成，输入层接收外界输入信号后传递给输出层，输出层是M-P神经元，也称阈值逻辑单元。感知机可实现逻辑与、或、非运算，通过给定训练集，权重w_i和阈值可通过学习得到。如果将阈值看作是第$m+1$个输入元，那么输入值x_{m+1}是−1.0（称为哑结点），权重值就是w_{m+1}，如此可统一为对权重的学习。感知机的权重学习规则相对简单，给定训练样例（x，y），若当前感知机的输出为$\hat{y}$，则感知机权重将调整为：

$$w_i = w_i + \eta(y - \hat{y})x_i$$

就是根据实际样例y值和感知机模型输出值$\hat{y}$的差距进行权重调整，如果二者相当（预测正确），那就不用调整。

感知机只有输出层神经元进行激活函数处理，就是只拥有一层功能神经元，其学习能力非常有限。感知机容易实现的逻辑与、或、非操作，是线性可分问题，若两类模式是线性可分的，则存在一个线性超平面将它们分开，这样的感知机在学习权重值过程中会收敛，否则会发生振荡，权值难以稳定，如异或操作。对神经网络模型的权值学习过程中，具备单层功能神经元是不够的，在解决非线性可分为问题时，需要引入多层功能神经元。多层功能神经元，是在输入层和输出层之间加上隐含层，隐含层和输出层都是具有激活函数的功能神经元。

多层前馈神经网络每层神经元与下层神经元全互连，同层神经元之间不存在互连，也不存在跨层互连的神经元，从拓扑结构上看，不存在回或环路。输入层神经元接收外界输入，隐含层与输出层神经元对信号进行加工，最终结果由输出层神经元输出。输入层神经元仅接收输入，不进行函数处理，隐含层和输出层包含功能神经元，处理数据。

神经网络的学习过程，就是根据训练数据来调整神经元之间的连接权以及每个功能神经元的阈值，简言之，神经网络模型要学得就是连接权和阈值。下面研究用什么算法来求出。

三、误差逆传播算法

误差逆传播算法（BP算法）是训练多层前馈神经网络模型的常见算法。BP算法由信号的正向传播和误差的反向传播两个过程组成。正向传播时，输入样本从输入层进入网络，经隐层逐层传递至输出层，如果输出层的实际输出与期望输出不同，则转至误差反向传播；如果输出层的实际输出与期望输出相同，结束学习算法。反向传播时，将输出误差（期望输出与实际输出之差）按原通路反传计算，通过隐层反向，直至输入层，在反传过程中将误差分摊给各层的各个单元，获得各层各单元的误差信号，并将其作为修正各单元权值的根据。这一计算过程使用梯度下降法完成，在不停地调整各层神经元的权值和阈值后，使误差信号减小到最低限度。

权值和阈值不断调整的过程，就是网络的学习与训练过程，经过信号正向传播与误差反向传播，权值和阈值的调整反复进行，一直进行到预先设定的学习训练次数，或输出误差减小到允许的程度。

BP网络采用有指导的学习方式，其学习包括以下4个过程：①组成输入模式由输入层经过隐含层向输出层的“模式顺传播”过程。②网络的期望输出与实际输出之差的误差信号由输出层经过隐含层逐层修正连接权的“误差逆传播”过程。③由“模式顺传播”与“误差逆传播”反复进行的网络“记忆训练”过程。④网络趋向收敛即网络的总体误差趋向极小值的“学习收敛”过程。

在训练阶段中，训练实例重复通过网络，同时修正各个权值，改变连接权值的目的是最小化训练集误差率。继续网络训练直到满足一个特定条件为止，终止条件可以使网络收敛到最小的误差总数，可以是一个特定的时间标准，也可以是最大重复次数。

四、全局最小和局部极小

BP算法中，用E表示神经网络在训练集上的误差，它是关于连接权和阈值的函数。实际上，神经网络的训练过程就是一个参数寻优过程，在参数空间中，寻找一组最优参数使得E最小。BP算法是基于梯度下降法来求解最小。

最小包括全局最小和局部最小。局部最小就是参数空间中的某个点，其邻域点的误差函数值均不小于该点的函数值；全局最小就是参数空间所有的点的误差函数值均不小于该点的误差函数值。

在一个参数空间内，梯度为零的点，只要其误差函数值小于邻点的误差函数值，就是局部最小点，可能存在多个局部最小值，但却只有一个全局最小值。在参数寻优过程中，期望找到的是全局最小值。

采用梯度下降寻优，迭代寻找最优参数值，每次迭代中，先计算误差函数在当前点的梯度，然后根据梯度确定搜索方向。由于负梯度方向是函数值下降最快的方向，因此梯度下降法就是沿着负梯度方向搜索最优解。若误差函数在当前点的梯度为零，则已达到局部最小，更新量为零，意味着参数的迭代更新停止。如果误差函数存在多个局部最小，就无法保证一定能找到全局最小。如果参数寻优陷入局部最小，那自然不是想要的结果。

在现实任务中，常采用以下策略来尝试跳出局部最小，从而进一步接近全局最小。

（1）以多组不同参数值初始化多个神经网络，按标准BP方法训练后，取其中误差最小的解作为最终参数。

（2）使用模拟退火技术，模拟退火在每一步都以一定的概率接收比当前解更差的结果，从而有助于跳出局部最小；在每步迭代过程中，接受次优解的概率会逐步降低，从而保证算法的稳定。

（3）使用随机梯度下降，与标准梯度下降法精确计算梯度不同，随机梯度下降法在计算时加入了随机因素，于是即便陷入局部最小点，其计算出的梯度可能不为零，也就有机会跳出局部最小点继续搜索。

值得注意的是，这些策略都是启发式，并无实际保证可以找到全局最优。机器学习算法本身多数就是基于启发式的，或可见效，但需要在实际任务中逼近。遗传算法也常用来训练神经网络以更好地逼近全局最小。

五、常见神经网络

除了最常见的BP神经网络还有几种较为常用的神经网络，本节将对这些神经网络简要介绍。

1. RBF网络

RBF（Radial Basis Function，径向基函数）网络是一种单隐层前馈神经网络，使用径向基函数作为隐层神经元激活函数，而输出层则是对隐层神经元输出的线性组合。假定输入为d维向量x，输出为实值，则RBF网络可表示为：

$$\varphi(x)=\sum_{i=1}^{q} w_i \rho(x,\ c_i)$$

式中，q为隐层神经元个数；c_i和w_i分别是第i个隐层神经元所对应的中心和权重；$\rho(x,c_i)$是径向基函数，这种沿径向对称的标量函数，通常定义为样本x到数据中心c_i之间欧式距离的单调函数，常用的高斯径向基函数形如：

$$\rho(x,\ c_i)=e^{-\beta_i \|x-c_i\|^2}$$

具有足够多隐层神经元的RBF网络能以任意精度逼近任意连续函数。

RBF神经网络训练分两步：第一确定神经元中心c_i，常用的方式包括随机采样、聚类等；第二利用BP算法等来确定参数w_i和β_i值。

2. ART网络

ART（Adaptive Resonance Theory，自适应谐振理论）网络是竞争型学习的重要代表，由比较层、识别层、识别阈值和重置模块构成。其中比较层负责接收输入样本，并将其传递给识别层神经元。识别层每个神经元对应一个模式类，神经元数目可在训练过程中动态增长以增加新的模式类。

这个网络和前文不同的是，识别层神经元是动态的，网络结构不是固定的。竞争型学习是无监督学习策略，网络中的输出神经元相互竞争，每一时刻仅有一个竞争获胜的神经元被激活，其他神经元的状态被抑制，这种机制也称为胜者通吃原则。

ART网络在接收到比较层的输入信号后，识别层神经元之间相互竞争以产生获胜神经元。竞争规则是：计算输入向量与每个识别层神经元所对应的模式类的代表向量之间的距离，距离最小者胜。获胜神经元将向其他识别层神经元发送信号，抑制其激活。若输入向量与获胜神经元所对应的代表向量之间的相似度大于识别阈值，则当前输入样本将被归为该代表向量所属的类别，同时，网络连接权将会更新，使得以后再接收到相似输入样本时该模式类会计算出更大的相似度，从而使该获胜神经元有更大可能获胜；若相似度不大于识别阈值，则重置模块将在识别层增加一个新的神经元，其代表向量就设置为当前输入向量。

可以看出，识别阈值是很关键的参数，若较高，则输入样本会被划分的比较精细，识别层神经元数目过多；若较低，则划分的比价粗略。ART较好地缓解了竞争型学习中的可塑性–稳定性窘境，可塑性是指神经网络要有学习新知识的能力，而稳定性是指神经网络在学习新知识时要保持对旧知识的记忆，这就使ART网络具有增量学习或在线学习的能力。增量学习是指在学得模型后，再接收到训练样例时，仅需根据新样例对模型进行更新，不必重新训练整个模型，并且先前学得的有效信息不会被冲掉；在线学习是指每获得一个新样例就进行一次模型更新。在线学习是增量学习的特例，而增量学习可视为批模式的在线学习。早期的ART网络只能处理布尔型输入数据，后面发展成一个算法族，包括能处理实值输入的ART2网络、结合模糊处理的Fuzzy ART网络以及可进行监督学习的ARTMAP网络等。

3. SOM网络

SOM（Self-Oraganizing Map，自组织映射）网络是一种竞争学习型的无监督神经网络，能将高维输入数据映射到低维空间（通常为二维），同时保持输入数据在高维空间的拓扑结构，即将高维空间中相似的样本点映射到网络输出层中的邻近神经元。

SOM网络中的输出层神经元以矩阵方式排列在二维空间中，每个神经元都拥有一个权向量（低维空间坐标点），网络在接收输入向量后，将会确定输出层获胜神经元，它决定了该输入向量在低维空间中的位置。SOM的训练目标就是为每个输出层神经元找到合适的权向量，以达到保持拓扑结构的目的。

SOM的训练过程是：在接收到一个训练样本后，每个输出层神经元会计算该样本与自身携带的权向量之间的距离，距离最近的神经元成为竞争获胜者，称为最佳匹配单元，然后最佳匹配单元及其邻近神经元的权向量将被调整，以使得这些权向量与当前输入样本的距离缩小。这个过程不断迭代，直至收敛。

4. 级联相关网络

一般的神经网络模型是假定网络结构是固定的，训练的目的是利用训练样本确定最优的连接权、阈值等参数；而结构自适应网络则将网络结构当作学习目标之一，在训练过程中找到最符合数据特点的网络结构，也叫构造性神经网络。ART网络的隐层神经元数目在训练过程中不断增长，所以也属于结构自适应网络。级联相关网络也是结构自适应网络的代表。

级联相关网络有两个主要成分：级联和相关。级联是指建立层次连接的层级结构，在开始训练时，网络只有输入层和输出层，处于最小拓扑结构，随着训练进行，新的隐层神经元加入，从而创建起层级结构，当新的隐层神经元加入时，其输入端连接权值是冻结固定的。相关是指通过最大化新神经元的输出与网络误差之间的相关性来训练相关参数。与一般的前馈神经网络相比，级联相关网络无须设置网络层数、隐层神经元数目，且训练速度较快，但在数据较少时易陷入过拟合。

结构自适应网络的动态性一般是在训练过程中隐层数目及其神经元数目的变化体现。上文的神经网络类型，从固定网络到动态网络，都是无环，下文的网络则允许出现环形结构。

5. Elman网络

与前馈神经网络不同，递归神经网络允许网络中出现环形结构，从而可让一些神经元的输出反馈回来作为输入信号。这样的结构与信息反馈过程，使得网络在t时刻的输出状态不仅与t时刻的输入有关，还与t-1时刻的网络状态有关，从而能处理与时间有关的动态变化。

Elman网络是递归神经网络的代表，结构与多层前馈网络相似，不同的是隐层神经元的输出被反馈回来，与下一时刻输入层神经元提供的信号一起，作为隐层神经元在下一时刻的输入。隐层神经元通常采用sigmoid激活函数，而网络的训练则通过推广的BP算法进行。

6. Boltzmann机

神经网络中有一类模型是为网络状态定义一个能量，能量最小化时网络达到理想状态，而网络的训练就是在最小化这个能量函数。

Boltzmann机就是一种基于能量的模型，其神经元分显层和隐层，显层用于表示数据的输入与输出，隐层则被理解为数据的内在表达。Boltzmann机中的神经元都是布尔型，只取0、1两种状态，1表示激活，0表示抑制。

Boltzmann机的训练过程就是将每个训练样本视为一个状态向量，使其出现的概率尽可能大。标准Boltzmann机是一个全连接图，训练网络的复杂度很高，难以解决现实任务，因此现实中常采用受限的Boltzmann机，受限的Boltzmann机仅保留显层和隐层之间的连接，从而将Boltzmann机结构由完全图转化为二部图。受限Boltzmann机一般用对比散度算法来进行训练。

六、应用实例

1. BP神经网络方法对红枣进行等级划分

本例主要内容是提取单个红枣图像的几何形状特征、颜色特征及纹理特征后，建立起红枣样本数据库，以BP神经网络的方法对红枣进行等级划分。

首先是提取单个红枣图像的几何形状特征、颜色特征及纹理特征，然后对所有已经提取的特征值进行优化组合，以达到最佳的效果。在研究红枣等级划分的过程中，首先对上述提取出的三大类特征值分别进行极值归一化处理。设样本库中有M个红枣图像，特征向量的维数为K，第m个图像的第k个特征值为$v_{m,k}$，将向量v_k中的每一个元素用极值归一化方法归一化到区间[0，1]之间。极值归一化公式如下式所示：

$$v_{m,k}=\frac{v_{m,k}-\min(v_k)}{\max(v_k)-\min(v_k)}$$

$$m=0,\ 1,\ 2,\ 3,\ \cdots,\ M-1$$

$$k=0,\ 1,\ 2,\ \cdots,\ K-1$$

式中，$\min(v_k)$为样本库中红枣图像的第k个特征向量v_k的最小值；$\max(v_k)$样本库中红枣图像的第k个特征向量v_k的最大值。

通过上述的优化选择之后，可以对每个红枣分别提取这3个特征量$F_{几何形状}$、$F_{颜色特征}$及$F_{纹理特征}$，并采集足够多的样本进行试验，从而建立如表4-9所示格式的样本数据库。

表4-9　红枣样本数据库定义表

字段名	类型	长度	说明
SamNo	int	4	样本编号
F_1	float	8	几何形状特征值
F_2	float	8	颜色特征值
F_3	float	8	纹理形状特征值
Grade	char	1	等级（1、2、3级）

利用BP神经网络对红枣进行等级划分，首先根据红枣的样本库情况，确定BP神经网络的参数如下：输入层神经元3个、隐藏层1层、隐藏层神经元5个、输出层神经元3个，初始学习率$\eta_{(0)}$=0.90、惯性项系数α=0.72。为了使BP神经网络得到充分的训练，特别采集了一个相对较大的样本库，其中训练样本库中有红枣样本1 600个，测试样本中有红枣样本800个，每一个红枣样本提取出几何形状特征、颜色特征和纹理特征3个特征值，同时把所有样本分为一级品、二级品和三级品三大类。

测试的步骤如下：第一，从训练样本库中随机取N个样本作为学习样本；第二，利用选定的学习样本以及上述BP神经网络参数来训练BP神经网络，使其能够对红枣进行识别；第三，从测试样本中选择n个样本进行测试，使$n=N/2$，并统计测试结果。

不同条件下的试验及其结果如表4-10所示。从表4-10可以看出，在已经做过的9组测试中，相同测试条件下，等级划分正确率存在一定的区别，主要是因为样本个体间存在着差异导致的。对于第1、2和3组，均是在400个训练样本以及200个测试样本中做的试验，其平均划分正确率为91.33%；对于第4、5和6组，均是在800个训练样本以及400个测试样本中做的试验，其平均划分正确率为93.83%；对于第7、8和9组，均是在1 200个训练样本以及600个测试样本中做的试验，其平均划分正确率为94.78%。因此，在该试验条件较好的情况下可以看出系统的总体分级正确率能达到94%左右，试验条件一般的情况下也可以达到91%左右的分级正确率。

表4-10　红枣分级测试结果

编号	训练 样本数N	测试 样本数n	正确划分 个数（个）	等级划分 正确率（%）
第1组	400	200	184	92.00
第2组	400	200	179	89.50
第3组	400	200	185	92.50
第4组	800	400	372	93.00
第5组	800	400	379	94.75
第6组	800	400	375	93.75
第7组	1 200	600	572	95.33
第8组	1 200	600	564	94.00
第9组	1 200	600	570	95.00

2. RBF神经网络用于甜柿表面缺陷的检测

受自然条件及采摘、运输、保存条件的影响，水果不可避免地产生了许多种类的缺陷。水果表面缺陷是影响其等级的重要因素之一。缺陷的快速识别因其种类较多一直是水果实时分级中最难、耗时最多的部分。本例讲述RBF神经网络在甜柿表面缺陷的检测上的应用。

挑选130个国标中所涉及的缺陷果包括病害、虫伤、擦伤、日灼、压伤碰伤、刺伤划伤、锈斑、软化和褐变9种缺陷和50个无缺陷的正常果。将样本分为两组，第一组120个样本为神经网络的训练样本集，包括90个缺陷果和30个正常果。第二组60个样本为检测样本集进行缺陷识别，包括40个缺陷果和20个正常果。每组样本的缺陷果包括9种缺陷。采集第一组甜柿样本的图像，经过预处理后提取缺陷特征，训练神经网络对缺陷特征值识别。通过第二组样本对神经网络进行测试。

获得甜柿原始图像后先灰度化，灰度化后经过中值滤波处理，进行图像求反。图像求反是将原始图像的灰度值翻转，简单地说就是使黑变白，使白变黑，这种方法比较适合于增强嵌入图像暗色区域的白色或灰色细节。图像求反后，图像中缺陷部分的细节显示得更加清楚。

经过上述预处理的图像，调用程序对图像进行扫描，查找图像中的黑色区域，在黑色区域周边取像素点即图像中缺陷部分的像素点，统计这些点的灰度值，取这些点的灰度平均值作为缺陷特征。

RBF神经网络模型输入向量添加到网络输入端时，径向基层的每个神经元都会输出一个值，代表输入向量与神经元权值向量之间的接近程度。如果输入向量与权值向量相差很多，则径向基层的输出接近于0，经过第二层的线性神经元，输出也接近于0。如果输入向量与权值向量很接近，则径向基层的输出接近于1，经过第二层的线性神经元，输出值就更靠近第二层权值。

在这个过程中，如果只有一个径向基神经元的输出为1，而其他的神经元输出均为0或者接近于0，那么线性神经元层的输出就相当于输出为1的神经元相对应的第二层权值的值。一般情况下，不止一个径向基神经元的输出为1，所以输出值也就会有所不同。

将上述训练样本集提取到的灰度平均值作为缺陷特征值归一化后，带入函数中进行神经网络的训练。输入层神经元个数为1，输出层神经元个数为2，输出结果1为有缺陷，0为无缺陷。设置径向基函数的密度常数为1.0，当网络逼近函数时，newrb函数可以自动增加网络的隐层神经元数目，直到达到误差满足精度要求或者神经元数目达到最大为止。

对训练后的网络用检测样本集进行检测，训练与检测结果如表4-11所示。

表4-11　RBF神经网络对甜柿缺陷识别分析

样本	种类	样本数（个）	正确识别数（个）	正确率（%）
训练样本	缺陷果	90	82	91.1
	正常果	30	27	90.0
检测样本	缺陷果	40	35	87.5
	正常果	20	18	90.0

由表4-11可以发现，由于缺陷种类较多且缺陷程度不同，对缺陷果的识别正确率比正常果的识别正确率稍低。RBF神经网络对训练样本缺陷的识别平均正确率达90.8%，对检测样本缺陷的识别平均正确率为88.3%。

3. 特征波长选择方法与BP神经网络结合用于桃硬度的检测

采集140个桃在900～1 700nm的高光谱图像，以每个桃高光谱图像中40×40像素块感兴趣区域的平均光谱作为桃的原始反射光谱；利用Savitzky-Golay平滑和标准正态变量变换对光谱进行预处理；基于*x-y*共生距离算法划分样本，得到校正集样本105个和预测集样本35个。利用连续投影算法（SPA）、无信息变量消除法（UVE）和正自适应加权算法（CARS）从全光谱的216个波长中分别提取了12个、103个和22个特征波长。

将全波长及经SPA、UVE和CARS分别选取的特征波长作为BP网络的输入。Kolmogorov理论表明，具有单隐层的神经网络能以任意精度逼近任意函数。本例建立三层BP神经网络模型。隐含层节点数的选取由以下经验公式近似确定：

$$l=(mn)^{0.5}$$
$$l=(m+n)^{0.5}+a$$
$$l=\log_2 n$$

式中，l为隐层节点数；n为输入层节点数；m为输出层节点数；a为0～10的常数。经反复试验发现隐含层节点数为5时模型具有良好的综合性能。输入层的传递函数为tansig，隐含层的传递函数为tansig，桃硬度作为网络输出，输出层的传递函数为purclin。目标均方差设定为0.000 01，迭代次数为100，学习率为0.1。由于BP网络随机选取初始权值，因此采用50次重复建模结果的平均值作为最终结果，所用计算机主频为2.2GHz，内存为4GB，结果如表4-12所示。以FS-BP为例，50次重复建模预测集样品相关系数r_p为0.815～0.877，平均值为0.856，方差为0.017，其中有28次建模的r_p大于平均值。

表4-12　基于不同特征波长提取方法建立的BP模型对硬度的检测结果

变量选择方法	变量数	校正集		预测集		运算时间（s）
		r_c	RMSEC	r_p	RMSEP	
FS	216	0.831	1.215	0.856	0.931	0.017 3
SPA	12	0.769	1.363	0.812	1.088	0.016 2
UVE	103	0.795	1.282	0.813	1.074	0.016 5
CARS	22	0.804	1.286	0.827	1.056	0.016 5

表4-12表明，FS-BP模型具有最高的校正集样品相关系数r_c（0.831）和r_p（0.856），以及最小的RMSEC（1.215）和RMSEP（0.931），说明FS-BP模型具有最好的校正和预测性能。CARS-BP的校正和预测性能略劣于FS-BP。SPA-BP模型的性能最差，因为其r_c和r_p最小，且RMSEC和RMSEP最大。UVE-BP的性

能稍优于SPA-BP。从运算时间看，虽然FS-BP的运算时间最长但仅为0.017 3s，略大于BP下其他几种模型，能够应用于快速无损检测。

第五节 支持向量机

一、间隔与支持向量

对于给定的训练集$D=\{(x_1, y_1), (x_2, y_2), \cdots, (x_m, y_m)\}$，$y_i \in \{-1, +1\}$，分类学习的初衷就是基于训练集在样本空间中找到一个可以有效划分样本的超平面。可能存在很多可将样本分开的超平面，选择分类结果最鲁棒、泛化能力最强的超平面便是支持向量机模型的工作重点。

在二维样本点分布图中找到两类样本正中间的超平面是最佳的，在样本空间中，划分超平面可通过线性方程描述：$w^T x+b=0$。其中，$w=\{w_1; w_2; \cdots; w_d\}$为法向量，决定了超平面的方向；$d$为位移项，决定了超平面与原点之间的距离。

根据上面的数学形式化定义，划分超平面有法向量w和位移b确定，记为(w,b)。样本空间中的任意x到超平面(w,b)的距离可写为：

$$r=\frac{\left|w^T x+b\right|}{\|w\|}$$

假设超平面(w,b)能将训练样本正确分类，则对于$(x_i, y_i)\in D$，令：

$$\begin{cases} w^T x_i+b \geqslant +1, y_i=+1 \\ w^T x_i+b \leqslant -1, y_i=-1 \end{cases}$$

定义距离超平面最近的训练样本点为支持向量，该点能使$w^T x_i+b=+1$或$w^T x_i+b=-1$；两个异类支持向量到超平面的距离之和为：

$$\gamma=\frac{2}{\|w\|}$$

即距离超平面最近的+1类和−1类各一个点与超平面之间的距离的和，称为间隔。

基于上面的数学定义，支持向量机学习算法最终的目的是找到最大间隔的划分超平面，对训练样本局部扰动容忍性最好。如此，模型的训练转化为不等式线性约束最优问题求解，定义：

$$\max_{w, b}\frac{2}{\|w\|}$$

或：

$$\min_{w,b}\frac{1}{2}\|w\|^2$$

满足：

$$y_i(w^T x_i + b) \geqslant 1,\ i = 1,\ 2,\ \cdots,\ m$$

如上为支持向量机的数学原型。

SVM的主要思想可以概括为如下两点。

（1）它是针对线性可分情况进行分析，对于线性不可分的情况，通过使用非线性映射算法将低维输入空间线性不可分的样本转化为高维特征空间使其线性可分，从而使得高维特征空间采用线性算法对样本的非线性特征进行线性分析成为可能。

（2）它基于结构风险最小化理论之上在特征空间中构建最优超平面，使得学习器得到全局最优化，并且在整个样本空间的期望以某个概率满足一定上界。

二、核函数

支持向量机通过某非线性变换$\varphi(x)$，将输入空间映射到高维特征空间。特征空间的维数可能非常高。如果支持向量机的求解只用到内积运算，而在低维输入空间又存在某个函数$K(x, x')$，它恰好等于在高维空间中这个内积，即$K(x, x') = <\varphi(x)\cdot\varphi(x')>$，那么支持向量机就不用计算复杂的非线性变换，而由这个函数$K(x, x')$直接得到非线性变换的内积，大大简化了计算。这样的函数$K(x, x')$称为核函数。

核函数包括线性核函数、多项式核函数、高斯核函数等，其中高斯核函数最常用，可以将数据映射到无穷维，也叫做径向基函数（Radial Basis Function，RBF），是某种沿径向对称的标量函数。通常定义为空间中任一点x到某一中心x_c之间欧氏距离的单调函数，可记作$k(\|x - x_c\|)$，其作用往往是局部的，即当x远离x_c时函数取值很小。

根据模式识别理论，低维空间线性不可分的模式通过非线性映射到高维特征空间则可能实现线性可分，但是如果直接采用这种技术在高维空间进行分类或回归，则存在确定非线性映射函数的形式和参数、特征空间维数等问题，而最大的障碍则是在高维特征空间运算时存在的“维数灾难”。采用核函数技术可以有效地解决这样问题。

设x，$z\in X$，X属于$R(n)$空间，非线性函数φ实现输入空间X到特征空间F的映射，其中F属于$R(m)$，$n<<m$。根据核函数技术有：

$$K(x, z) = <\varphi(x),\ \varphi(z)>$$

式中，< , >为内积；$K(x, z)$为核函数。从上式可以看出，核函数将m维高维空间的内积运算转化为n维低维输入空间的核函数计算，从而巧妙地解决了在高维特征空间中计算的“维数灾难”等问题，从而为在高维特征空间解决复杂的分类或回归问题奠定了理论基础。

核函数方法的广泛应用，与其特点是分不开的。

（1）核函数的引入避免了“维数灾难”，大大减小了计算量。而输入空间的维数n对核函数矩阵无影响，因此，核函数方法可以有效处理高维输入。

（2）无须知道非线性变换函数φ的形式和参数。

（3）核函数的形式和参数的变化会隐式地改变从输入空间到特征空间的映射，进而对特征空间的性质产生影响，最终改变各种核函数方法的性能。

（4）核函数方法可以和不同的算法相结合，形成多种不同的基于核函数技术的方法，且这两部分的设计可以单独进行，并可以为不同的应用选择不同的核函数和算法。

核函数的作用显而易见，准确选择一个合适的、高效的核函数更为重要，支持向量机在选择核函数的时候，可以参照如下方法。

（1）当样本的特征很多时，特征的维数很高，这种样本往往线性可分，可考虑用线性核函数。

（2）当样本的数量很多，但特征较少时，可以手动添加一些特征，使样本线性可分，再考虑用线性核函数。

（3）当样本特征维度不高时，样本数量也不多时，考虑用高斯核函数（RBF核函数的一种，指数核函数和拉普拉斯核函数也属于RBF核函数）。

支持向量机是判别模型，判别模型会生成一个表示$P(Y|X)$的判别函数（或预测模型），而生成模型先计算联合概率$p(Y，X)$然后通过贝叶斯公式转化为条件概率。简单来说，在计算判别模型时，不会计算联合概率，而在计算生成模型时，必须先计算联合概率。或者这样说，生成算法尝试去找到底这个数据是怎么生成的，然后再对一个信号进行分类。基于你的生成假设，那么哪个类别最有可能产生这个信号，这个信号就属于哪个类别。判别模型不关心数据是怎么生成的，它只关心信号之间的差别，然后用差别来简单对给定的一个信号进行分类。

三、参数优化

与传统的神经网络方法相比，支持向量机具有更出色的性能，它采用结构风险最小化原则，能在经验风险与模型复杂度之间做适当的折中，从而获得更好的推广能力。但是，支持向量机在实际应用中，关于参数选择的问题仍然没有得到很好的解决，如多项式学习机器的阶数问题、径向基机器中的函数宽度，以及Sigmoid机器中函数的宽度和偏移等。统计学习理论目前对这些问题给出了一些建议和解释，但还没有给出实际可行的方案，目前也只有通过试验方法来确定最佳参数。因此，在使用支持向量机进行分类和预测时，如何选择适当的参数就成了一个非常重要的问题。

SVM模型有两个非常重要的参数C与$gamma$。其中，C是惩罚系数，即对误差的宽容度。C越高，说明越不能容忍出现误差，容易过拟合。C越小，容易欠拟合。C过大或过小，泛化能力都会变差。$gamma$是选择RBF函数作为核函数后，该函数自带的一个参数，隐含地决定了数据映射到新的特征空间后的分布，$gamma$越大，支持向量越少，$gamma$值越小，支持向量越多。支持向量的个数影响训练与预测的速度。

RBF公式里面的$sigma$和$gamma$的关系如下：

$$k(x, z) = \exp(-\frac{d(x, z)^2}{2 \cdot \sigma^2}) = \exp(-gamma \cdot d(x, z)^2)$$

$$\Rightarrow gamma = \frac{1}{2 \cdot \sigma^2}$$

RBF的幅宽会影响每个支持向量对应的高斯的作用范围，从而影响泛化性能。如果$gamma$设的太大，σ会很小，σ很小的高斯分布形状瘦高，会造成只会作用于支持向量样本附近，对于未知样本分类效果很差，存在训练准确率可以很高（如果让σ无穷小，则理论上，高斯核的SVM可以拟合任何非线性数据，但容易过拟合），而测试准确率不高的可能，就是通常说的过训练；而如果$gamma$设的过小，则会造成平滑效应太大，无法在训练集上得到特别高的准确率，也会影响测试集的准确率。

知道测试集标签的情况下可以让两个参数C和$gamma$在某一范围内取离散值，然后取测试集分类准确率最佳的参数。不知道测试集标签的情况下，一般采用交叉验证。交叉验证就是把在某种意义下将原始数据进行分组，一部分作为训练集，另一部分作为验证集，首先用训练集对分类器进行训练，再利用验证集来测试训练得到的模型，以此来作为评价分类器的性能指标。常见的交叉验证方式有Hold-Out Method，K-fold Cross Validation（记为K-CV），Leave-One-Out Cross Validation（记为LOO-CV）。

（1）Hold-Out Method。将原始数据随机分为两组，一组作为训练集，一组作为验证集，利用训练集训练分类器，然后利用验证集验证模型，记录最后的分类准确率为此Hold-Out Method下分类器的性能指标。此种方法的好处是处理简单，只需随机把原始数据分为两组即可，其实严格来说Hold-Out Method并不能算是交叉验证，因为这种方法没有达到交叉的思想，由于是随机的将原始数据分组，所以最后验证集分类准确率的高低与原始数据的分组有很大的关系，所以这种方法得到的结果其实并不具有说服性。

（2）K-CV。将原始数据分成K组（一般是均分），将每个子集数据分别做一次验证集，其余的$K-1$组子集数据作为训练集，这样会得到K个模型，用这K个模型最终的验证集的分类准确率的平均数作为此K-CV下分类器的性能指标。K一般大于等于2，实际操作时一般从3开始取，只有在原始数据集合数据量小的时候才会尝试取2。K-CV可以有效地避免过学习以及欠学习状态的发生，最后得到的结果也比较具有说服性。

（3）LOO-CV。如果设原始数据有N个样本，那么LOO-CV就是N-CV，即每个样本单独作为验证集，其余的$N-1$个样本作为训练集，所以LOO-CV会得到N个模型，用这N个模型最终的验证集的分类准确率的平均数作为此下LOO-CV分类器的性能指标。相比于前面的K-CV，LOO-CV有两个明显的优点：每一回合中几乎所有的样本皆用于训练模型，因此最接近原始样本的分布，这样评估所得的结果比较可靠；试验过程中没有随机因素会影响试验数据，确保试验过程是可以被复制的。

但LOO-CV的缺点则是计算成本高，因为需要建立的模型数量与原始数据样本数量相同，当原始数据样本数量相当多时，LOO-CV在实际应用上难度较大，除非每次训练分类器得到模型的速度很快，或是可以用并行化计算减少计算所需的时间。

四、应用实例

1. 利用SVM实现苹果梗蒂与缺陷的识别

苹果梗蒂和缺陷的识别是苹果检测中的难点，两者的误分类会造成苹果等级的误判，正确识别梗蒂与缺陷对苹果分级来说十分重要。本例通过苹果梗蒂及缺陷的纹理特征训练SVM进行梗蒂与缺陷的区分。

获取到的样本为带有背景的苹果图像，第一步是将疑似缺陷部分（包括缺陷、梗蒂及类似缺陷的部分）从图像中提取出来，即初始目标分割，这一步可以采用Otsu法（最大类间方差法）来实现。该方法计算简单，在一定条件下不受图像对比度与亮度变化的影响，被认为是阈值自动选取的最优方法。但是该方法也有不足之处，类间方差法对噪音和目标大小十分敏感，它仅对类间方差为单峰的图像产生较好的分割效果，当目标与背景的大小比例悬殊时，类间方差准则函数可能呈现双峰或多峰，此时效果不好。对于表面多变的免套袋苹果，用Otsu方法效果较差，可利用HSV颜色空间提取缺陷。

提取到了疑似缺陷区域之后需要借助这些区域的纹理特征进行识别，判断该区域的“真实身份”。图像的灰度矩阵反映的是图像的视觉信息，而灰度共生矩阵反映的则是图像关于方向、相邻间隔、变化幅度的综合信息，通过分析灰度共生矩阵可分析图像的局部模式和排列规则。所以此处采用图像的灰度共生矩阵特征值做进一步判别。本例选择5种特征，分别是角二阶矩、均匀性、相关性、惯性、熵。

角二阶矩：

$$Asm = \sum_i \sum_j P(i,\ j)^2$$

式中，（$i,\ j$）的值表示灰度为i和j的像素按确定的间距和角度出现的次数，P（$i,\ j$）则为该像素对的联合分布概率，下文皆同此处。

角二阶矩（能量）是图像灰度分布均匀性的度量，当灰度共生矩阵的元素分布集中于主对角时，说明从局部区域观察图像的灰度分布是均匀的。从图像整体来观察，纹理较粗，特征值较大；反之，特征值较小。角二阶矩是灰度共生矩阵像素值平方的和，它也称为粗能量。粗纹理特征值较大，可以理解为粗纹理含有较多的能量；细纹理特征值较小，表示它含有较少的能量。

均匀性：

$$IDM = \sum_i \sum_j \frac{P(i,\ j)}{1+(i-j)^2}$$

均匀性（逆差矩）反映了局部纹理的均匀程度。

相关性：

$$Cor = \sum_i \sum_j \frac{ijP(i,\ j)-u_i u_j}{s_i s_j}$$

其中，

$$u_i = \sum_i \sum_j iP(i,\ j)$$

$$u_j = \sum_i \sum_j jP(i,\ j)$$

$$s_i^2 = \sum_i \sum_j P(i,\ j)(i-u_i)^2$$

$$s_j^2 = \sum_i \sum_j P(i,\ j)(j-u_j)^2$$

相关性能衡量灰度共生矩阵的元素在行的方向或列的方向的相似程度。

惯性：

$$Con = \sum_i \sum_j (i-j)^2 P(i,\ j)$$

惯性（对比度）可理解为图像的清晰度，即纹理的清晰程度。在图像中，纹理的沟纹越深，则其特征值越大，图像越清晰。

熵：

$$Ent = -\sum_{i}\sum_{j} P(i,\ j)\log P(i,\ j)$$

熵表征纹理复杂程度，熵值越大纹理越复杂。

仅通过根据特征值直方图粗略得到的权重及阈值对缺陷与梗蒂分类，得到的正确率较低，无法满足生产需求。SVM可以提升识别准确率，满足生产需求。

在训练SVM的时候，考虑到由于误判为缺陷区域的正常区域面积都比较小，为了简化分类过程，设定阈值T，对面积小于T的区域进行正常区域与缺陷区域的二分类，对面积大于T的区域进行果梗、花萼与缺陷的多分类。针对两种情况，分别训练SVM，两个SVM都是根据4类特征值训练，区别是对果梗、花萼与缺陷的区分时用果梗、花萼、缺陷的特征值及对应标签进行训练，对正常区域与缺陷区域进行区分时则用正常区域与缺陷的特征值及对应标签进行训练。SVM的训练采用了高斯径向基核函数

$$k(x,\ x_c) = \exp\left(-\frac{\|x - x_c\|^2}{2\sigma^2}\right)$$

式中，x_c为核函数中心；σ为函数的宽度参数，σ越大，显著影响核函数的样本范围越大，学习能力越强，此处为1。训练集与测试集样本数2∶1时对正常区域、果梗、花萼分别与缺陷分类，正常区域及果梗与缺陷的区分度较高，分别为96.7%及93.3%，花萼则因为部分个体外形变化较大，过于类似缺陷而导致区分度相对较低，为88.3%。总体上来说能够满足实际生产需求。

2. 特征波长选择方法与支持向量机结合用于桃硬度的检测

采集140个桃在900～1 700nm的高光谱图像，以每个桃高光谱图像中40×40像素块感兴趣区域的平均光谱作为桃的原始反射光谱；利用Savitzky-Golay平滑和标准正态变量变换对光谱进行预处理；基于x-y共生距离算法划分样本，得到校正集样本105个和预测集样本35个。利用连续投影算法（SPA）、无信息变量消除法（UVE）和正自适应加权算法（CARS）从全光谱的216个波长中分别提取了12个、103个和22个特征波长。

将全波长及经SPA、UVE和CARS分别选取的特征波长作为支持向量机的输入。建立SVM模型时首先需要确定核函数以及两个关键参数，即惩罚因子c和核参数g。参数c控制着训练错误率和模型复杂程度，g控制着样本数据向高维空间映射的复杂程度。常用的核函数有线性函数、多项式函数和径向基函数。本研究选用径向基函数为核函数，采用5折交叉验证方法确定c和g。具体方法是先将

参数c和g粗略设置为$2\times10^{-8}\sim2\times10^{8}$，利用网格搜索法进一步确定精细的取值为$2\times10^{-4}\sim2\times10^{4}$，然后计算RMSECV（交叉验证均方根），根据最小RMSECV确定最优的c，g值。表4-13给出了不同变量选择方向下最优的c和g。

表4-13　不同变量选择方法下SVM模型参数

变量选择方法	c	g
FS	0.25	0.088 4
SPA	0.50	0.50
UVE	0.50	1.569 2
CARS	0.50	8

SVM模型对桃硬度的预测结果及模型的运算时间见表4-14，所用计算机主频为2.2GHz，内存为4GB。表4-14说明，CARS-SVM具有最高的r_c（0.958）、较高的r_p（0.821）以及最低的RMSEC（0.626）和RMSEP（1.110）。FS-SVM虽具有最高的r_p（0.832），但r_c较低，只有0.638，且RMSEC较高（1.612）。UVE-SVM模型效果略次于CARS-SVM。SPA-SVM具有最低的r_c和r_p，以及最高的RMSEC和RMSEP，说明其校正和预测性能最差。相比FS的216个波长，UVE虽剔除了一多半的无用信息，但提取的特征波长还有103个，导致模型复杂。SPA虽只用了12个特征波长，但所建模型的性能很差，说明一些反映硬度信息的波长没有被提取出来。CARS提取了22个特征波长，所用波长数是全波长下的10.2%，模型运算时间（0.006 7s）少于FS（0.011 5s）和UVE（0.007 5s），能够有效地简化模型。因此，CARS-SVM被确定为最佳的SVM模型。

表4-14　基于不同特征波长提取方法建立的SVM模型对硬度的检测结果

变量选择方法	变量数	校正集		预测集		运算时间（s）
		r_c	RMSEC	r_p	RMSEP	
FS	216	0.638	1.612	0.832	1.155	0.011 5
SPA	12	0.616	1.637	0.758	1.181	0.006 1
UVE	103	0.946	0.708	0.810	1.177	0.007 5
CARS	22	0.958	0.626	0.821	1.110	0.006 7

3. 最小二乘支持向量机在苹果梗蒂和缺陷识别上的应用

本例利用最小二乘支持向量机进行苹果梗蒂与缺陷的识别，在特征向量提取部分与上面讲述的流程类似，首先对采集到的苹果图像进行阈值分割，去除背景得到二值目标图像；对阈值分割后得到的目标图像使用双树复小波变换（DT-CWT）进行分解，然后使用分解得到的每一层的高频子带小波系数的均值和方差构成特征向量，这些特征向量可以表征纹理特征。提取特征向量的具体操作为：对分割后的二值图像使用DT-CWT进行分解层数为N=3的小波分解，每层可以分解得到6个方向的高频子带，因此3层小波分解总共可以得到18个高频子带，然后分别计算18个高频子带系数的均值和方差，最终可以得到36维的特征向量，得到的特征向量可以用来表征纹理特征。假设特征向量表示为$\overline{f}_{\sigma\mu}$，则经过N=3层DT-CWT分解得到的特征向量可以表示为：

$$\overline{f}_{\sigma\mu}=[\sigma_1\sigma_2\cdots\sigma_{6N}\mu_1\mu_2\cdots\mu_{6N}]$$

将特征向量输入LS-SVM进行测试和训练，可得到分类结果。相对于标准支持向量机，由Suykens等提出的最小二乘支持向量机（LS-SVM）是一种扩展，它使用等式约束代替了不等式约束，在训练时只需要解一个线性方程组，求解速度更快。LS-SVM求解最优超平面问题等价于求解如下二次规划问题：

$$\min J(w,\ b,\ \xi)=\frac{1}{2}\|w\|^2+\frac{C}{2}\sum_{i=1}^{n}\xi_i^2\xi_i$$

$$y_i[w\cdot x_i+b]-1+\xi_i=0,\ i=1,\ 2,\ \cdots,\ n$$

引入拉格朗日函数求解上述优化问题：

$$L(w,\ b,\ \xi,\ a)=\frac{1}{2}\|w\|^2+\frac{C}{2}\sum_{i=1}^{n}\xi_i^2$$

$$-\sum_{i=1}^{n}a_i\left\{y_i(w^T\cdot\varphi(x_i)+b)-1+\xi_i\right\}$$

式中，w和b是向量机分类面的参数；ξ_i为松弛变量且$\xi_i\geqslant 1$；C为惩罚参数且$C>0$；a_i为每个样本对应的Lagrange乘子。

分别对w、b、ξ、a求导，去掉w、ξ，求解方程式得到b和a则LS-SVM的分类函数为：

$$f(x)=\sum_{i=1}^{n}a_iK(x,\ x_i)+b$$

式中，$K(x,\ x_i)=\varphi(x_i)\cdot\varphi(x_j)$为核函数，最终得到判别函数$y(x)=sign(f(x))$。

LS-SVM常用核函数有线性核函数、多项式核函数、径向基核函数和sigmoid核函数。本文选用径向基核函数。

对原苹果图像以中心点分割得到另一组区域大小为64×64的子图像，这组子图像不仅去除了边缘信息，同时也剔除了大部分苹果正常表面信息。使用LS-SVM分别进行分类，根据不同特征向量代表的纹理信息分为果梗、花萼和表面缺陷3类，分类平均正确率可达93.3%。

第六节　深度学习

一、深度学习与机器学习

机器学习是一门专门研究计算机怎样模拟或实现人类的学习行为，以获取新的知识或技能，重新组织已有的知识结构使之不断改善自身的性能的学科。机器学习方法的工作过程中要先对获取到的数据进行数据预处理，然后是特征提取、特征选择，再到推理、预测或者识别。最后一个部分才真正是机器学习的部分，中间的三部分，概括起来就是特征表达。良好的特征表达，对最终算法的准确性起了非常关键的作用，而且系统主要的计算和测试工作都耗在这一部分，但现实中这部分工作一般都需依靠人工完成。特征是机器学习系统的原材料，对最终模型的影响是毋庸置疑的。如果数据被很好地表达成了特征，通常线性模型就能达到满意的精度。机器学习目的是让机器如何像人的大脑一样去学习，目前的这个学习过程的办法，就是不断教机器识别这个“特征”，并且依靠不断地算法能力训练，达到语音识别、人脸识别、图像识别等目的。

深度学习属于机器学习的一部分，是机器学习研究中的一个新的领域，它的概念源于人工神经网络的研究。最初的深度学习是利用深度神经网络来解决特征表达的一种学习过程。深度神经网络本身并不是一个全新的概念，可大致理解为包含多个隐含层的神经网络结构（图4-7）。为了提高深层神经网络的训练效果，人们对神经元的连接方法和激活函数等方面做出相应的调整。其实有不少想法早年间也曾有过，但由于当时训练数据量不足、计算能力落后，因此最终的效果不尽如人意。当前的深度学习的概念由Hinton等人于2006年提出，基于深度置信网络提出非监督贪心逐层训练算法，为解决深层结构相关的优化难题带来希望，随后提出多层自动编码器深层结构。此外，Lecun等人提出的卷积神经网络是第一个真正多层结构学习算法，它利用空间相对关系减少参数数目以提高训练性能。

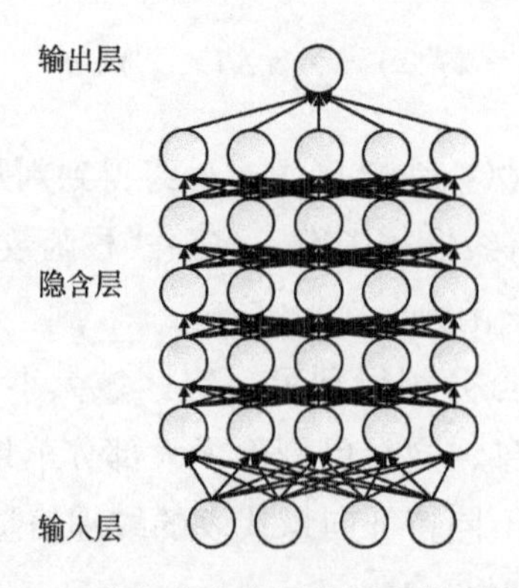

图4-7　含多个隐含层的深度学习模型

深度学习是机器学习中一种基于对数据进行表征学习的方法。观测值（以图像为例）可以使用多种方式来表示，如每个像素强度值的向量，或者更抽象地表示成一系列边、特定形状的区域等。而使用某些特定的表示方法更容易从实例中学习任务。深度学习的好处是用非监督式或半监督式的特征学习和分层特征提取高效算法来替代手工获取特征。同机器学习方法一样，深度机器学习方法也有监督学习与无监督学习之分。不同的学习框架下建立的学习模型很是不同。例如，卷积神经网络（Convolutional neural networks，CNNs）就是一种深度的监督学习下的机器学习模型，而深度置信网（Deep Belief Nets，DBNs）就是一种无监督学习下的机器学习模型。

二、深度学习模型结构

假设有系统S，它有n层（S_1，S_2，…，S_n），输入为I，输出为O，可形象的表示为：$I \Rightarrow S_1 \Rightarrow S_2 \Rightarrow \ldots \Rightarrow S_n \Rightarrow O$。为了使输出O尽可能的接近输入$I$，可以通过调整系统中的参数，这样就可以得到输入$I$的一系列层次特征$S_1$，$S_2$，…，$S_n$。对于堆叠的多个层，其中一层的输出作为其下一层的输入，以实现对输入数据的分级表达，这就是深度学习的基本思想。

深度神经网络是由多个单层非线性网络叠加而成的，常见的单层网络按照编码解码情况分为3类：只包含编码器部分、只包含解码器部分、既有编码器部分也有解码器部分。编码器提供从输入到隐含特征空间的自底向上的映射，解码器以重建结果尽可能接近原始输入为目标将隐含特征映射到输入空间。

人的视觉系统对信息的处理是分级的。从低级的提取边缘特征到形状（或者目标等），再到更高层的目标、目标的行为等，即底层特征组合成了高层特征，由低到高的特征表示越来越抽象。深度学习借鉴的这个过程就是学习的过程。

深度神经网络可以分为3类：前馈深度网络（Feed-Forward Deep Networks，FFDN），由多个编码器层叠加而成，如多层感知机（Multi-Layer Perceptrons，MLP）、卷积神经网络（Convolutional Neural Networks，CNN）；反馈深度网络（Feed-Back Deep Networks，FBDN），由多个解码器层叠加而成，如反卷积网络（Deconvolutional Networks，DN）、层次稀疏编码网络（Hierarchical Sparse Coding，HSC）等；双向深度网络（Bi-Directional Deep Networks，BDDN），通过叠加多个编码器层和解码器层构成（每层可能是单独的编码过程或解码过程，也可能既包含编码过程也包含解码过程），如深度玻尔兹曼机（Deep Boltzmann Machines，DBM）、深度信念网络（Deep Belief Networks，DBN）、栈式自编码器（Stacked Auto-Encoders，SAE）等。

1. 前馈深度网络

前馈神经网络是最初的人工神经网络模型之一。在这种网络中，信息只沿一个方向流动，从输入单元通过一个或多个隐层到达输出单元，在网络中没有封闭环路。典型的前馈神经网络有多层感知机和卷积神经网络等。卷积神经网络是由多个单层卷积神经网络组成的可训练的多层网络结构。每个单层卷积神经网络包括卷积、非线性变换和下采样3个阶段，其中下采样阶段不是每层都必需的。每层的输入和输出为一组向量构成的特征图（第一层的原始输入信号可以看作一个具有高稀疏度的高维特征图）。例如，输入部分是一张彩色图像，每个特征图对应的则是一个包含输入图像彩色通道的二维数组；对应的输出部分，每个特征图对应的是表示从输入图片所有位置上提取的特定特征。

（1）单层卷积神经网络。卷积阶段，通过提取信号的不同特征实现输入信号进行特定模式的观测。其观测模式也称为卷积核。每个卷积核检测输入特征图上所有位置上的特定特征，实现同一个输入特征图上的权值共享。为了提取输入特征图上不同的特征，使用不同的卷积核进行卷积操作。卷积阶段的输入是由n_1个$n_2 \times n_3$大小的二维特征图构成的三维数组。每个特征图记为x_i，该阶段的输出y，也是个三维数组，由m_1个$m_2 \times m_3$大小的特征图构成。在卷积阶段，连接输入特征图x_i和输出特征图y_i的权值记为w_{ij}，即可训练的卷积核（局部感受野），卷积核的大小为$k_2 \times k_3$，输出特征图为y_j。

非线性阶段，对卷积阶段得到的特征按照一定的原则进行筛选，筛选原则通常采用非线性变换的方式，以避免线性模型表达能力不够的问题。非线性阶段将卷积阶段提取的特征作为输入，进行非线性映射$R=h(y)$。传统卷积神经网络中非线性操作采用sigmoid、tanh或softsign等饱和非线性函数，近几年的卷积神经网络中多采用不饱和非线性函数ReLU（Rectified Linear Units）。在训练梯度下降时，Relu比传统的饱和非线性函数有更快的收敛速度，因此在训练整个网络时，训练速度也比传统的方法快很多。

下采样阶段，对每个特征图进行独立操作，通常采用平均池化或者最大池化的操作。平均池化依据定义的邻域窗口计算特定范围内像素的均值PA，邻域窗口平移步长大于1（小于等于池化窗口的大小）；最大池化则将均值PA替换为最值PM输出到下个阶段。池化操作后，输出特征图的分辨率降低，但能较好地保持高分辨率特征图描述的特征。一些卷积神经网络完全去掉下采样阶段，通过在卷积阶段设置卷积核窗口滑动步长大于1达到降低分辨率的目的。

（2）卷积神经网络。将单层的卷积神经网络进行多次堆叠，前一层的输出作为后一层的输入，便构成卷积神经网络。其中每2个节点间的连线，代表输入节点经过卷积、非线性变换、下采样3个阶段变为输出节点，一般最后一层的输出特征图后接一个全连接层和分类器。为了减少数据的过拟合，最近的一些卷积神经网络，在全连接层引入“Dropout”或“DropConnect”的方法，即在训练过程中以一定概率P将隐含层节点的输出值清0，而用反向传播算法更新权值时，不再更新与该节点相连的权值。但是这2种方法都会降低训练速度。在训练卷积神经网络时，最常用的方法是采用反向传播法则以及有监督的训练方式。网络中信号是前向传播的，即从输入特征向输出特征的方向传播，第1层的输入X，经过多个卷积神经网络层，变成最后一层输出的特征图O。将输出特征图O与期望的标签T进行比较，生成误差项E。通过遍历网络的反向路径，将误差逐层传递到每个节点，根据权值更新公式，更新相应的卷积核权值w_{ij}。在训练过程中，网络中权值的初值通常随机初始化（也可通过无监督的方式进行预训练），网络误差随迭代次数的增加而减少，并且这一过程收敛于一个稳定的权值集合，额外的训练次数呈现出较小的影响。卷积神经网络的特点在于，采用原始信号（一般为图像）直接作为网络的输入，避免了传统识别算法中复杂的特征提取和图像重建过程。局部感受野方法获取的观测特征与平移、缩放和旋转无关。卷积阶段利用权值共享结构减少了权值的数量进而降低了网络模型的复杂度，这一点在输入特征图是高分辨率图像时表现得更为明显。同时，下采样阶段利用图像局部相关性的原理对特征图进行子抽样，在保留有用结构信息的同时有效地减少了数据处理量。

2. 反馈深度网络

与前馈网络不同，反馈网络并不是对输入信号进行编码，而是通过解反卷积或学习数据集的基，对输入信号进行反解。前馈网络是对输入信号进行编码的过程，而反馈网络则是对输入信号解码的过程。典型的反馈深度网络有反卷积网络、层次稀疏编码网络等。反卷积网络模型和卷积神经网络思想类似，但在实际的结构构件和实现方法上有所不同。卷积神经网络是一种自底向上的方法，该方法的每层输入信号经过卷积、非线性变换和下采样3个阶段处理，进而得到多层信息。相比之下，反卷积网络模型的每层信息是自顶向下的，组合通过滤波器组学习得到的卷积特征来重构输入信号。层次稀疏编码网络和反卷积网络非常相似，只是在反卷积网络中对图像的分解采用矩阵卷积的形式，而在稀疏编码中采用矩阵乘积的方式。

（1）单层反卷积网络。反卷积网络是通过先验学习，对信号进行稀疏分解和重构的正则化方法。

（2）反卷积网络。单层反卷积网络进行多层叠加，可得到反卷积网络。多层模型中，在学习滤波器组的同时进行特征图的推导，第L层的特征图和滤波器是由第$L-1$层的特征图通过反卷积计算分解获得。反卷积网络训练时，使用一组不同的信号y，求解$C(y)$，进行滤波器组f和特征图z的迭代交替优化。训练从第1层开始，采用贪心算法，逐层向上进行优化，各层间的优化是独立的。反卷积网络的特点在于，通过求解最优化输入信号分解问题计算特征，而不是利用编码器进行近似，这样能使隐层的特征更加精准，更有利于信号的分类或重建。

3. 双向深度网络

双向网络由多个编码器层和解码器层叠加形成，每层可能是单独的编码过程或解码过程，也可能同时包含编码过程和解码过程。双向网络的结构结合了编码器和解码器2类单层网络结构，双向网络的学习则结合了前馈网络和反馈网络的训练方法，通常包括单层网络的预训练和逐层反向迭代误差2个部分，单层网络的预训练多采用贪心算法：每层使用输入信号I_L与权值w计算生成信号I_{L+1}传递到下一层，信号I_{L+1}再与相同的权值w计算生成重构信号I'_L映射回输入层，通过不断缩小I_L与I'_L间的误差，训练每层网络。网络结构中各层网络结构都经过预训练之后，再通过反向迭代误差对整个网络结构进行权值微调。其中单层网络的预训练是对输入信号编码和解码的重建过程，这与反馈网络训练方法类似；而基于反向迭代误差的权值微调与前馈网络训练方法类似。典型的双向深度网络有深度玻尔兹曼机、深度信念网络、栈式自编码器等。

三、深度学习训练算法

大量试验表明，对深度结构神经网络采用随机初始化的方法，基于梯度的优化会使训练结果陷入局部极值，而找不到全局最优值，并且随着网络结构层次的加深，更难以得到好的泛化性能，使得深度结构神经网络在随机初始化后得到的学习结果甚至不如只有一个或两个隐层的浅结构神经网络得到的学习结果好。由于随机初始化深度结构神经网络的参数得到的训练结果和泛化性能都很不理想，在2006年以前，深度结构神经网络在机器学习领域文献中并没有进行过多讨论。通过试验研究发现，用无监督学习算法对深度结构神经网络进行逐层预训练，能够得到较好的学习结果。最初的试验对每层采用RBM生成模型，后来的试验采用自编码模型来训练每一层，两种模型得到相似的试验结果。一些试验和研究结果证明了无监督预训练相比随机初始化具有很大的优势，无监督预训练不仅初始化网络得到好的初始参数值，而且可以提取关于输入分布的有用信息，有助于网络找到更好的全局最优解。对深度学习来说，无监督学习和半监督学习是成功的学习算法的关键组成部分，主要原因包括以下几个方面。

（1）与半监督学习类似，深度学习中缺少有类标签的样本，并且样例大多无类标签。

（2）逐层的无监督学习利用结构层上的可用信息进行学习，避免了监督学习梯度传播的问题，可减少对监督准则函数梯度给出的不可靠更新方向的依赖。

（3）无监督学习使得监督学习的参数进入一个合适的预置区域内，在此区域内进行梯度下降能够得到很好的解。

（4）在利用深度结构神经网络构造一个监督分类器时，无监督学习可看作学习先验信息，使得深度结构神经网络训练结果的参数在大多情况下都具有意义。

（5）在深度结构神经网络的每一层采用无监督学习将一个问题分解成若干与多重表示水平提取有关的子问题，是一种常用的可行方法，可提取输入分布较高水平表示的重要特征信息。

深度学习的训练过程主要有自下向上的非监督学习和自顶向下的监督学习，非监督学习采用无标签数据分层训练各层参数，这是一个无监督训练的过程（也是一个特征学习的过程），是和传统神经网络区别最大的部分。具体是：用无标签数据去训练第一层，这样就可以学习到第一层的参数，在学习得到第n-1层后，再将第n-1层的输出作为第n层的输入，训练第n层，进而分别得到各层的参数。监督学习在预训练后采用有标签的数据来对网络进行区分性训练，此时误差自顶向下传输。预训练类似传统神经网络的随机初始化，但由于深度学习的第一步不是随机初始化而是通过学习无标签数据得到的，因此这个初值比较接近全局最优，所以深度学习效果好很多程序上归功于第一步的特征学习过程。

使用到的学习算法包括如下几种。

（1）深度费希尔映射方法：Wong等人提出一种新的特征提取方法——正则化深度费希尔映射（Regularized Deep Fisher Mapping，RDFM）方法，学习从样本空间到特征空间的显式映射，根据Fisher准则用深度结构神经网络提高特征的区分度。深度结构神经网络具有深度非局部学习结构，从更少的样本中学习变化很大的数据集中的特征，显示出比核方法更强的特征识别能力，同时RDFM方法的学习过程由于引入正则化因子，解决了学习能力过强带来的过拟合问题。在各种类型的数据集上进行试验，得到的结果说明了在深度学习微调阶段运用无监督正则化的必要性。

（2）非线性变换方法。Raiko等人提出了一种非线性变换方法，该变换方法使得多层感知器（Multi—Layer Perceptron，MLP）网络的每个隐神经元的输出具有零输出和平均值上的零斜率，使学习MLP变得更容易。将学习整个输入输出映射函数的线性部分和非线性部分尽可能分开，用shortcut权值（shortcut weight）建立线性映射模型，令Fisher信息阵接近对角阵，使得标准梯度接近自然梯度。通过试验证明非线性变换方法的有效性，该变换使得基本随机梯度学习与当前的学习算法在速度上不相上下，并有助于找到泛化性能更好的分类器。用这种非线性变换方法实现的深度无监督自编码模型进行图像分类和学习图像的低维表示的试验，说明这些变换有助于学习深度至少达到5个隐层的深度结构神经网络，证明了变换的有效性，提高了基本随机梯度学习算法的速度，有助于找到泛化性更好的分类器。

（3）稀疏编码对称机算法。Ranzato等人提出一种新的有效的无监督学习算法——稀疏编码对称机（Sparse Encoding Symmetric Machine，SESM），能够在无须归一化的情况下有效产生稀疏表示。SESM的损失函数是重构误差和稀疏惩罚函数的加权总和，基于该损失函数比较和选择不同的无监督学习机，提出一种相关的迭代在线学习算法，并在理论和实验上将SESM与RBM和PCA进行比较，在手写体数字识别MNIST数据集和实际图像数据集上进行试验，表明该方法的优越性。

（4）迁移学习算法。在许多常见学习场景中训练和测试数据集中的类标签不同，必须保证训练和测试数据集中的相似性进行迁移学习。Mesnil等人研究了用于无监督迁移学习场景中学习表示的不同种类模型结构，将多个不同结构的层堆栈使用无监督学习算法用于5个学习任务，并研究了用于少量已标记训练样本的简单线性分类器堆栈深度结构学习算法。Bengio等人研究了无监督迁移学习问题，讨论了无监督预训练有用的原因，如何在迁移学习场景中利用无监督预训练，以及在什么情况下需要注意从不同数据分布得到的样例上的预测问题。

（5）自然语言解析算法。Collobert基于深度递归卷积图变换网络（Graph Transformer Network，GTN）提出一种快速可扩展的判别算法用于自然语言解析，将文法解析树分解到堆栈层中，只用极少的基本文本特征，得到的性能与现有的判别解析器和标准解析器的性能相似，而在速度上有了很大提升。

（6）学习率自适应方法。学习率自适应方法可用于提高深度结构神经网络训练的收敛性并且去除超参数中的学习率参数，其中包括全局学习率、层次学习率、神经元学习率和参数学习率等。最近研究人员提出了一些新的学习率自适应方法，如Duchi等人提出的自适应梯度方法和Schaul等人提出的学习率自适应方法；Hinton提出了收缩学习率方法使得平均权值更新在权值大小的1/1 000数量级上；LeRoux等人提出自然梯度的对角低秩在线近似方法，并说明该算法在一些学习场景中能加速训练过程。

四、深度学习相对于浅层学习的提升

在网络表达复杂目标函数的能力方面，浅结构神经网络有时无法很好地实现高变函数等复杂高维函数，而用深度结构神经网络能够较好地表征。

在网络结构的计算复杂度方面，当用深度为k的网络结构能够紧凑地表达某一函数时，在采用深度小于k的网络结构表达该函数时，可能需要增加指数级规模数量的计算因子，大大增加了计算的复杂度。另外，需要利用训练样本对计算因子中的参数值进行调整，当一个网络结构的训练样本数量有限而计算因子数量增加时，其泛化能力会变得很差。

在仿生学角度方面，深度学习网络结构是对人类大脑皮层的最好模拟。与大脑皮层一样，深度学习对输入数据的处理是分层进行的，用每一层神经网络提取原始数据不同水平的特征。

在信息共享方面，深度学习获得的多重水平的提取特征可以在类似的不同任务中重复使用，相当于对任务求解提供了一些无监督的数据，可以获得更多的有用信息。

深度学习比浅学习具有更强的表示能力，而由于深度的增加使得非凸目标函数产生的局部最优解是造成学习困难的主要因素。反向传播基于局部梯度下降，从一些随机初始点开始运行，通常陷入局部极值，并随着网络深度的增加而恶化，不能很好地求解深度结构神经网络问题。2006年，Hinton等人提出的用于深度信任网络（Deep Belief Network，DBN）的无监督学习算法，解决了深度学习模型优化困难的问题。求解DBN方法的核心是贪婪逐层预训练算法，在与网络大小和深度呈线性的时间复杂度上优化DBN的权值，将求解的问题分解成为若干更简单的子问题进行求解。

深度学习方法试图找到数据的内部结构，发现变量之间的真正关系形式。大量研究表明，数据表示的方式对训练学习的成功产生很大的影响，好的表示能够消除输入数据中与学习任务无关因素的改变对学习性能的影响，同时保留对学习任务有用的信息。深度学习中数据的表示有局部表示（Local Representation）分布表示（Distributed Representation）和稀疏分布表示（Sparse Distributed Representation）3种表示形式。学习输入层、隐层和输出层的单元均取值0或1。分布表示中的输入模式由一组特征表示，这些特征可能存在相互包含关系，并且在统计意义上相互独立。对于例子中相同整数的分布表示有$\log_2^N$位的向量，这种表示更为紧凑，在解决降维和局部泛化限制方面起到帮助作用。稀疏分布表示介于完全局部表示和非稀疏分布表示之间，稀疏性的意思为表示向量中的许多单元取值为0。对于特定的任务需要选择合适的表示形式才能对学习性能起到改进的作用。当表示一个特定的输入分布时，一些结构是不可能的，因为它们不相容。例如在语言建模中，运用局部表示可以直接用词汇表中的索引编码词的特性，而在句法特征、形态学特征和语义特征提取中，运用分布表示可以通过连接一个向量指示器来表示一个词。分布表示由于其具有的优点，常常用于深度学习中表示数据的结构。由于聚类簇之间在本质上互相不存在包含关系，因此聚类算法不专门建立分布表示，而独立成分分析（Independent Component Analysis，ICA）和主成分分析（Principal Component Analysis，PCA）通常用来构造数据的分布表示。

五、应用实例

1. 基于卷积神经网络的苹果缺陷检测

卷积神经网络是为识别二维数据而专门设计的多层感知器神经网络。现在卷积神经网络已经成为图像识别领域的研究热点。它的权值共享网络结构使之更类似于生物神经网络，避免了传统模式识别算法中人工特征提取操作，而采用一种无监督自学习的特征提取方法。而且这种网络结构对平移、放缩与旋转具有高度的不变性。本例基于卷积神经网络进行苹果缺陷检测。

本例的整体算法如图4-8所示，共分为两部分，第1部分为图像的预处理，第2部分为CNN网络的设计与训练。在图像预处理方面，首先利用背景减除法改进了一种基于RGB彩色分量算术运算的背景分割算法，获取苹果图像的最小外接矩形；然后采用统一尺寸的窗口对目标图像进行有重叠的分块处理。在CNN网络的设计与训练方面，针对本例训练数据与分类任务，构建包含4个卷积层、3个池化层与1个全连接层的8层CNN网络模型，其中卷积核、激活函数与池化操作参考了经典的CNN网络模型。

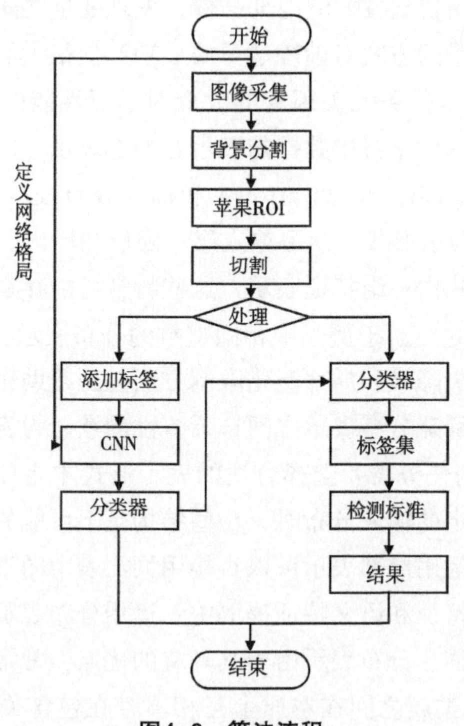

图4-8　算法流程

本例采用3 000个分辨率为600×800作为试验样本，样本的缺陷种类主要包括腐烂、虫伤、疤痕、裂痕、碰压伤等不规则的缺陷类型。为了精确地将苹果果梗、花萼与缺陷分离出来，对目标图像采用分块处理的方法。本例采用尺寸为64×64的窗口对目标图像进行重叠率为50%的分块处理，分割窗口每次移动的步长为32个像素。重叠分块方法保证了果梗、花萼或缺陷可以完整的出现在一个窗口中。试验证明，尺寸为64×64的窗口既可以完整的包含每一种特征，又可以避免把多种特征分在同一窗口中。

在目标图像切割的64 × 64的图像块可以分为正常块、缺陷块、果梗块、花萼块与边缘块。由于苹果缺陷的多样性与复杂性，所以把所有的缺陷归为同一类。这样把训练数据与测试数据分为5类。通过渐进式学习方法确定训练样本的个数；测试数据1 500个，每一类各取300个。对于卷积神经网络，输入的数据需要归一化与去均值化处理。

本例采用8层的卷积神经网络，包括4层卷积层（C）、3层抽样层（S）和1层全连接层（F）。输入层是64 × 64的RGB彩色图像。

在卷积层（C）中，卷积核的尺寸与数量对CNN的性能至关重要，同时也是CNN参数调谐的难点。根据经典的卷积神经网络模型，本例中，卷积层统一采用尺寸为5 × 5的卷积核。根据下式计算卷积层特征图的大小。

$$S_O = \frac{(S_I + 2 \times pad - K)}{S_d} + 1$$

式中，S_O与S_I为输出图像与输入图像的尺寸；pad为边缘扩展像素个数；K为卷积核的尺寸；S_d为卷积滑动步长。

卷积得到的结果先加上一个偏置，再通过激活函数，作为该层某个神经元的值。Krizhevsky等人发现使用Relu得到的SGD的收敛速度比sigmod/tanh快的多，而且结果是稀疏的。所以该实验采用Relu作为激活函数。在实际应用中，卷积层的计算公式为：

$$x_C^i = f\left[\sum (W x_S^{i-1} + b^i)\right]$$

式中，W代表卷积核；f代表激活函数；b^i代表偏置。

池化层也称子采样层。由于在图像的一个局部区域得到的特征极有可能在另一个局部区域同样适用，因此可以采用池化操作对一个局部区域不同位置的特征进行聚合，而且此操作具有位移不变性。为了控制特征图缩小的速度，在以下的池化层统一采用2 × 2的采样窗口。池化层的具体操作：首先对2 × 2的子采样窗口x_C^{i-1}求和，再乘一个权重w，然后加上一个偏置b^i，最后通过一个激活函数，同样采用Relu激活函数。池化层的计算公式为：

$$x_S^i = f\left[w \cdot sum(x_C^{i-1}) + b^i\right]$$

卷积层与池化层交替出现，随着网络深度的增加，提取的特征图的个数越多，尺寸越小，则提取的特征越具有表达能力。当到达C_4层的时候，可得到256个尺寸为1 × 1的特征图。

全连接层。F_1层与C_4层构成一个全连接，在这里每一个神经元都与前一层所有神经元连接。此时，把256个特征图串联起来就变成了256维的特征向量。此时，C_4层相当于感知器神经网络的输入层，F_1层为隐含层，神经元个数为256

个，输出层共5个神经元，即分类的种类数。

对于定义的网络结构，训练样本过多导致网络过学习，样本太少可能导致欠学习。所以采用渐进式学习方法确定最佳训练样本数量。首先采用少量数据进行学习，哪一类被误判的比较多，则逐渐添加此类训练样本，直到分类精度达到最大值为止。确定训练样本数量后，再需配置训练参数。

（1）初始化学习率，当学习率值较大时，容易跨过极值点，导致算法不稳定；如果设置太小，训练周期过长、收敛速度慢；此时，将学习速率初始化为0.01，然后在训练过程中当损失函数达到稳定时，将初始值除以10，这个过程重复多次。

（2）设置动量因子，在没动量因子的作用下，网络可能陷入浅的局部极小值；动量因子可以使梯度下降权重更新更为平缓，使学习过程更为稳重、快速，动量因子设为0.9。

选取300个苹果，其中正常苹果与带有伤疤的苹果各150个，作为验证数据。在苹果采集过程中，翻转苹果，每个苹果采集3张子图像，以便得到相对完整的外观信息。为了提高该算法的检错能力，制定了一个检测标准。

（1）任意1张子图像的检测到缺陷个数大于1，或多于1张子图像检测到缺陷，则该苹果带有缺陷。

（2）仅1张子图像检测到一个缺陷，该苹果归为正常类。

为了提高检测的速度，达到实时性的要求，采用基于GPU的并行编程方式，一个进程负责图像的预处理，包括图像背景分割，与图像分块操作；一个进程实现图像块的检测工作。本例的所有试验均在Linux操作系统caffe深度学习框架下进行，运行内存4G。

本例试验结果只有4个正常的苹果被错误的分类，缺陷苹果检测的正确率为100%，正常苹果的检测正确率为97.3%。被误检的4个苹果，全是把花萼错误的分类导致的，误检的重要原因是花萼与苹果的某些缺陷太相似，为提高花萼与缺陷检测的精度，可在训练阶段增加花萼与缺陷样本的数量。

2. 基于残差网络的脐橙检测深度学习模型

卷积神经网络的深度与训练样本数量存在着互相适应的关系，当训练的样本数增加以后，网络的深度也需要增加，而常规的卷积神经网络通常采用平原网络，在训练层数更多的网络时容易产生性能退化问题，也就是网络的准确率在达到饱和之后会迅速下降。研究结果表明，网络性能的退化并不是过度拟合造成的，其原因在于常规的卷积神经网络很难通过多层网络拟合出所需的同等函数。残差网络的出现不仅保留了卷积神经网络自适应提取特征的优点，而且较好地解决了网络性能退化的问题，该网络通过增加一个近似的同等函数层，减少了拟合的难度，同时也减少了计算量。

残差网络由其名可知就是基于残差的深度卷积神经网络。当输入为x时，它将经过两个卷积层，输出为$T(x)=F(x)+x$。如果可以保证经过卷积层之后的$F(x)$趋近零，优化目标就变为$F(x)$，当经过卷积后的输出趋近于零的话，残差输出$F(x)$就能得到很大程度的放大。该网络结构就是通过将这种残差进行优化来达到更加优越的性能。当残差输出接近于零时，$F(x)+x$就接近于x，此时就可以通过增加网络的深度来获得更深层次的图像特征。然而$F(x)$不可能为零，通过Relu函数尽可能地将矩阵中的值变为零，从而将残差放大，残差网络的每一个小模块就是利用上述的思想来构造的。

残差网络基本模块（图4-9），它的基本结构就是在反馈神经网络结构中将输入和经过两层卷积层后的输出一起作为下一个模块的输入，以此生成残差网络的基本结构。当输入的维度和输出的维度一致时，就不需要对数据有所改变，直接将其相加即可；当它们维度不同的时候，需要对输入的维度进行变换，可以通过变换卷积核或者增加补丁来改变数据维度。残差网络通过把优化目标$T(x)=F(x)+x$转化为$T(x)-x$，其训练难度比训练得到一个等价映射简单了很多，此时并非把更深层次网络的前面几层训练为一个等价映射，而是将优化目标趋近于零，残差网络因此才有了更加优越的性能。不仅网络层次更深，还可以获得通过更加细微的变化所带来的特征，进而使得性能更加优越。

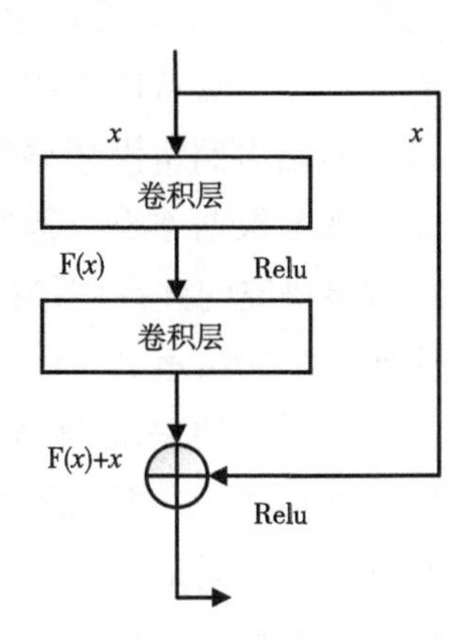

图4-9　残差网络基本模块

在训练监督学习模型时，为了选出效果最好的、泛化能力最佳的模型，一般会按照0.6：0.2：0.2的比例将数据划分为训练集、验证集和测试集，这样的划分是为了防止出现过拟合现象。但在实际应用中大多数并不涉及验证集，通常只是把数据集按照0.8：0.2的比例分成训练集和测试集。数据集一共有4 000张图片，将其分为4类，分别为优质品、良品、合格品、不合格品。其中1 000张为优质品质，1 000张为良好品质，1 000张为合格品质，1 000张为不合格品质。其分类依据主要根据色泽、亮度、表面是否有斑点、表面是否有疤痕、脐橙本身是否完整等进行划分。若图片中的脐橙色泽很饱满、鲜香亮丽、无疤痕、无斑点、完整无缺，则归类为优质脐橙；若图片中的脐橙色泽暗淡、外表完整、无疤痕斑点，则归为良好的脐橙；若脐橙外表布着斑点、色泽暗淡、但完整无缺，则归为合格的脐橙；若脐橙斑点密布、凹凸不平，甚至霉斑遍布、腐渍横生、果身残缺，则归为不合格的脐橙。

由于最终收集到的各类脐橙图片数据的像素尺寸并不相同，为了方便卷积神经网络对数据的读入，首先需要对脐橙图片的尺寸进行统一化的处理，将其尺寸统一固定为长为256，宽为256，水平分辨率为96，垂直分辨率为96。由于神经网络训练时对所训练数据的格式和类型有一定的要求，所以在训练前需要对数据进行预处理操作。为了适应caffe框架对脐橙图片数据的读入，将其整体转换为LMDB的格式，虽然单纯的jpg图片格式的数据也能对其进行读入，但相对于LMDB的数据，单纯的图片格式数据读入速度较慢。这样处理以后，就可以直接加载数据集进行卷积神经网络的迭代。相对于卷积神经网络中庞大数量的神经单元来说，收集的脐橙数据依旧是比较少的。因此，在具体的迭代过程中，需要对数据采取一些方法进行数据增强，比如对数据进行水平或竖直的旋转、随机裁剪、镜像以及改变颜色的对比度等。

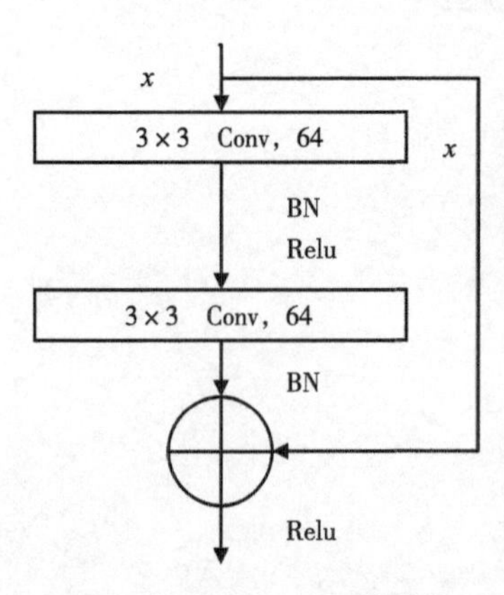

图4-10 Resnet-18残差块

残差网络模型与传统卷积神经网络相比，不仅减少了网络的参数数量，并且具有很好的训练效果，解决了随着网络深度增加而带来的网络退化问题，因此本例将沿用残差模型的残差块思想，并在此基础上根据本例试验数据的情况，设计一个符合本试验研究的残差网络模型。网络Resnet-18的残差块如图4-10所示。

本例将残差块的两个卷积层改成1 × 1+3 × 3+1 × 1的形式，与常规网络相比，具有参数运算量少和分类精度高的优点。本例构建的网络及各层参数配置如表4-15所示。

表4-15 网络参数配置

层名	输出尺寸	结构参数
Conv1	112 × 112	7 × 7，64，stride_2 3 × 3，Max pool，stride_2
Conv2_x	56 × 56	$\begin{bmatrix} 1\times1, & 64 \\ 3\times3, & 64 \\ 1\times1, & 256 \end{bmatrix}\times 2$

（续表）

层名	输出尺寸	结构参数
Conv3_x	28×28	$\begin{bmatrix}1\times1, & 128\\3\times3, & 128\\1\times1, & 512\end{bmatrix}\times2$
Conv4_x	14×14	$\begin{bmatrix}1\times1, & 256\\3\times3, & 256\\1\times1, & 1024\end{bmatrix}\times2$
Conv5_x	7×7	$\begin{bmatrix}1\times1, & 512\\3\times3, & 512\\1\times1, & 2048\end{bmatrix}\times5$
InnerProduct	1×1	Average pool，4-d fc，softmax

本例在Resnet-18的基础上进行改进，将原文中卷积运算块更换成带有两个1×1卷积块进行升维与降维操作，不仅增加了分类准确率还减少了网络参数。以残差conv_2为例，此时输入特征图为$128\times112\times112$（分别表示的是特征图维度d，宽w，高h），先通过$64\times1\times1$卷积层降维成$64\times112\times112$，接着通过$64\times3\times3$的卷积层进行特征提取操作，最后通过$256\times1\times1$卷积层升维。2015年Image Net 大赛冠军所使用的18层残差网络是采取两个3×3卷积层作为一个残差块，本例引用其作为基础网络并对残差块的构建进行了修改，并且由于采用了1×1卷积而减少了网络的计算量，此时适当扩展网络深度不仅不会对网络计算带来太大负担，而且还能增加模型最终分类准确率，于是在平均池化层前再增加了3个残差块，最后根据本例的试验对象将最后一层的softmax分类器输出修改成4，以便识别出4种类别的脐橙。

将图片像素大小统一到256×256，并且将其随机裁剪成224×224，使训练样本的数量和多样性得以增加，接着将裁剪后的图片输入网络进行运算。将训练样本与测试样本按照4：1的配置进行试验。网络运行的环境为caffe，每迭代一次输入一批（batch）图片进行批处理，其中batch大小为64。计算机配置：Intel（R）Core（TM）i3-7100 CPU 3.91GHz，内存8GB，显卡NVIDIA GeForce GTX 1070。网络模型参数的更新方法采用随机梯度下降算法，最大训练次数为100 000，学习率固定为0.001。

为了达到更高的检测分类的准确率，可以尝试着调整学习率，首先固定一个学习率的值，之后对所构建的网络模型进行训练，到准确率趋近于一个值而不再增加的时候，适当地降低学习率的值再次进行训练，就这样多次不断去调整学习率的值，直到训练出识别率更高的深度网络模型。

试验数据一共分4类，分别是优质的、良好的、合格的以及不合格的，每一类图片各有1 000张。训练集与测试集图片的数目比是4∶1。本部分在修改后的网络上进行了两组试验：①构建完整数据集后，直接进行网络模型的训练。②将构建的数据进行扩充，将每张训练图片分别进行90度、180度、270度旋转，然后再将扩增后的数据集进行训练。当迭代次数增加的时候网络模型的参数随之不断更新，最终分类准确率曲线达到收敛。当模型迭代到100 000次时，准确率为87.40%。在数据进行扩充之后对模型的塑造能力更强，不仅使得准确率收敛在更高的值，此时的模型更加稳定。当迭代到100 000次时，准确率达到92%，相比扩充前，准确率提升5.26%。

第七节　智能分析建模其他常用方法

一、贝叶斯分类器

贝叶斯分类器是各种分类器中分类错误概率最小或者在预先给定代价的情况下平均风险最小的分类器。它的设计方法是一种最基本的统计分类方法。其分类原理是通过某对象的先验概率，利用贝叶斯公式计算出其后验概率，即该对象属于某一类的概率，选择具有最大后验概率的类作为该对象所属的类。对分类任务来说，在所有相关概率都已知的理想情形下，贝叶斯决策论考虑如何基于这些概率和误判损失来选择最优的类别标记。这其实是关系到两个基本概念：有多大的可能性是这个类别以及可能的误判的损失。机器学习就是从中选择误判损失最小的最大概率类别作为其分类标识。

假设有N种可能的类别标记，即$\gamma=\{c_1, c_2, \cdots, c_N\}$，$\lambda_{ij}$是将一个真实标记为$c_j$的样本误分类为$c_i$所产生的损失。基于后验概率$P(c_i \mid x)$可获得将样本$x$分类为$c_i$所产生的期望损失，即在样本$x$上的条件风险：

$$R(c_i \mid x)=\sum_{j=1}^{N}\lambda_{ij}P(c_j \mid x)$$

训练中的任务就是寻找一个判定准则$h: x \mapsto y$来做最小化总体风险：

$$R(h)=E_x\left[R(h(x) \mid x)\right]$$

对每个样本x，若h能最小化条件风险$R(h(x) \mid x)$，则总体风险$R(h)$也将被最小化。如此，可定义贝叶斯判定准则：为最小化总体风险，只需在每个样本上选择那个能使条件风险$R(c \mid x)$最小的类别标记，即：

$$h^*(x) = \underset{c \in \gamma}{\arg\min}\, R(c \mid x)$$

首先要知道后验概率，就是预知x是那个分类标记的概率，然后统计出误判为其他类别标记的损失，从而得出该样本在该标记下的条件风险；接着比较所有比较标记下样本x的条件风险，选择最小的。

$h^*(x)$称为贝叶斯最优分类器，与之对应的总体风险$R^*(h)$称为贝叶斯风险，$1-R^*(h)$反映了分类器所能达到的最好性能，即通过机器学习所能产生的模型精度的理论上限。

具体来说，若目标是最小化分类错误率，则误判损失λ_{ij}可写为：

$$\lambda_{ij} = \begin{cases} 0, & if\ i = j \\ 1, & otherwise \end{cases}$$

此时，条件风险：$R(c \mid x) = 1 - P(c \mid x)$，于是，最小化分类错误率的贝叶斯最优分类器为：

$$h^*(x) = \underset{c \in \gamma}{\arg\max}\, P(c \mid x)$$

可以看出，对每个样本x来说，选择能使后验概率$P(c \mid x)$最大的类别标记。

贝叶斯模型的数学推论中首先是要保证贝叶斯分类器产生的总体误判损失是最小的，而要得到最小，关键就是从中选择后验概率最大的类别标记。显然，基于贝叶斯准则来最小化决策风险，现在第一就是要获得后验概率$P(c \mid x)$，故此机器学习的主要任务就是基于有限的训练样本集尽可能准确地估计出后验概率$P(c \mid x)$。

对于后验概率的估计，大体有两种策略：①判别式模型。给定x，通过直接建模$P(c \mid x)$来预测c，决策树、BP神经网络、支持向量机等都显然属于该范畴，预设模型并通过样本集训练出参数进而再优化。②生成式模型。先对联合概率分布$P(c \mid x)$建模，然后再由此获得$P(c \mid x)$。

贝叶斯分类器就是基于条件概率而开展：$P(c \mid x) = P(x, c) / P(x)$，基于贝叶斯定理，$P(c \mid x) = P(c)P(x \mid c) / P(x)$，其中$P(c)$是类先验概率；$P(x \mid c)$是样本$x$相对于类标记$c$的类条件概率，或称为似然；$P(x)$是用于归一化的证据因子。对给定样本，证据因子$P(x)$与类标记无关，因此估计$P(c \mid x)$的问题就转化为如何基于训练集$D$来估计先验$P(c)$和似然（条件）$P(x \mid c)$。

（1）$P(c)$的训练。类先验概率$P(c)$表达了样本空间中各类样本所占的比例，根据大数定律，当训练集包含充足的独立同分布样本时，$P(c)$可通过各类样本出现的频率来进行估计。

（2）$P(x \mid c)$的训练。类条件概率$P(x \mid c)$，涉及关于x所有属性的联合概率，直接根据样本出现的频率来估计有困难。例如，假设样本的d个属性都是二值

的，则样本空间将有2d中可能的取值，在现实应用中，这个值往往大于训练样本数m，也就是说，很多样本的取值在训练集中根本没有出现，直接使用频率来估计$P(x|c)$显然不可行，因为“未被观测到”和“出现概率为零”通常是不同的，需要用极大似然估计求解。

二、集成学习

集成学习是使用一系列学习器进行学习，并使用某种规则把各个学习结果进行整合从而获得比单个学习器更好的学习效果的一种机器学习方法。集成学习的主要思路是先通过一定的规则生成多个学习器，再采用某种集成策略进行组合，最后综合判断输出最终结果。一般而言，通常所说的集成学习中的多个学习器都是同质的“弱学习器”。基于该弱学习器，通过样本集扰动、输入特征扰动、输出表示扰动、算法参数扰动等方式生成多个学习器，进行集成后获得一个精度较好的“强学习器”。

集成学习的理论基础是PAC理论、强可学习与弱可学习理论。集成学习的理论基础表明强可学习器与弱可学习器是等价的，因此可以寻找方法将弱可学习器转换为强可学习器，而不必去直接寻找较难发现的强可学习器。具有代表性的集成学习方法有Boosting、Bagging、随机森林。

以三分类问题为例，假如有N个分类器相互独立，错误率都为P，使用简单的投票法组合分类器，其分类器的错误率为：

$$P_{error}=\sum_{k=0}^{N/2}\binom{N}{k}(1-p)^{k}p^{N-k}$$

从上式可看出，$p<0.5$时，错误率p_{error}随N增大而减少。如果每个分类器的错误率都小于0.5，且相互独立，那么集成学习器个数越多，错误率越小，N无穷大时，错误率为0。

以下是3类代表性的集成学习方法。

1. Boosting

各种不同的Boosting算法有很多，但最具代表性的当属AdaBoost算法，而且各种不同Boosting算法都是在AdaBoost算法的基础上发展起来的。因此下面以AdaBoost算法为例，对Boosting算法进行简单的介绍。

首先给出任意一个弱学习算法和训练集$(x_1, y_1), (x_2, y_2), \cdots, (x_m, y_m)$，其中，$x_i\in X$，$X$表示某个域或实例空间，在分类问题中是一个带类别标志的集合，$y_i\in Y=\{+1, -1\}$。

初始化时，Adaboost为训练集指定分布为$1/m$，即每个训练例的权重都相同为$1/m$。接着，调用弱学习算法进行T次迭代，每次迭代后，按照训练结果更新训练集上的分布，对于训练失败的训练例赋予较大的权重，使得下一次迭代更加关注这些训练例，从而得到一个预测函数序列$h_1,h_2,\ldots,h_t$，对每个预测函数也赋予h_t一个权重，预测效果好的，相应的权重越大。T次迭代之后，在分类问题中最终的预测函数采用带权重的投票法产生。单个弱学习器的学习准确率不高，经过运用Boosting算法之后，最终结果准确率将得到提高。

2. Bagging

Bagging（bootstrap aggregating）是通过结合几个模型降低泛化误差的技术，主要思想是分别训练几个不同的模型，然后让所有模型表决出测试样例的输出。这是机器学习常规策略的一个例子，被称为模型平均。模型平均奏效的原因是不同的模型通常不会在测试集上产生完全相同的误差。

如图4-11所示，Bagging涉及构造T个不同的数据集。每个数据集从原始数据集中重复采样构成，和原始数据集具有相同数量的样例。这意味着，每个数据集以高概率缺少一些来自原始数据集的例子，还包含若干重复的例子（如果所得训练集与原始数据集大小相同，那所得数据集中大概有原始数据集2/3的实例）。模型i在数据集i上训练。每个数据集所含样本的差异导致了训练模型之间的差异。

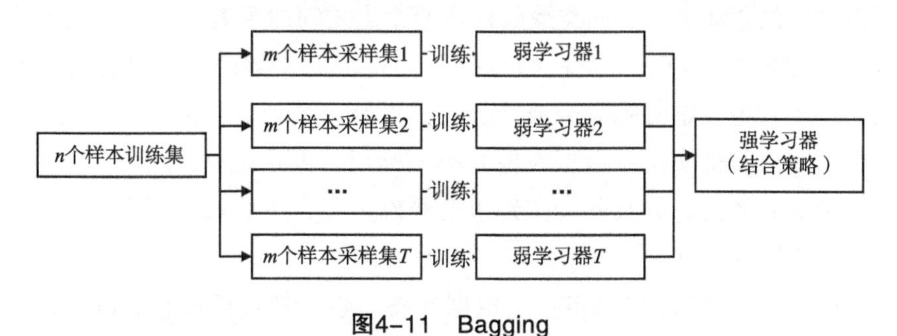

图4-11　Bagging

3. 随机森林

随机森林（图4-12）是2001年由Leo Breiman将Bagging集成学习理论与随机子空间方法相结合，提出的一种机器学习算法。随机森林是以决策树为基分类器的一个集成学习模型，它包含多个由Bagging集成学习技术训练得到的决策树，当输入待分类的样本时，最终的分类结果由单个决策树的输出结果投票决定。随机森林解决了决策树性能瓶颈的问题，对噪声和异常值有较好的容忍性，对高维数据分类问题具有良好的可扩展性和并行性。此外，随机森林是由数据驱动的一种非参数分类方法，只需通过对给定样本的学习训练分类规则，并不需要先验知识。

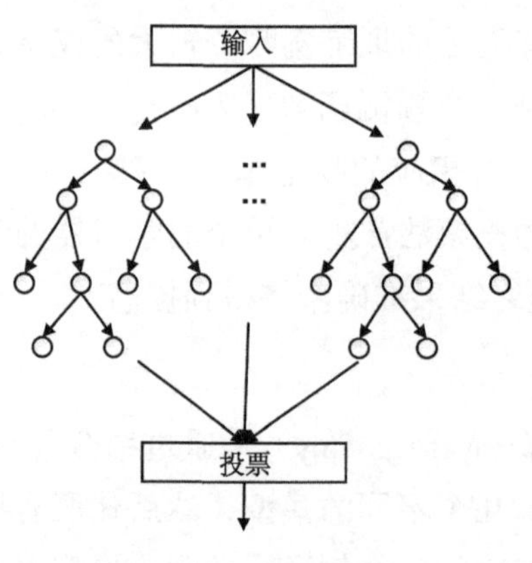

图4-12　随机森林

三、聚类

1. 聚类的特征

聚类就是将数据对象分别组成多个类簇，划分的原则就是使得同一个簇内的对象之间具有较高的相似度，而不同簇之间对象之间的差异最大，一个类簇内的任意两点之间的距离小于不同类簇的任意两个点之间的距离。

聚类是无监督学习，涉及的数据集合的特征是未知的，并且在开始聚类之前，用户并不知道要把数据划分成几类，并没有一个分类的标准；分类是典型的有监督学习，分类的实例或数据对象有类型标记，也就是说，用户在分类之前是知道需要分成几类的，并且各个类别也已经确定了，主要就是利用分类器将处理的数据分到不同的类别中。

聚类的过程主要有以下5步：①数据准备。包括特征标准化和降维。②特征选择和提出。从最初的特征中，选择最有效的特征，并将其存储在向量中。③特征提取。对所选择的特征进行转换，形成新的突出特征。④聚类。选择合适特征类型的某种距离函数进行接近程度的度量，执行聚类。⑤聚类结果评估。外部有效性评估、内部有效性评估和相关性测试评估。

2. 聚类算法类别

聚类算法大致可分为5类，有基于划分，基于层次，基于密度，基于网络和基于模型的方法。以下是对较为常用的前3种方法的简单介绍。

（1）基于划分的方法。划分聚类就是对一个数据集合进行划分，对具有n个对象的集合进行k组划分，$k \leqslant n$。在这个划分过程中，也需要满足一定的条件：首先每个组至少包含一个对象，其次每个对象必须属于且仅属于一个组。在数据划分聚类的过程中，首选要选定一个划分分组数目k，也就是类簇个数，然后通过相似度的计算来对数据进行比较，采用迭代的方式把一个个对象放到不同的分组中，尽可能使得属于同一个类簇的对象之间的相似度较大，属于不同类簇的对象之间的相似度较小。基于划分的聚类分析方法主要包括：k-means聚类算法、k-medoid算法等。

（2）基于层次的方法。层次聚类是对给定的数据对象集合进行层次的分解，按照数据分层来建立数据分组，形成一个以组为节点的树。层次聚类方法按照对数据分解的方向可以分为自底向上的分解和自顶向下的分解。

自底向上的分解称为凝聚层次聚类，就是在数据集合中，将每个数据对象作为一个簇，然后通过相似度的判断，将相似度较大的两个簇进行合并，不断迭代，实现聚类的目的。当然在聚类的过程中，要首先有一个聚类的标准或是终止条件，在迭代的过程中，当达到终止条件才进行终止聚类的过程，同时也满足每个簇中至少有一个对象，每个对象都必须且属于同一个簇。

自顶向下的分解称为分裂层次聚类，在数据集合中，首先将整个数据集合构成一个簇，将其看成树的根，然后通过对这个簇进行不断的划分，划分成更小的簇，最终保证每个对象都处于一个单独的簇中。基于层次的聚类分析方法主要包括：Birch算法、Cure算法等。

（3）基于密度的方法。基于划分的方法和基于层次的方法都是使用对象之间的距离来描述对象之间的相似度，那么对于不规则的数据集合，又该如何处理呢？基于密度的方法就是为了处理具有不规则形状的聚类集合，其可以发现任意形状的簇，将簇的划分按照稠密程度进行划分，只要邻近区域的密度超过某一个阈值，就把它加到与之相近的聚类中，通过这种阈值的判断进行聚类的划分。基于密度的聚类分析方法主要包括：DBSCAN算法、optics算法等。

四、降维和度量学习

1. k近邻学习

k近邻（k-Nearest Neighbor，简称kNN）学习是一种常用的监督学习方法，其原理是：给定测试样本，基于某种距离度量找出训练集中与其最靠近的k个训练样本，然后基于这k个邻居的信息来进行预测。在分类任务中，使用投票法，选择k个样本中出现最多的类别标记作为预测结果；在回归任务中，使用平均法，将这k个样本的实值输出标记的平均值作为预测结果。自然，也可基于距离远近进行加权平均或加权投票，距离越近的样本权重越大。

k近邻学习方法，没有显示的训练过程，是懒惰学习，在训练阶段仅把样本保存起来，训练时间开销为零，待收到测试样本后再进行处理；相对应急切学习而言，就是在训练阶段就对样本进行学习处理的方法。

k近邻分类器中，k为不同值时，分类结果也就不同；同时，若采用不同的距离计算方式，则找出的近邻也有显著差别，导致分类结果也显著不同。假设距离计算是恰当的，就是不考虑距离导致的差异性，而就从k这个参数的差异就最近邻分类器在二分类问题上的性能进行分析。

2. 低维嵌入

k近邻学习方法基于一个重要的假设：任意测试样本x附近任意小的距离范围内总能找到一个训练样本，即训练样本的采样密度足够大，或称为密采样。不过这在现实任务中一般很难满足，假设，在单个属性情况下，仅需1 000个样本点平均分布在归一化后的属性取值范围[0，1]内，即可使得任务测试样本在其附近0.001距离范围内总能找到一个训练样本，此时最近邻分类器的错误率不超过贝叶斯最优分类器的错误率的2倍；但若在多个属性情况下，如假定属性维数是20，按照密采样条件要求，至少需要$(10^3)^{20}=10^{60}$个样本。现实应用中属性维数众多，要满足密采样条件，所需的样本数目将是天文数字。而且还要考虑距离度量计算，高维空间对距离计算来说不是简单的开销，当维数很高时，连计算内积都不容易。上面的分析暴露一个很严重的问题就是高维情形下，样本数的采样以及距离计算问题。在高维情形下出现的数据样本稀疏、距离计算困难等问题，是所有机器学习方法共同面临的严重障碍，被称为维数灾难。缓解维数灾难的两个途径：一是特征选择；二是本书要重点介绍的降维。思路上，这两种途径都是减少维数，不过一个是在事前，一个是在事中。降维，也称维数约简，通过某种数学变换将原始高维属性空间转变为一个低维子空间，在子空间中，样本密度可以大幅提高，距离计算也相对容易。事实上，观测或收集到的数据样本虽然是高维的，但与学习任务相关的或许只是某个低维分布，这也是特征选择可以事前根据业务来定义的。

基于线性变换来进行降维的方法称为线性降维方法，符合$Z=W^TX$形式，不同之处是对低维空间的性质有不同要求，相当于对W施加了不同的约束。若要求低维子空间对样本具有最大可分性，则将得到一种极为常用的线性降维方法。对降维效果的评估，通常是比较降维前后学习器的性能，若性能有所提高，则认为降维起到了作用。若将维数降至二维或三维，则可通过可视化技术来直观地判断降维效果。

3. 主成分分析

主成分分析（Principal Component Analysis，PCA）也称主分量分析，是最常用的一种降维方法，旨在利用降维的思想，把多指标转化为少数几个综合指标（即主成分），其中每个主成分都能够反映原始变量的大部分信息，且所含信息互不重复。这种方法在引进多方面变量的同时将复杂因素归结为几个主成分，使问题简单化，同时使得到的结果为更加科学有效的数据信息。在实际问题研究中，为了全面、系统地分析问题，必须考虑众多影响因素。这些涉及的因素一般称为指标，在多元统计分析中也称为变量。因为每个变量都在不同程度上反映了所研究问题的某些信息，并且指标之间彼此有一定的相关性，因而所得的统计数据反映的信息在一定程度上有重叠。主要方法有特征值分解、SVD、NMF等。

对于正交属性空间中的样本点，如何用一个超平面（直线的高维推广）对所有样本进行恰当的表达？若存在这样的超平面，应具有如下两点性质：①最近重构性。样本点到这个超平面的距离都足够近。②最大可分性。样本点在这个超平面上的投影能尽可能分开。

基于最近重构性和最大可分性，能分别得到主成分分析的两种等价推导。

PCA仅需保留W与样本的均值向量即可通过简单的向量减法和矩阵-向量乘法将新样本投影至低维空间中。显然，低维空间与原始高维空间必有不同，因为对应于最小的$d-d^*$个特征值的特征向量被舍弃了，这是降维导致的后果。但舍弃这部分信息却又是必要的，一方面，舍弃后可使样本的采样密度增大，这是降维的初衷；另一方面，当数据受到噪声影响时，最小特征值所对应的特征向量往往与噪声有关，一定程度上舍弃后可以起到去噪效果。

4. *流形学习*

流形学习，全称流形学习方法（Manifold Learning），自2000年在著名的科学杂志《Science》被首次提出以来，已成为信息科学领域的研究热点。在理论和应用上，流形学习方法都具有重要的研究意义。假设数据是均匀采样于一个高维欧氏空间中的低维流形，流形学习就是从高维采样数据中恢复低维流形结构，即找到高维空间中的低维流形，并求出相应的嵌入映射，以实现维数约简或者数据可视化。它是从观测到的现象中去寻找事物的本质，找到产生数据的内在规律。

流形学习方法是模式识别中的基本方法，分为线性流形学习算法和非线性流形学习算法，非线性流形学习算法包括等距映射（Isomap）、拉普拉斯特征映射（Laplacian Eigenmaps，LE）、局部线性嵌入（Locally-Linear Embedding，LLE）等。而线性方法则是对非线性方法的线性扩展，如主成分分析（Principal Component Analysis，PCA）、多维尺度变换（Multidimensional Scaling，MDS）等。

（1）Isomap。Isomap由麻省理工学院计算机科学与人工智能实验室的Josh Tenenbaum教授于2000在Science杂志上提出。Isomap的主要目标是对于给定的高维流形，欲找到其对应的低维嵌入，使得高维流形上数据点间的近邻结构在低维嵌入中得以保持。Isomap以MDS为计算工具，创新之处在于计算高维流形上数据点间距离时，不是用传统的欧式距离，而是采用微分几何中的测地线距离（或称为曲线距离），并且找到了一种用实际输入数据估计其测地线距离的算法（即图论中的最小路径逼近测地线距离）。

Isomap的优点在于：①求解过程依赖于线性代数的特征值和特征向量问题，保证了结果的稳健性和全局最优性。②能通过剩余方差判定隐含的低维嵌入的本质维数。③Isomap方法计算过程中只需要确定唯一的一个参数（近邻参数k或邻域半径e）。

（2）LE。LE（Laplacian Eigenmaps）的基本思想是，用一个无向有权图描述一个流形，然后通过用图的嵌入（graph embedding）来找低维表示。简单来说，就是在保持图的局部邻接关系的情况下，将其图从高维空间中重新画在一个低维空间中（graph drawing）。

在至今为止的流形学习的典型方法中，LE速度最快，但是效果相对来说不理想。

LE的特点是如果出现离群值情况，其鲁棒性十分理想。这个特点在其他流形学习方法中没有体现。

（3）LLE。局部线性嵌入算法（LLE），由Sam T. Roweis和Lawrence K. Saul于2000年发表在Science上，是非线性降维的里程碑。LLE算法可以归结为3步：寻找每个样本点的k个近邻点；由每个样本点的近邻点计算出该样本点的局部重建权值矩阵；由该样本点的局部重建权值矩阵和其近邻点计算出该样本点的输出值。

（4）PCA。主成分分析（PCA）被认为是一种特别成功的特征提取和降维算法。它的原理是：利用对原来的变量进行线性组合而得到新的变量（主成分），这些变量之间的方差最大。因为数据原来的变量之间有可能差距不大，描述的内容差不多，故效率低下。换句话说，我们可能说了很多话，但是却在讲同一件事情。由于方差在数据中描述的是变量之间的差距，故方差最大也就意味着新的变量之间有比较大的差距。这样，就可以以较高的效率描述数据。

（5）MDS。与PCA类似，多维尺度分析（MDS）的目的也是把观察的数据用较少的维数来表达。然而，MDS利用的是成对样本间相似性构建合适的低维空间，使得样本在此空间的距离和在高维空间中的样本间的相似性尽可能地保持一致。

MDS方法有5个关键的要素，分别为主体、客体、准则、准则权重、主体权重。具体定义如下。

客体：被评估的对象，可以认为是待分类的几种类别。

主体：评估客体的单位，就是训练数据。

准则：根据研究目的自行定义，用以评估客体优劣的标准。

准则权重：主体衡量准则重要性后，对每个准则分别赋予权重值。

主体权重：研究者权衡准则重要性后，对主体赋予权重值。

5. 度量学习

在机器学习中，对高维数据进行降维的主要目的是找到一个合适的低维空间，在该空间中进行学习的性能比原始空间性能更好。每个空间对应了在样本属性上定义的一个距离度量，而寻找合适的空间，本质上就是寻找一个合适的距离度量。度量学习的基本动机就是去学习一个合适的距离度量。

度量学习也叫做相似度学习，根据这个叫法作用就很明确了。之所以要进行度量学习，一方面在一些算法中需要依赖给定的度量：如K-means在进行聚类的时候就用到了欧式距离来计算样本点到中心的距离、KNN算法也用到了欧式距离等。这里计算的度量，就是比较样本点与中心点的相似度。

这里的度量学习在模式识别领域，尤其是在图像识别这方面，在比较两张图片是否是相同的物体时，就是比较两张图片的相似度，相似度大图片相同的可能性就高。

因为在研究时间序列这方面的问题，所以想到了在时间序列中度量学习的体现，如果是判断两个区间的相似性，通常用到的度量方式就是采用常用到的欧式或者其他人为定义的距离函数，这样也就局限于这样一个二维或者多维的空间中，而如果用Flood Sung提出的方法，用神经网络来训练这个度量，好处一是长度不同的片段也可以进行比较；二是可以拓宽维度，从其他维度上寻找关联。

第五章　水果品质分级智能识别技术

随着信息技术的发展，智能识别技术越来越广泛地应用于人们的日常工作、学习与生活中，在商业流通、物流、邮政、交通运输、医疗卫生、航空、图像管理、电子商务等多个领域发挥着不可替代的作用。在数字化的今天，其相关技术的广泛应用提高了人们的工作效率，改善了传统的工作流程，为生产生活的科学化、现代化作出了重要贡献。

为便于对水果品质分级智能识别技术的理解，本章将主要介绍识别的概念、智能识别技术体系以及水果品质分级智能识别关键技术等内容。

第一节　识别的概念

识别是人类社会活动的一项基本需求。人们看到一个物品的形状、颜色或大小，人们远远地闻到臭豆腐的气味，听到狗汪汪叫的声音，摸到柔软的棉被等，这些信息就是一种识别；给张三家的贵宾犬起名豆包，为李四家的贵宾犬起名石头等，为这种有差异的事物命名是一种识别；为便于管理而为单位的每一职工分配一个工位号，或者为一个包装箱内的每一件物品进行编号也是一种识别。因此，识别是一个集定义、过程与结果于一体的概念。

为事物命名是识别概念的定义阶段；每当遇到一样事物时，我们用眼、耳、鼻、舌或触觉，甚至采用一系列复杂仪器设备、检验方法（如医院的化验、检验等）对其进行辨识需要一个过程，即为识别的过程（应用）阶段；识别过程结束所得的结论即为识别的结果。在识别的过程中，识别的主体是人，客体是被识别的事物。如果是人与人之间的识别，则对识别的主体方而言，被识别的一方即为客体。

随着社会的进步和发展，人们所面临的识别问题越来越复杂，完成识别所花费的人力代价也越来越大，在某些情况下，通过简单的人工识别已经不可能（超出了人的能力范围）有效地完成。这方面的例子很多，如现代化养殖场奶牛的识别管理、水果批次的管理、超级商场的物品识别管理、全国的户籍管理（身份证管理）、铁路货车管理（车号管理）、小区停车场自动收费管理等。

随着计算机等技术的发展，为了解决人的自然识别所带来的限制，人们研究了各种基于计算机技术及其他技术的识别方法。

一、自然识别

自然识别即人类的感官识别，这在人类的日常生活中随处可见。环顾四周，我们能认出周围的物体是桌子、椅子，能认出对面的人是张三、李四；听到声音，我们能区分出是汽车驶过还是玻璃破碎，是猫叫还是人语，是谁在说话，说的是什么内容；闻到气味，我们能知道是炸带鱼还是臭豆腐。我们所具备的这些识别能力看起来极为平常，谁也不会对此感到惊讶，就连猫狗也能认识它们的主人，更低等的动物也能区别食物和敌害。

再比如说，孩子很小的时候就能够认识自己的父母，能够分辨出熟悉的声音，能够进行正常的阅读，能够记忆周围的环境，这些都是人们习以为常的能力。除了不能够阅读之外，动物也具有这些识别能力。

对于人类而言，识别就是辨别、辨认的过程，即将观察样本与记忆影像相对比，评价是否一致。人脑是个具有海量存储的数据库、信息库、知识库，人类通过感官把看到的、听到的、嗅到的、尝到的与触摸到的事物都储存在大脑里。当再次遇到以前接触过的事物时，就会将此事物与大脑中的记忆影像比对，判断两者是否相同。一般来说，这个识别过程是在无意识状态下进行的，因为这是人类的一种本能。完成这一识别过程的生物学机理显然很复杂，且不为人类自身所完全了解，但这种识别工作对于人类甚至对于动物来说的确是轻而易举的事情。

二、模式识别

模式识别（pattern recognition）是一种从大量信息和数据出发，在专家经验和已有认识的基础上，利用计算机和数学推理的方法对表征事物或现象的各种形式的信息（数值的、文字的和逻辑关系的，包括形状、模式、曲线、数字、字符格式和图形等形式）进行处理和分析，对事物或现象进行描述、辨认、分类和解释，自动完成识别的过程。模式识别是信息科学和人工智能的重要组成部分。

所谓模式是指被判别的事件或过程，可分为抽象的和具体的两种形式。前者如意识、思想、议论等，属于概念识别研究的范畴，是人工智能的另一研究分支；后者指具体的物理实体，如文字、图片等。

模式识别研究主要集中在两方面：一是研究生物体（包括人）是如何感知对象的，属于认识科学的范畴；二是在给定的任务下，如何用计算机实现模式识别的理论和方法。前者是生理学家、心理学家、生物学家和神经生理学家的研究内容；后者通过数学家、信息学专家和计算机科学工作者近几十年来的努力，已经取得了系统的研究成果。

（一）模式识别系统

一个计算机模式识别系统基本上由4个部分组成，即数据获取、数据处理、特征参数提取和分类决策或模型匹配，其具体的结构如图5-1所示。

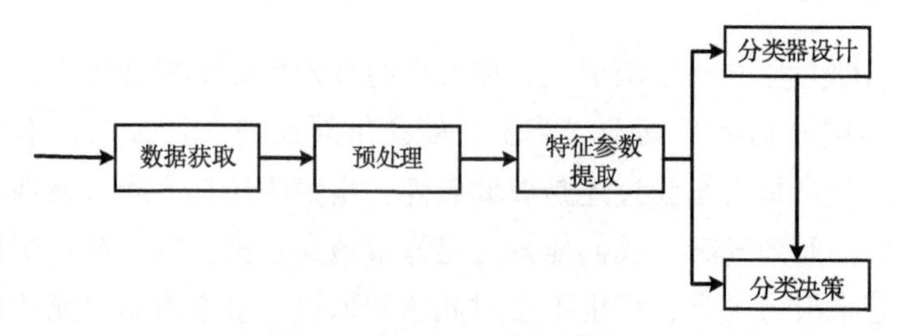

图5-1　模式识别的基本结构

1. 数据获取

任何一种模式识别方法都首先要通过各种传感器把被研究对象的各种物理变量转换为计算机可以接受的数值或符号（串）集合。习惯上，称这种数值或符号（串）所组成的空间为模式空间。

2. 预处理

为了从上述这些数值或符号（串）中抽取对识别有效的信息，必须对它们进行处理，其中包括消除噪声、排除不相干的信号、与对象的性质和采用的识别方法密切相关的特征的计算（如表征水果的形状、直径、重量、颜色等）以及必要的变换（如为得到信号功率谱所进行的快速傅立叶变换）等。

3. 特征参数提取

通过特征参数的选择和提取或基元选择形成模式的特征空间，以后的模式分类或模型匹配就在特征空间的基础上进行。

4. 分类决策

分类决策就是在特征空间中用统计方法把被识别对象归为某一类别。基本做法是在样本训练集的基础上确定某个判决规则，使按这种判决规则对被识别对象进行分类所造成的错误识别率最小或引起的损失最小。

模式识别系统的输出或者是对象所属的类型，或者是模型数据库中与对象最相似的模型编号，针对不同的应用目的，这几部分的内容可以有很大的差别，特别是在数据处理和识别这两部分。为了提高识别结果的可靠性，往往需要加入知识库（规则），以对可能产生的错误进行修正，或通过引入限制条件，大大缩小待识别模式在模型库中的搜索空间，以减少匹配计算量。

在某些具体应用中，如机器视觉，除了要给出被识别对象是什么物体外，还要求给出该物体所处的位置和姿态，以引导机器人的工作。

（二）模式识别方法

模式识别目前已形成了两种基本的识别方法，即统计模式识别方法和结构（句法）模式识别方法。

1. 统计模式识别方法

统计模式识别方法是受数学中的决策理论的启发而产生的一种识别方法，它一般假定被识别的对象或经过特征提取的向量是符合一定分布规律的随机变量。

统计模式识别方法的基本思想是将特征提取阶段得到的特征向量定义在一个特征空间中，这个空间包含了所有的特征向量，不同的特征向量或者说不同类别的对象都对应于该空间中的一点。在分类阶段，则利用统计决策的原理对特征空间进行划分，从而达到识别不同特征对象的目的。统计模式识别方法中应用的统计决策分类理论相对比较成熟，研究的重点是特征提取。

2. 结构（句法）模式识别方法

结构（句法）模式识别方法的基本思想是把一个模式描述为较简单的子模式的组合，子模式又可描述为更简单的子模式的组合，最终得到一个树形的结构描述，在底层的最简单的子模式称为模式基元。

在结构（句法）方法中，选取基元的问题相当于在统计模式识别方法中选取特征的问题。通常要求所选的基元能对模式提供一个紧凑的反映其结构关系的描述，又要易于用非结构（句法）方法加以抽取。显然，基元本身不应该含有重要的结构信息。模式以一组基元和它们的组合关系来描述，称为模式描述语句，这相当于在语言中的句子和短语用词组合，词用字符组合一样。基元组合成模式的规则，由所谓语法来指定。一旦基元被鉴别，识别过程可通过句法分析进行，即分析给定的模式语句是否符合指定的语法，满足某类语法的即被分入该类。

模式识别方法的选择取决于问题的性质。如果被识别的对象极为复杂，而且包含丰富的结构信息，一般采用结构（句法）方法；被识别对象不是很复杂或不含明显的结构信息，一般采用统计模式识别方法。这两种方法不能截然分开，在结构（句法）方法中，基元本身就是用统计模式识别方法抽取的。在应用中，将这两种方法结合起来分别用于不同的层次，常能收到较好的效果。

（三）模式识别的应用领域

模式识别是研究如何使机器具有感知能力，主要研究视觉模式和听觉模式的识别，如识别物体、地形、图像、字体（如签字）等。模式识别在日常生活的各方面以及军事上都有广泛的用途。模式识别的应用领域涉及如下：①机器识别和人工智能。②医学。③军事。④卫星遥感、卫星航空图片解释、天气预报。⑤银行、保险、刑侦。⑥工业产品检测。⑦字符识别、语音识别、指纹识别。

第二节　智能识别技术体系

所谓智能识别技术，是以计算机技术和通信技术为基础的一门综合性科学技术，是数据编码、数据采集、数据标识、数据管理、数据传输的标准化手段，通过被识别物体与识别装置之间的交互自动获取被识别物体的相关信息，并提供给计算机系统供进一步处理。识别技术覆盖的范畴相当广泛，大致可以分为语音识别、图像识别、光学字符识别、生物识别以及磁卡、IC卡、条形码、RFID等识别技术。

通过将信息编码进行定义、代码化，并装载于相关的载体（如条码符号、射频标签等）中，借助特殊的设备，实现定义信息的自动识别、采集，并输入信息处理系统的识别。

信息被人们获取之后，第一个作用就是通过传递供人们共享、互通信息。进一步的作用是处理，从中提炼知识，达到认知、认识世界的目的。再前进一步，其作用就是与知识、目标一起，共同生成解决问题的策略（决策）。而决策信息下一步就是转变为具体的行为，以解决问题。信息的这一系列作用使它对人类具有特别重要的意义。

智能识别技术的出现解决了计算机数据输入速度慢、错误率高等造成的瓶颈问题。计算机与传感器等技术的不断进步和自动识别技术自身的研究向着深度和广度发展，推动着自动识别技术装备向着多功能、小型化、软硬件并举、识别准确、传递快速、安全可靠且经济适用等方向发展。因此，智能识别技术极大地提高了数据输入的工作效率，同时使得数据输入技术的智能化程度不断提高。

一、条码智能识别技术

条形码是由美国的N. T. Woodland在1949年首先提出的。近年来，随着计算机应用的不断普及，条形码的应用得到了很大的发展。条形码可以标出商品的生产国、制造厂家、商品名称、生产日期、图书分类号、邮件起止地点、类别、日期等信息，因而在商品流通、图书管理、邮电管理、银行系统等许多领域都得到了广泛的应用。

（一）条码定义

条形码是由宽度不同、反射率不同的条和空按照一定的编码规则（码制）编制成的，用以表达一组数字或字母符号信息的图形标识符，即条形码是一组粗细不同，按照一定的规则安排间距的平行线条图形。常见的条形码是由反射率相差很大的黑条（简称条）和白条（简称空）组成的。在进行辨识的时候，是用条码阅读机即（条码扫描器又叫条码扫描枪或条码阅读器）扫描，得到一组反射光信号，此信号经光电转换后变为一组与线条、空白相对应的电子信号，经解码后还原为相应的数字，再传入电脑。

（二）条码识别原理

识别原理图5-2所示，由于不同颜色的物体，其反射的可见光的波长不同，白色物体能反射各种波长的可见光，黑色物体则吸收各种波长的可见光，所以当条形码扫描器光源发出的光经光阑及凸透镜1后，照射到黑白相间的条形码上时，反射光经凸透镜2聚焦后，照射到光电转换器上，于是光电转换器接收到与白条和黑条相应的强弱不同的反射光信号，并转换成相应的电信号输出到放大整形电路，整形电路把模拟信号转化成数字电信号，再经译码接口电路译成数字字符信息。

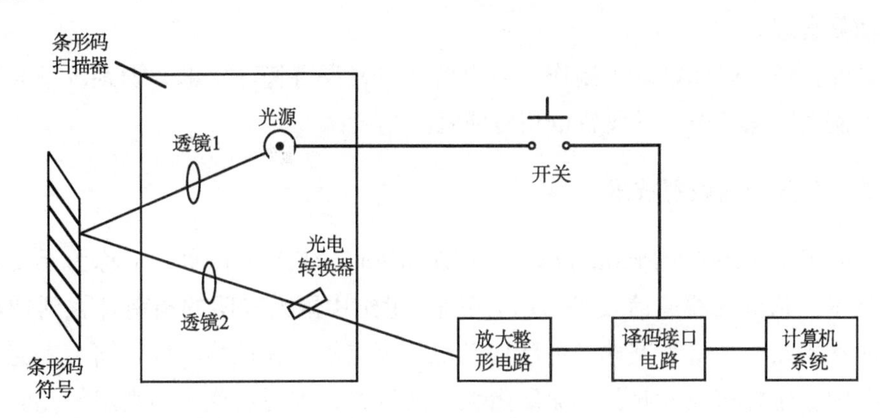

图5-2　条码识别原理

白条、黑条的宽度不同，相应的电信号持续时间长短也不同。但是，由光电转换器输出的与条形码的条和空相应的电信号一般仅10mV左右，不能直接使用，因而先要将光电转换器输出的电信号送放大器放大。放大后的电信号仍然是一个模拟电信号，为了避免由条形码中的疵点和污点导致错误信号，在放大电路后需加一整形电路，把模拟信号转换成数字电信号，以便计算机系统能准确判读。

整形电路的脉冲数字信号经译码器译成数字、字符信息，它通过识别起始、终止字符来判别出条形码符号的码制及扫描方向；通过测量脉冲数字电信号0、1的数目来判别出条和空的数目；通过测量0、1信号持续的时间来判别条和空的宽度。这样便得到了被辨读的条形码符号的条和空的数目及相应的宽度和所用码制，根据码制所对应的编码规则，便可将条形符号换成相应的数字、字符信息，通过接口电路送给计算机系统进行数据处理与管理，便完成了条形码辨读的全过程。

（三）条码识别技术特点

条形码是迄今为止最经济、实用的一种自动识别技术。条形码技术具有以下几个方面的优点。

（1）输入速度快。与键盘输入相比，条形码输入的速度是键盘输入的5倍，并且能实现“即时数据输入”。

（2）可靠性高。键盘输入数据出错率为三百分之一，利用光学字符识别技术出错率为万分之一，而采用条形码技术误码率低于百万分之一。

（3）采集信息量大。利用传统的一维条形码一次可采集几十位字符的信息，二维条形码更可以携带数千个字符的信息，并有一定的自动纠错能力。

（4）灵活实用。条形码标识既可以作为一种识别手段单独使用，也可以和有关识别设备组成一个系统实现自动化识别，还可以和其他控制设备连接起来实现自动化管理。

另外，条形码标签易于制作，对设备和材料没有特殊要求，识别设备操作容易，不需要特殊培训，且设备也相对便宜。

二、射频智能识别技术

射频识别（Radio Frequency Identification，RFID）技术，又称为无线射频识别技术。追溯无线通信技术，从公元前1世纪中国人发明的指南针，到18世纪的发明家本杰明·富兰克林，再到19世纪的迈克尔·法拉第、詹姆斯·麦克斯维尔、海因里希鲁道夫·赫兹、亚历山大·波波夫、古列尔莫·马克尼等先驱，人们对未知领域不断地探索使电磁技术和无线电技术产生了前所未有的跨越。1906年，第一台连续波信号发生器和无线信号接收器的诞生标志着近代无线通信时代的诞生。20世纪初，大约于1922年，雷达诞生了。1948年10月，哈里·斯托克曼发表的《利用能量反射进行通信》一文奠定了射频识别技术的理论基础。Otto Rittenback于1969年发明“雷达波束通信”，RFID技术发展的车轮开始转动。初期的商业行为也在20世纪60年代开始出现的。

进入20世纪70年代，RFID技术继续吸引人们的广泛关注，射频识别技术与产品研发在此阶段处于一个大发展时期，各种射频识别技术测试得到加速发展。在工业自动化和动物识别方面出现了一些最早的射频识别商业应用。RFID技术在20世纪80年代开始较大规模的应用，射频识别技术及产品进入商业应用阶段。20世纪90年代，射频识别技术的标准化问题日趋得到重视，射频识别产品得到广泛的采用，并逐渐成为人们生活中的一部分。同时，作为访问控制和物理安全的手段，RFID卡钥匙开始流行起来，并试图取代传统的访问控制机制。

进入21世纪，全球几家大型零售商Wal·Mart、Metro、Tesco以及一些政府机构如美国国防部（DoD）等，相继宣布了各自的RFID计划。如在2003年，沃尔玛要求其前100家最大的供应商于2005年1月在向其位于美国得克萨斯州的三大物流配送中心运送产品时，产品的包装盒和货盘上必须贴有RFID标签。到2006年，已有200余家供应商在为沃尔玛供货的托盘上采用了电子标签。同时，标准化的纷争出现了多个全球性的RFID标准和技术联盟，主要在标签技术、频率、数据标准、传输和接口协议、网络运营和管理、行业应用等方面试图达成全球统一的平台。从此，RFID技术开拓了一个新的巨大的市场。随着成本的不断降低和标准的统一，RFID技术还将在无线传感网络、实时定位、安全防伪、个人健康、产品全生命周期管理等领域开拓新的市场。

（一）射频识别定义

射频识别（RFID）是一种无线通信技术，可以通过无线电信号识别特定目标并读写相关数据，而无须识别系统与特定目标之间建立机械或者光学接触。

无线电的信号是通过调成无线电频率的电磁场，把数据从附着在物品上的标签上传送出去，以自动辨识与追踪该物品。某些标签在识别时从识别器发出的电磁场中就可以得到能量，并不需要电池；也有标签本身拥有电源，并可以主动发出无线电波（调成无线电频率的电磁场）。标签包含了电子存储的信息，数米之内都可以识别。与条形码不同的是，射频标签不需要处在识别器视线之内，也可以嵌入被追踪物体之内。

（二）射频识别原理

标签进入磁场后，接收解读器发出的射频信号，凭借感应电流所获得的能量发送出存储在芯片中的产品信息（无源标签或被动标签），或者由标签主动发送某一频率的信号（Active Tag，有源标签或主动标签），解读器读取信息并解码后，送至中央信息系统进行有关数据处理。

一套完整的RFID系统是由阅读器与电子标签也就是所谓的应答器及应用软件系统3个部分所组成，其工作原理是Reader发射一特定频率的无线电波能量，用以驱动电路将内部的数据送出，此时Reader便依序接收解读数据，送给应用程序做相应的处理。

以RFID卡片阅读器及电子标签之间的通信及能量感应方式来看大致上可以分成：感应耦合及后向散射耦合两种。一般低频的RFID大都采用第一种式，而较高频大多采用第二种方式。

阅读器根据使用的结构和技术不同可以是读或读/写装置，是RFID系统信息控制和处理中心。阅读器通常由耦合模块、收发模块、控制模块和接口单元组成。阅读器和应答器之间一般采用半双工通信方式进行信息交换，同时阅读器通过耦合给无源应答器提供能量和时序。在实际应用中，可进一步通过Ethernet或WLAN等实现对物体识别信息的采集、处理及远程传送等管理功能。应答器是RFID系统的信息载体，应答器大多是由耦合原件（线圈、微带天线等）和微芯片组成无源单元。

（三）射频识别技术特点

RFID是一项易于操控，简单实用且特别适合用于自动化控制的灵活性应用技术。可自由工作在短距离射频产品不怕油渍、灰尘污染等各种恶劣环境下，可以替代条码，例如用在工厂的流水线上跟踪物体；长距射频产品多用于交通上，识别距离可达几十米，如自动收费或识别车辆身份等。射频识别系统主要有以下几个特点。

1. 读取方便快捷

数据的读取无需光源，甚至可以透过外包装来进行。有效识别距离更大，采用自带电池的主动标签时，有效识别距离可达到30m以上。

2. 识别速度快

标签一进入磁场，解读器就可以即时读取其中的信息，而且能够同时处理多个标签，实现批量识别。

3. 数据容量大

数据容量最大的二维条形码（PDF417），最多也只能存储2 725个数字；若包含字母，存储量则会更少；RFID标签则可以根据用户的需要扩充到数10k。

4. 应用范围广，使用寿命长

其无线电通信方式，使其可以应用于粉尘、油污等高污染环境和放射性环境，而且其封闭式包装使得其寿命大大超过印刷的条形码。

5. 标签数据可动态更改

利用编程器可以向标签写入数据，从而赋予RFID标签交互式便携数据文件的功能，而且写入时间相比打印条形码更少。

6. 更好的安全性

不仅可以嵌入或附着在不同形状、类型的产品上，而且可以为标签数据的读写设置密码保护，从而具有更高的安全性。

7. 动态实时通信

标签以与每秒50～100次的频率与解读器进行通信，所以只要RFID标签所附着的物体出现在解读器的有效识别范围内，就可以对其位置进行动态的追踪和监控。

三、生物特征识别技术

生物特征识别技术可追溯到几千年前，当时，尼罗河流域的人们就在日常交易中利用生物特征（如疤痕、肤色、眼睛的颜色、身高等）进行鉴定。生物特征识别一直为研究人员所关注，1686年意大利Bologna大学的学者Marcello Malpighi用显微镜发现了指纹的涡型，推进了对生物特征的认识。1880年科学家发现每个人的指纹都独一无二，并意识到指纹可作为身份识别的可行性。从此，测量个人身体特征的概念就确定下来，指纹也成为安全部门进行身份确认的国际通用方法。

20世纪，世界上的指纹技术在司法方面得到了广泛应用。60年代，一些公司开发出能自动识别指纹的仪器，以用于法律的实施。60代末期，美国联邦调查局FBI（Federal Bureau of Investigation）技术开始形成并兴起，但由于早期的识别设备比较昂贵，因而仅限于安全级别要求较高的原子能试验、生产基地等的应用。70年代末期，已经有一定数量的自动识别指纹的设备开始在美国大范围使用。80年代，生物特征识别技术发展了虹膜识别、掌纹识别、面部识别等利用除指纹之外的生物特征进行身份鉴定。第一个介绍测定视网膜的系统出现于此阶段。同时，剑桥大学的Joho Daughman教授已开始了虹膜识别技术的研究，同时对签字与面部识别技术的研究也已启动。一些公司开始从事生物特征识别。进入20世纪90年代，更多从事生物特征识别的公司相继成立，为生物特征识别技术的发展及应用打下了基础。

生物特征识别技术在21世纪受到了格外的重视，被广泛用于反恐、刑侦、信息安全、金融安全等多方面。不久的将来，在各国政府的重视与推动下，生物特征识别技术将越来越深入人们的日常生活中。以身份证、护照为基础的生物特征识别技术的应用将在社会生活的各个方面逐步开始大规模的应用。

（一）生物特征识别定义

生物识别技术（Biometric Identification Technology）是指通过计算机利用人体所固有的生理特征（指纹、虹膜、面相、DNA等）或行为特征（步态、击键习惯等）来进行个人身份鉴定的技术。更具体一点，生物特征识别技术就是通过计算机与光学、声学、生物传感器和生物统计学原理等高科技手段密切结合，利用人体固有的生理特性和行为特征来进行个人身份的鉴定。

生物识别系统是对生物特征进行取样，提取其唯一的特征并且转化成数字代码，并进一步将这些代码组合而成的特征模板。人们同识别系统交互进行身份认证时，识别系统获取其特征并与数据中的特征模板进行比对，以确定是否匹配，从而决定接受或拒绝该人。

在目前的研究与应用领域中，生物特征识别主要关系到计算机视觉、图像处理与模式识别、计算机听觉、语音处理、多传感器技术、虚拟现实、计算机图形学、可视化技术、计算机辅助设计、智能机器人感知系统等其他相关的研究。已被用于生物识别的生物特征有手形、指纹、脸形、虹膜、视网膜、脉搏、耳廓等，行为特征有签字、声音、按键力度等。基于这些特征，生物特征识别技术在过去的几年中已取得了长足的进展。

（二）生物特征识别原理

1. 指纹识别原理

指纹由于其具有终身不变性、唯一性和方便性，几乎已成为生物特征识别的代名词。指纹是指人的手指末端正面皮肤上凸凹不平产生的纹线。纹线有规律的排列形成不同的纹型。纹线的起点、终点、结合点和分叉点，称为指纹的细节特征点（minutiae）。

指纹识别即指通过比较不同指纹的细节特征点来进行鉴别。指纹识别技术涉及图像处理、模式识别、计算机视觉、数学形态学、小波分析等众多学科。由于每个人的指纹不同，就是同一人的十指之间，指纹也有明显区别，因此指纹可用于身份鉴定。由于每次捺印的方位不完全一样，着力点不同会带来不同程度的变形，又存在大量模糊指纹，如何正确提取特征和实现正确匹配，是指纹识别技术的关键。

指纹识别系统是一个典型的模式识别系统，包括指纹图像获取、处理、特征提取和比对等模块。

指纹图像获取通过专门的指纹采集仪可以采集指纹图像。指纹采集仪用到的指纹传感器按采集方式主要分为划擦式和按压式两种，按信号采集原理目前有光学式、压敏式、电容式、电感式、热敏式和超声波式等。另外，也可以通过扫描仪、数字相机等获取指纹图像。对于分辨率和采集面积等技术指标，公安行业已经形成了国际和国内标准，但其他行业还缺少统一标准。根据采集指纹面积大体可以分为滚动捺印指纹和平面捺印指纹，公安行业普遍采用滚动捺印指纹。

纹型是指纹的基本分类，是按中心花纹和三角的基本形态划分的。纹形从属于型，以中心线的形状定名。我国十指纹分析法将指纹分为三大类型，九种形态。一般，指纹自动识别系统将指纹分为弓形纹（弧形纹、帐形纹）、箕形纹（左箕、右箕）、斗形纹和杂形纹等。

指纹形态特征包括中心（上、下）和三角点（左、右）等，指纹的细节特征点主要包括纹线的起点、终点、结合点和分叉点。从预处理后的图像中提取指纹的特征点信息（终结点、分叉点等），信息主要包括类型、坐标、方向等参数。指纹中的细节特征，通常包括端点、分叉点、孤立点、短分叉、环等。而纹线端点和分叉点在指纹中出现的机会最多、最稳定，且容易获取。这两类特征点就可对指纹特征匹配：计算特征提取结果与已存储的特征模板的相似程度。

指纹匹配是用现场采集的指纹特征与指纹库中保存的指纹特征相比较，判断是否属于同一指纹。可以根据指纹的纹形进行粗匹配，进而利用指纹形态和细节特征进行精确匹配，给出两枚指纹的相似性得分。根据应用的不同，对指纹的相似性得分进行排序或给出是否为同一指纹的判决结果。

2. 人脸识别原理

人脸识别技术是基于人的脸部特征，对输入的人脸图像或者视频流。首先判断其是否存在人脸，如果存在人脸，则进一步给出每个脸的位置、大小和各个主要面部器官的位置信息。依据这些信息，进一步提取每个人脸中所蕴含的身份特征，将其与已知的人脸进行对比，从而识别每个人脸的身份。

（1）人脸检测。面貌检测是指在动态的场景与复杂的背景中判断是否存在面像，并分离出这种面像。一般有下列几种方法。

①参考模板法。首先设计一个或数个标准人脸的模板，然后计算测试采集的样品与标准模板之间的匹配程度，并通过阈值来判断是否存在人脸。

②人脸规则法。由于人脸具有一定的结构分布特征，所谓人脸规则的方法即提取这些特征生成相应的规则以判断测试样品是否包含人脸。

③样品学习法。这种方法即采用模式识别中人工神经网络的方法，即通过对面像样品集和非面像样品集的学习产生分类器。

④肤色模型法。这种方法是依据面貌肤色在色彩空间中分布相对集中的规律来进行检测。

⑤特征子脸法。这种方法是将所有面像集合视为一个面像子空间，并基于检测样品与其在子空间的投影之间的距离判断是否存在面像。

需要指出的是，上述5种方法在实际检测系统中也可综合采用。

（2）人脸跟踪。面貌跟踪是指对被检测到的面貌进行动态目标跟踪。具体采用基于模型的方法或基于运动与模型相结合的方法。此外，利用肤色模型跟踪也不失为一种简单而有效的手段。

（3）人脸比对。面貌比对是对被检测到的面貌像进行身份确认或在面像库中进行目标搜索。这实际上就是说，将采样到的面像与库存的面像依次进行比对，并找出最佳的匹配对象。所以，面像的描述决定了面像识别的具体方法与性能。主要采用特征向量与面纹模板两种描述方法。

①特征向量法。该方法是先确定眼虹膜、鼻翼、嘴角等面像五官轮廓的大小、位置、距离等属性，然后再计算出它们的几何特征量，而这些特征量形成描述该面像的特征向量。

②面纹模板法。该方法是在库中存贮若干标准面像模板或面像器官模板，在

进行比对时，将采样面像所有像素与库中所有模板采用归一化相关量度量进行匹配。此外，还有采用模式识别的自相关网络或特征与模板相结合的方法。

人脸识别技术的核心实际为“局部人体特征分析”和“图形/神经识别算法”。这种算法是利用人体面部各器官及特征部位的方法。例如，对应几何关系多数据形成识别参数与数据库中所有的原始参数进行比较、判断与确认。一般要求判断时间低于1s。

3.虹膜识别技术

虹膜识别技术是基于眼睛中的虹膜进行身份识别。人的眼睛结构由巩膜、虹膜、瞳孔晶状体、视网膜等部分组成。虹膜是位于黑色瞳孔和白色巩膜之间的圆环状部分，其包含有很多相互交错的斑点、细丝、冠状、条纹、隐窝等的细节特征。而且虹膜在胎儿发育阶段形成后，在整个生命历程中将是保持不变的。这些特征决定了虹膜特征的唯一性，同时也决定了身份识别的唯一性。因此，可以将眼睛的虹膜特征作为每个人的身份识别对象。

（1）虹膜图像获取。使用特定的摄像器材对人的整个眼部进行拍摄，并将拍摄到的图像传输给虹膜识别系统的图像预处理软件。

（2）图像预处理。对获取到的虹膜图像进行如下处理，使其满足提取虹膜特征的需求。①虹膜定位。确定内圆、外圆和二次曲线在图像中的位置。其中，内圆为虹膜与瞳孔的边界，外圆为虹膜与巩膜的边界，二次曲线为虹膜与上下眼皮的边界。②虹膜图像归一化。将图像中的虹膜大小，调整到识别系统设置的固定尺寸。③图像增强。针对归一化后的图像，进行亮度、对比度和平滑度等处理，提高图像中虹膜信息的识别率。

（3）特征提取。采用特定的算法从虹膜图像中提取出虹膜识别所需的特征点，并对其进行编码。

（4）特征匹配。将特征提取得到的特征编码与数据库中的虹膜图像特征编码逐一匹配，判断是否为相同虹膜，从而达到身份识别的目的。

（三）生物特征识别特点

1.指纹识别特点

（1）指纹识别技术的主要优点。①指纹是人体独一无二的特征，并且它们的复杂度足以提供用于鉴别的足够特征。②如果要增加可靠性，只需登记更多的指纹、鉴别更多的手指，可以多达十个，而每一个指纹都是独一无二的。③扫描指纹的速度很快，使用非常方便。④读取指纹时，用户必须将手指与指纹采集头相互接触，与指纹采集头直接接触是读取人体生物特征最可靠的方法。⑤指纹采集头可以更加小型化，并且价格会更加的低廉。

（2）指纹识别技术的主要缺点。①某些人或某些群体的指纹特征少，难成像。②过去因为在犯罪记录中使用指纹，使得某些人害怕“将指纹记录在案”。③实际上指纹鉴别技术可以不存储任何含有指纹图像的数据，而只是存储从指纹中得到的加密的指纹特征数据。④每一次使用指纹时都会在指纹采集头上留下用户的指纹印痕，而这些指纹痕迹有可能被用来复制指纹。⑤指纹是用户的重要个人信息，在某些应用场合用户担心信息泄漏。

2. 人脸识别特点

（1）人脸识别优点。①非接触的，用户不需要和设备直接接触。②非强制性，被识别的人脸图像信息可以主动获取。③并发性，即实际应用场景下可以进行多个人脸的分拣、判断及识别。

（2）人脸识别的弱点。①对周围的光线环境敏感，可能影响识别的准确性。②人体面部的头发、饰物等遮挡物，人脸变老等因素，需要进行人工智能补偿（如可通过识别人脸的部分关键特性做修正）。

3. 虹膜识别特点

（1）虹膜识别优点。①便于用户使用。②可靠性高。③不需物理接触。

（2）虹膜识别缺点。①很难将图像获取设备的尺寸小型化。②设备造价高，无法大范围推广。③镜头可能产生图像畸变而使可靠性降低。④两大模块。一个自动虹膜识别系统包含硬件和软件两大模块：虹膜图像获取装置和虹膜识别算法，分别对应于图像获取和模式匹配这两个基本问题。

四、语音识别技术

语音识别技术（ASR，Automatic Speech Recognition）是一门研究如何将人类的语音自动转换为计算机能够识别的字符的技术。语音识别的研究工作开始于20世纪50年代，60年代动态规划和线性预测技术引入语音识别，80年代隐马尔科夫模型理论在语音识别中得到了成功的应用，90年代以来语音识别技术在产品化方面取得了长足的进步。

（一）语音识别定义

语音识别技术，也被称为自动语音识别（Automatic Speech Recognition，ASR），其目标是将人类语音中的词汇内容转换为计算机可读的输入，例如按键、二进制编码或者字符序列。语音识别技术所涉及的领域包括：信号处理、模式识别、概率论和信息论、发声机理和听觉机理、人工智能等。

（二）语音识别原理

目前，主流的大词汇量语音识别系统多采用统计模式识别技术。由信号处理及特征提取模块、统计声学模型、发音词典、语言模型和解码器。

信号处理及特征提取模块的主要任务是从输入信号中提取特征，供声学模型处理。同时，它一般也包括了一些信号处理技术，以尽可能降低环境噪声、信道、说话人等因素对特征造成的影响。统计声学模型，典型系统多采用基于一阶隐马尔科夫模型进行建模。发音词典包含系统所能处理的词汇集及其发音，实际提供了声学模型建模单元与语言模型建模单元间的映射。语言模型对系统所针对的语言进行建模。理论上，包括正则语言，上下文无关文法在内的各种语言模型都可以作为语言模型，但目前各种系统普遍采用的还是基于统计的N元文法及其变体。解码器是语音识别系统的核心之一，其任务是对输入的信号，根据声学、语言模型及词典，寻找能够以最大概率输出该信号的词串。从数学角度可以更加清楚地了解上述模块之间的关系。一个连续语音识别系统大致可分为4个部分：特征提取、声学模型训练、语音模型训练和解码器，如图5-3所示。

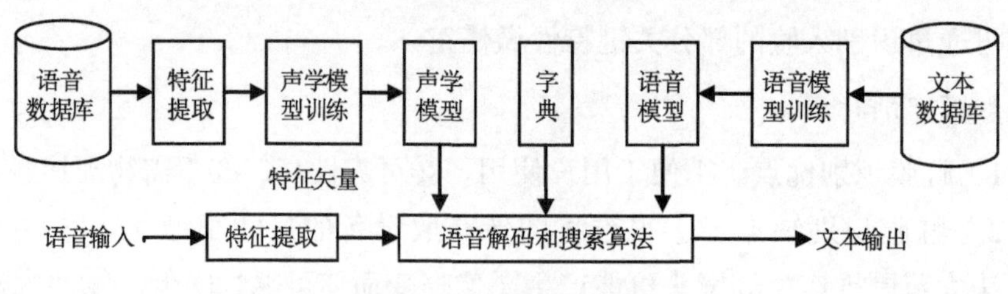

图5-3　连续语音知识

1. 预处理模块

对输入的原始语音信号进行处理，滤除掉其中的不重要的信息以及背景噪声，并进行语音信号的端点检测（找出语音信号的始末）、语音分帧（近似认为在10～30ms内是语音信号是短时平稳的，将语音信号分割为一段一段进行分析）以及预加重（提升高频部分）等处理。

2. 特征提取

去除语音信号中对于语音识别无用的冗余信息，保留能够反映语音本质特征的信息，并用一定的形式表示出来。也就是提取出反映语音信号特征的关键特征参数，形成特征矢量序列，以便用于后续处理。

目前，较常用的提取特征的方法还是比较多的，不过这些提取方法都是由频谱衍生出来的。Mel频率倒谱系数（MFCC）参数因其良好的抗噪性和鲁棒性而应用广泛。MFCC的计算首先用FFT将时域信号转化成频域，之后对其对数能量谱用依照Mel刻度分布的三角滤波器组进行卷积，最后对各个滤波器的输出构成的向量进行离散余弦变换DCT，取前N个系数。

3. 声学模型训练

根据训练语音库的特征参数训练出声学模型参数。在识别时可以将待识别的语音的特征参数同声学模型进行匹配，得到识别结果。

目前的主流语音识别系统多采用隐马尔可夫模型HMM进行声学模型建模。声学模型的建模单元，可以是音素、音节、词等各个层次。对于小词汇量的语音识别系统，可以直接采用音节进行建模。而对于词汇量偏大的识别系统，一般选取音素，即声母、韵母进行建模。识别规模越大，识别单元选取的越小。

HMM是对语音信号的时间序列结构建立统计模型，将其看作一个数学上的双重随机过程：一个是用具有有限状态数的Markov链来模拟语音信号统计特性变化的隐含（马尔可夫模型的内部状态外界不可见）的随机过程，另一个是与Markov链的每一个状态相关联的外界可见的观测序列（通常就是从各个帧计算而得的声学特征）的随机过程。

人的言语过程实际上就是一个双重随机过程，语音信号本身是一个可观测的时变序列，是由大脑根据语法知识和言语需要（不可观测的状态）发出的音素的参数流（发出的声音）。HMM合理地模仿了这一过程，是较为理想的一种语音模型。用HMM刻画语音信号需作出两个假设，一是内部状态的转移只与上一状态有关，二是输出值只与当前状态（或当前的状态转移）有关，这两个假设大大降低了模型的复杂度。

语音识别中使用HMM通常是用从左向右单向、带自环、带跨越的拓扑结构来对识别基元建模，一个音素就是一个三至五状态的HMM，一个词就是构成词的多个音素的HMM串行起来构成的HMM，而连续语音识别的整个模型就是词和静音组合起来的HMM，如图5-4所示。

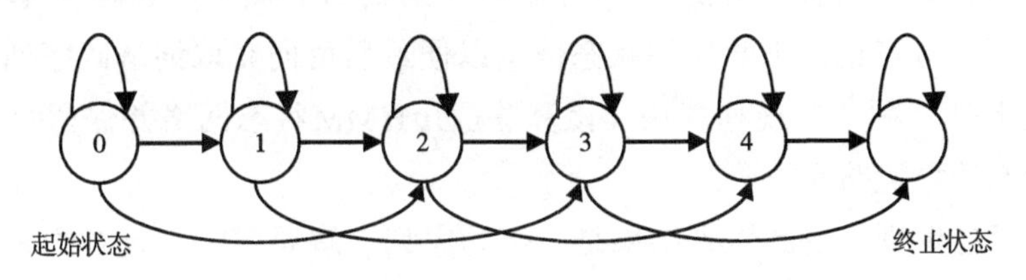

图5-4　PocketSphinx HMM状态转移

4. 语言模型训练

语言模型是用来计算一个句子出现概率的概率模型。它主要用于决定哪个词序列的可能性更大，或者在出现了几个词的情况下预测下一个即将出现的词语的内容。换一个说法，语言模型是用来约束单词搜索的，它定义了哪些词能跟在上一个已经识别的词的后面（匹配是一个顺序的处理过程），这样就可以为匹配过程排除一些不可能的单词。

语言建模能够有效地结合汉语语法和语义的知识，描述词之间的内在关系，从而提高识别率，减少搜索范围。语言模型分为3个层次：字典知识、语法知识、句法知识。

对训练文本数据库进行语法、语义分析，经过基于统计模型训练得到语言模型。语言建模方法主要有基于规则模型和基于统计模型两种方法。统计语言模型是用概率统计的方法来揭示语言单位内在的统计规律，其中N-Gram模型简单有效，被广泛使用。它包含了单词序列的统计。

N-Gram模型基于这样一种假设，第*N*个词的出现只与前面*N*-1个词相关，而与其他任何词都不相关，整句的概率就是各个词出现概率的乘积。这些概率可以通过直接从语料中统计*N*个词同时出现的次数得到。常用的是二元的Bi-Gram和三元的Tri-Gram。

5. 语音解码和搜索算法

解码器即指语音技术中的识别过程。针对输入的语音信号，根据已经训练好的HMM声学模型、语言模型及字典建立一个识别网络，根据搜索算法在该网络中寻找最佳的一条路径，这个路径就是能够以最大概率输出该语音信号的词串，这样就确定这个语音样本所包含的文字了。所以解码操作是指在解码端通过搜索技术寻找最优词串的方法。

连续语音识别中的搜索，就是寻找一个词模型序列以描述输入语音信号，从而得到词解码序列。搜索所依据的是对公式中的声学模型打分和语言模型打分。在实际使用中，往往要依据经验给语言模型加上一个高权重，并设置一个长词惩罚分数。

当今的主流解码技术都是基于动态规划的Viterbi算法，该算法在每个时间点上的各个状态，计算解码状态序列对观察序列的后验概率，保留概率最大的路径，并在每个节点记录下相应的状态信息以便最后反向获取词解码序列。Viterbi算法本质上是一种动态规划算法，该算法遍历HMM状态网络并保留每一帧语音在某个状态的最优路径得分。

连续语音识别系统的识别结果是一个词序列。解码实际上是对词表的所有词反复搜索。词表中词的排列方式会影响搜索的速度，而词的排列方式就是字典的表示形式。

N-best搜索和多遍搜索：为在搜索中利用各种知识源，通常要进行多遍搜索，第一遍使用代价低的知识源（如声学模型、语言模型和音标词典），产生一个候选列表或词候选网格，在此基础上进行使用代价高的知识源（如4阶或5阶的N-Gram、4阶或更高的上下文相关模型）的第二遍搜索得到最佳路径。

（三）语音识别特点

（1）对自然语言的识别和理解。首先必须将连续的讲话分解为词、音素等单位，其次要建立一个理解语义的规则。

（2）语音信息量大。语音模式不仅对不同的说话人不同，对同一说话人也是不同的，例如，一个说话人在随意说话和认真说话时的语音信息是不同的。一个人的说话方式随着时间的变化而变化。

（3）语音的模糊性。说话者在讲话时，不同的词可能听起来是相似的。这在英语和汉语中常见。

（4）单个字母或词、字的语音特性受上下文的影响，以致改变了重音、音调、音量和发音速度等。

（5）环境噪声和干扰对语音识别有严重影响，致使识别率低。

五、图像识别技术

（一）图像识别定义

图像识别技术也称为视觉识别技术，是指利用计算机对图像进行处理和分析，辨识物体的类别并作出有意义的判断。图像识别系统一般包括预处理、分析和识别3部分组成，预处理包括图像分割、图像增强、图像还原、图像重建和图像细化等诸多内容，图像分析主要指从预处理得到的图像中提取特征，最后分类器根据提取的特征对图像进行匹配分类，作出识别。

（二）图像识别原理

图像是用各种观测系统以不同形式和手段观测客观世界而获得的，可以直接或间接作用于人眼并进而产生视知觉的实体。人的视觉系统就是一个观测系统，通过它得到的图像就是客观景物在人心目中形成的影像。我们生活在一个信息时代，科学研究和统计表明，人类从外界获得的信息约有75%来自视觉系统，也就是从图像中获得的。

图像识别是以图像的主要特征为基础的。每个图像都有它的特征，如字母A有个尖，P有个圈，而Y的中心有个锐角等。对图像识别时眼动的研究表明，视线总是集中在图像的主要特征上，也就是集中在图像轮廓曲度最大或轮廓方向突然改变的地方，这些地方的信息量最大。而且眼睛的扫描路线也总是依次从一个特征转到另一个特征上。由此可见，在图像识别过程中，知觉机制必须排除输入的多余信息，抽出关键的信息。同时，在大脑里必定有一个负责整合信息的机制，它能把分阶段获得的信息整理成一个完整的知觉映象。

在人类图像识别系统中，对复杂图像的识别往往要通过不同层次的信息加工才能实现。对于熟悉的图形，由于掌握了它的主要特征，就会把它当作一个单元来识别，而不再注意它的细节了。这种由孤立的单元材料组成的整体单位叫做组块，每一个组块是同时被感知的。在文字材料的识别中，人们不仅可以把一个汉字的笔画或偏旁等单元组成一个组块，而且能把经常在一起出现的字或词组成组块单位来加以识别。

在获得图像后，可以对其进行如图5-5所示的3方面的操作，即图像处理、图像识别和图像理解。

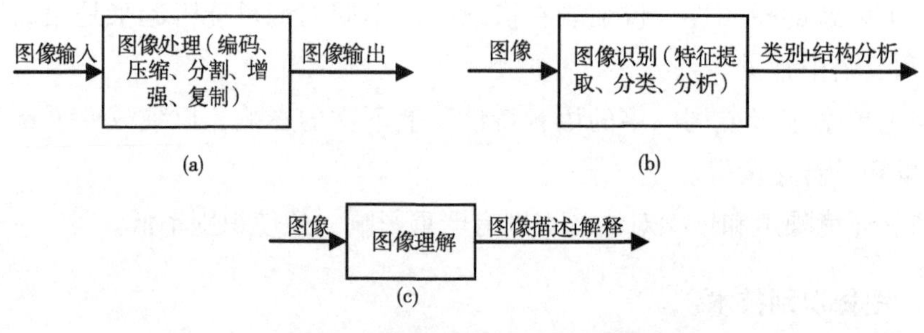

图5-5　图像处理、识别和理解

1. 图像处理

在研究图像时，首先要对获得的图像信息进行预处理（前处理），以滤去干扰、噪声，作几何、彩色校正等，这样可提高信噪比。有时由于信息微弱，无法辨识，还得对图像进行增强。增强的作用在于提供一个满足一定要求的图像，或对图像进行变换，以便人、机分析。为了从图像中找到需要识别的东西，还得对图像进行分割，也就是进行定位和分离，以分出不同的东西。为了给观察者以清晰的图像，还要对图像进行改善，即进行复原处理，把已经退化了的图像加以重建或恢复，以便改进图像的保真度。在实际处理中，由于图像的信息量非常大，在存储及传送时，还要对图像信息进行压缩。

上述工作必须用计算机进行，因而要进行编码等工作。编码的作用是用最少数量的编码位（亦称比特）表示单色和彩色图像，以便更有效地传输和存储。

以上所述都属于图像处理的范畴。因此，图像处理包括图像编码、图像增强、图像压缩、图像复原、图像分割等。对图像处理环节来说，输入的是图像，输出的也是图像，也就是处理后的图像，如图5-5（a）所示。

2. 图像识别

图像识别是对上述处理后的图像进行分类，确定类别名称，在分割的基础上选择需要提取的特征，并对某些参数进行测量，然后再提取这些特征；最后根据提取的特征进行分类。为了更好地识别图像，还要对整个图像作结构上的分析，对图像进行描述，以便对图像的主要信息得到一个解释和理解，并通过许多对象相互间的结构关系对图像加深理解，以便更好地帮助识别。

因而对图像识别环节来说，输入的是图像（一般是经过上述处理过的图像），输出的是类别和图像的结构分析，见图5-5（b）。而结构分析的结果则是对图像作描述，以便得到对图像的重要信息的一种理解和解释。

3. 图像理解

所谓图像理解是一个总称。上述图像处理及图像识别的最终目的就在于对图像作描述和解释，以便最终理解它是什么图像。所以它是在图像处理及图像识别的基础上，再根据分类作结构句法分析，去描述图像和解释图像。因而图像理解包括图像处理、图像识别和结构分析。对理解部分来说，输入的是图像，输出的则是图像的描述与解释，如图5-5（c）所示。

实质上，图像理解属于人工智能的范畴。图像理解也要作图像处理、识别及结构分析。如与计算机下棋，就需要做这些工作。首先要把人的智慧存储在计算机中，教给它多少智慧，它就存有多少智慧。这是机器固有的，但是计算机在接受了一部分“智慧”后，便能根据逻辑推理进行分析、推断等工作。

（三）图像识别特点

（1）再现性好。

（2）处理精度高。

（3）适用范围广。

（4）灵活性高。

第三节 水果品质分级智能识别技术

水果品质分级智能识别技术，主要是利用计算机技术、通信技术和智能分析处理技术，通过被识别水果与识别装置之间的交互自动获取被识别水果的相关品质信息，并提供给计算机系统供进一步处理。水果品质分级智能识别技术以图像识别为主，包括可见光图像的外部品质识别和高光谱的内部品质识别。

一、水果外部品质分级智能识别技术

根据中华人民共和国农业行业标准《苹果品质指标评价规范》（NY/T 2316—2013），苹果外部品质评价指标包括果实大小、形状、光滑度、果点大小和疏密、果实颜色和锈量评价。

水果外部品质分级智能识别技术以基于可见光的图像识别为主。主要包括光源系统、相机镜头和识别模型。

光源是图像识别系统的关键组成部分，主要功能是以合适的方式将光线投射到待测物体上，突出待测特征部分对比度。根据水果成像特点和水果本身的光特性、照明方向、观察方向、传感器的几何光学特征等因素，建立合适的光源及其控制系统，提供一个亮度均匀的环境，使被采集的目标得到充分的照明，显著提

高成像效果，减轻后续图像处理压力。

合理选择并安装光学镜头是获得清晰成像和稳定视频信号的关键。相机的光学镜头相当于人眼的晶状体，对视觉系统的成像质量关系重大。根据苹果生产加工需求，选择适合的相机镜头，以获得清晰稳定的视频信号。

对于果实大小与形状的识别方法比较多，可以采用图像形心法、最小外接矩形法求得直径，以获得果实大小。水果为生物体，外形统一描述困难，一般可用矩形、圆形度、傅里叶描述子等参数综合反映果实形状。果实光滑度、果点大小和疏密、果实颜色和锈量等判断也都可以通过图像处理进行识别。下面以矮化烟富3号红富士苹果外观缺陷识别为例进行说明。

样品为山东通达现代农业集团有限公司提供的免套袋红富士，样品的直径在80~85mm，共有180个，包括表面完好以及表面带有不同程度缺陷的，其中120个为训练集。60个为测试集。苹果缺陷成因包括人为损伤以及病虫害。

试验装置如图5-6所示，包括3个CCD相机、光源、传送带、计算机。传送带上有固定槽位可以确定苹果位置，同时传送带为黑色，可以避免反光的影响而且便于图像处理过程中苹果图像的提取。相机分别位于传送带的上、左、右3个方位。为了保证所获取图像不受其他光源的干扰，3个相机位于传送带前进方向的不同位置，且拍照背景均为黑色。每个相机配备环形光源，保证光照的均匀。试验所用软件为VS2013平台以及Opencv函数库。

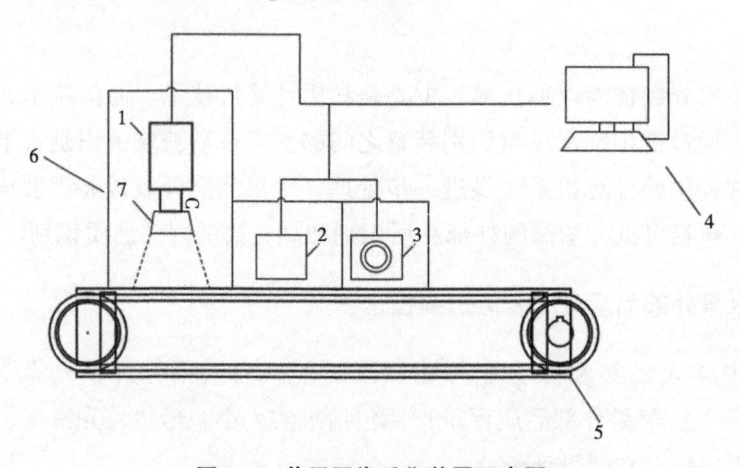

图5-6　苹果图像采集装置示意图

1. 传送带上方相机；2. 传送带运行方向右侧相机；3. 传送带运行方向左侧相机；
4. 计算机；5. 传送带；6. 暗箱；7. 环形光源

将苹果放置在传送带上，传送带匀速前进，相机拍照范围为当前槽位，即每次可以拍一个苹果，拍照频率根据传送带速度调节。每次拍照获得的图像传送到计算机进行缺陷识别，计算缺陷数量及缺陷部分像素数。每个苹果根据3个相机获取的不同面图像，计算3幅图像中缺陷总像素数与苹果总像素数的比值，最终根据3幅图像缺陷总数量以及像素数比值对当前苹果进行分级。

（一）图像获取

利用3个位置的相机获取到被检测苹果3个不同面的RGB图像，获取到图像后将3幅图像导入计算机并作为一组连续的数据，方便后续将3幅图像处理结果综合分析以进行苹果分级。采集到的一个苹果的三侧图像如图5-7所示。

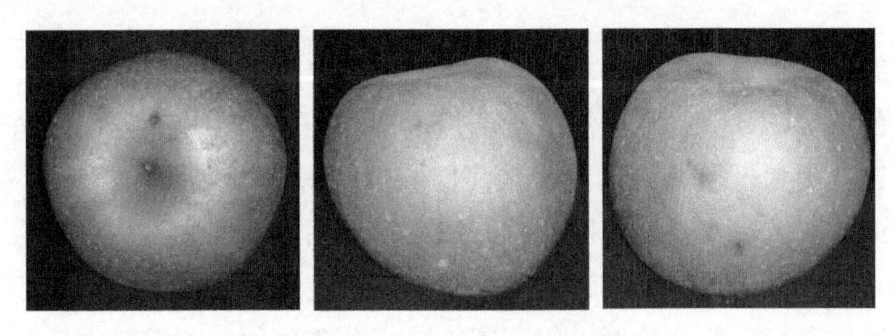

图5-7　单个苹果三侧图像

（二）图像分割与面积计算

在对目标图像处理之前，要先将其从原始图像中提取出来。阈值分割法是用一个或多个阈值将图像分为几部分，该方法特点是较为直观、实现简单且计算速度快，但是仅考虑图像的灰度信息而忽视了其他有价值的信息。本研究中的苹果图像在采集的时候背景均为黑色，在环形灯光照均匀的情况下，苹果图像与背景的区别较大，而且此处图像分割的作用为获得苹果图像掩膜，不需考虑图像的其他灰度信息，所以本文采用固定阈值分割的方法从灰度图像中提取苹果二值图像。

获得苹果二值图像后，要计算苹果区域像素数作为苹果面积，但是获得的二值图像受到低于阈值的深色缺陷的干扰，使苹果部分深色缺陷区域没有提取到。排除苹果图像中深色缺陷部分影响用形态学闭运算来实现，通过试验确定边长大于缺陷直径的矩形结构元，先对目标图像实施膨胀操作，填充较小的深色缺陷区域，随后腐蚀操作可以恢复因膨胀操作而增长的边界。

经过以上两步，得到苹果图像的掩膜（图5-8），再通过计算整幅二值图像的值为1的像素来求出当前苹果图像的面积。

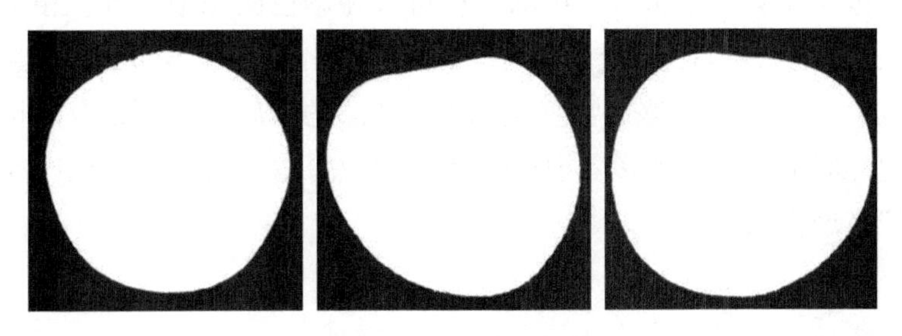

图5-8　苹果图像掩膜

（三）感兴趣区域提取

果梗与花萼部分颜色比正常果面深，灰度值与缺陷接近，很容易被判别为缺陷，影响缺陷检测的精度，因此果梗、花萼的区分是苹果缺陷检测的研究重点。当前有很多区分果梗、花萼、缺陷和利用缺陷面积进行分级的研究，但是大多都是通过区分三者来判断苹果缺陷的有无或者忽略果梗、花萼的区分直接依据缺陷面积进行缺陷程度分级，将分类结果结合缺陷数目、面积进行缺陷分级的研究鲜有报道。

因为免套袋苹果在光照不均匀环境下生长，表面颜色相差较大，在转换为灰度图后深色正常区域与缺陷区域灰度值接近甚至一致，在进行固定阈值分割的时候容易将这类深色区域判别为疑似缺陷区域。图5-9为苹果局部图像，左图为正常果面的深色区域，中图、右图为带有缺陷的果面。左图中深色区域像素灰度值大多在70～90，部分可低至65；中图缺陷部分灰度值普遍在55～70，相比于左图的深色区域具有一定的区分度；但右图缺陷部分灰度值则相差较大，部分缺陷区域灰度值不到40，却又有不少区域灰度值超过90，所以采用固定阈值提取疑似缺陷区域的方法并不适用于免套袋苹果的分级。

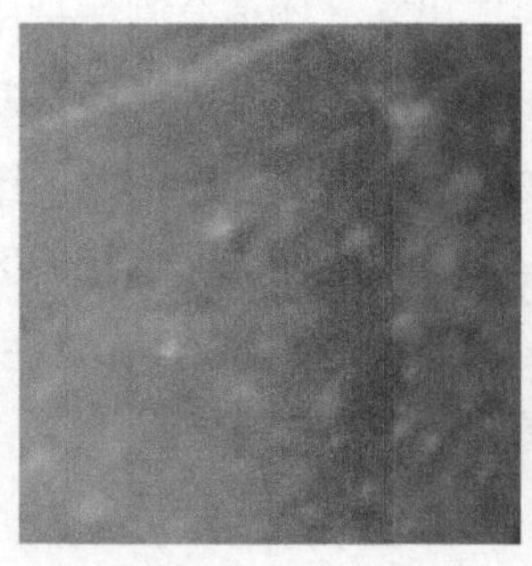
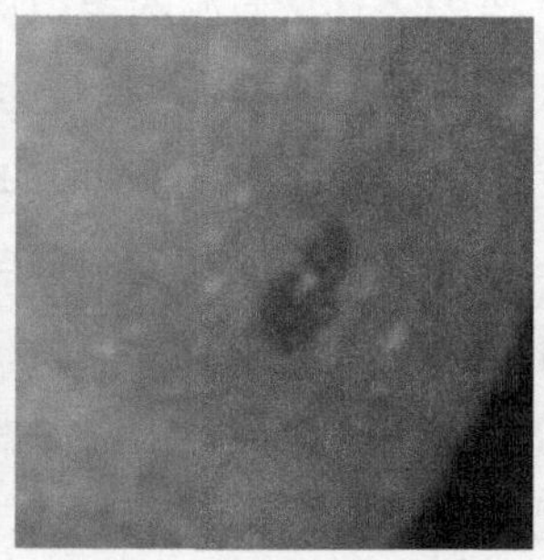
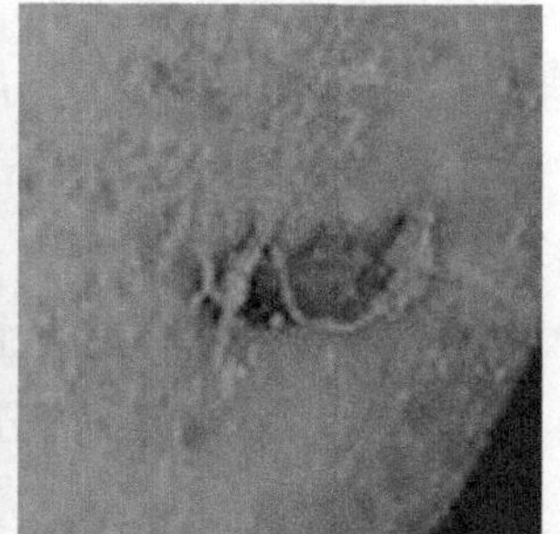

图5-9　苹果局部图像

自适应阈值分割是对固定阈值分割的扩展，但是在苹果灰度图像中采用自适应阈值分割方法提取疑似缺陷区域也有不足之处，主要体现在由于免套袋苹果表面本身颜色极不均匀，易对正常区域误判，还易产生边缘效应，错误提取出大量轮廓，对后面进一步分析造成干扰。

灰度图像在免套袋苹果分级中的短板可以在彩色图像中弥补。相机获取的图像为RGB通道，但是RGB通道并不能很好地反映出物体具体的颜色信息，而相对于RGB空间，HSV空间能够非常直观地表达色彩的明暗、色调以及鲜艳程度，方便进行颜色之间的对比，所以本研究利用将图像由RGB通道转到HSV颜色空间进行疑似缺陷区域提取。

$$V = \max(R, G, B)$$

$$S=\begin{cases}0\ ,\quad \text{if } V=0\\ \dfrac{V-\min(R,\ G,\ B)}{V}\ ,\ \text{if } V\neq 0\end{cases}$$

$$H=\begin{cases}60(G-B)/(V-\min(R,\ G,\ B)) & \text{if } V=R\\ 120+60(B-R)/(V-\min(R,\ G,\ B)) & \text{if } V=G\\ 240+60(R-G)/(V-\min(R,\ G,\ B)) & \text{if } V=B\end{cases}$$

利用前面所述掩膜从彩色原图中提取出苹果图像，再根据在HSV颜色空间试验确定的阈值分割疑似缺陷区域，经过滤波操作后得到如图5-10右图所示疑似缺陷区域的二值图像。图中存在的正常区域误判现象主要是由果梗区域提取遗漏、自然形成的类似缺陷的斑点造成的，大部分可以在后续处理过程中消除其对结果的影响。

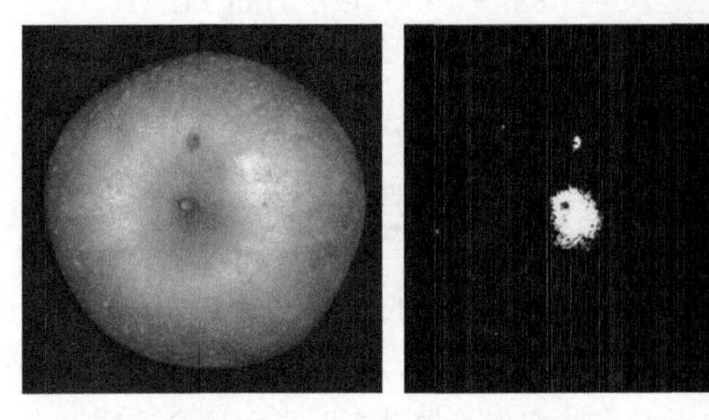

图5-10　感兴趣区域提取结果

（四）计算缺陷数目及面积

用种子填充法在二值图像中按序标记出所有的连通区域，计算每个连通区域像素数并记录其上下左右最外侧坐标。因为连通区域在灰度图像中对应的位置有可能为果梗、花萼或者误判的正常区域，所以需要根据记录的每个连通区域最外侧坐标在原图上分别取出最小矩形区域做进一步判别。图5-11为根据记录的坐标提取的疑似缺陷区域，其中最左侧图像内容为果梗，其余两幅图像为面积较小的缺陷。

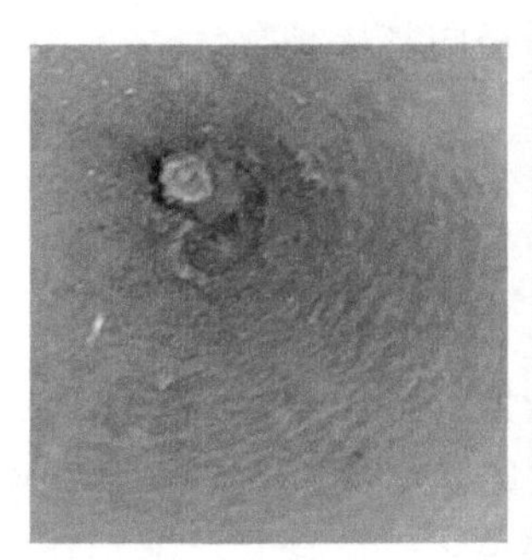
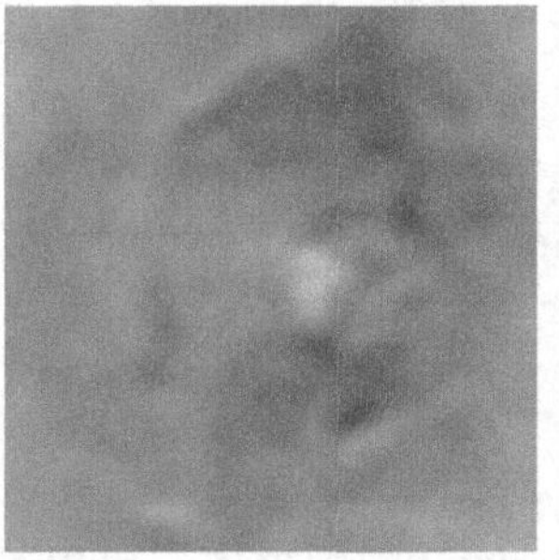
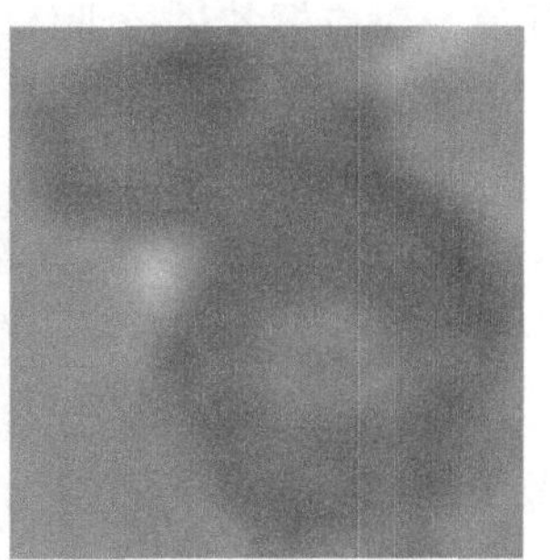

图5-11　疑似缺陷区域图像

果梗、花萼以及病虫害造成的缺陷各自具有比较固定的静态特征，本研究采用纹理特征对缺陷与非缺陷进行分类。因为苹果摆放是随机的，没有固定方向，所以在区分过程中还要考虑到它们方向的变化。灰度共生矩阵法具有旋转不变性，能适应苹果方向的变化，因此本研究采用灰度共生矩阵特征值对连通区域作进一步判别。

利用灰度共生矩阵的能量（Asm）、熵（Ent）、对比度（Con）和逆差矩（IDM）等特征值可以对缺陷与非缺陷进行区分。其中能量值表征纹理均一和规则化程度，熵值表征纹理复杂程度，对比度值表征纹理灰度差程度，逆差矩表征纹理间变化程度。

$$Asm=\sum_i\sum_j P(i,\ j)^2$$

$$Ent=-\sum_i\sum_j P(i,\ j)\log P(i,\ j)$$

$$Con=\sum_i\sum_j (i-j)^2 P(i,\ j)$$

$$IDM=\sum_i\sum_j \frac{P(i,\ j)}{1+(i-j)^2}$$

式中，（i, j）的值表示灰度为i和j的像素按确定的间距和角度出现的次数；p（i, j）则为该像素对的联合分布概率。鉴于以上4种特征足以完成分类任务，采用更多的特征虽然会提升准确率但是提升不明显而且会造成冗余，所以本研究仅采用以上4种特征作为分类依据。

分类可以用求出的特征值分别直接与经验阈值比较，但是该方法分类效率较低。为了提升分类的效率，本研究采用支持向量机（SVM）进行分类。由于误判为缺陷区域的正常区域面积都比较小，为了简化分类过程，设定阈值T，对面积小于T的区域进行正常区域与缺陷区域的二分类，对面积大于T的区域进行果梗、花萼与缺陷的多分类。针对两种情况，分别训练SVM，两个SVM都是根据四类特征值训练，区别是对果梗、花萼与缺陷的区分时用果梗、花萼、缺陷的特征值及对应标签进行训练，对正常区域与缺陷区域进行区分时则用正常区域与缺陷的特征值及对应标签进行训练。SVM的训练采用了高斯径向基核函数：

$$k(x,x_c)=\exp\left(-\frac{\|x-x_c\|^2}{2\sigma^2}\right)$$

式中，x_c为核函数中心；σ为函数的宽度参数，σ越大，显著影响核函数的样本范围越大，学习能力越强。表5-1为训练集与测试集样本数2：1时正常区域、果梗、花萼分别与缺陷分类时的分类正确率。可以看出正常区域及果梗与缺陷的区分度较高，花萼则因为部分个体外形变化较大，过于类似缺陷而导致区分度相对较低。

表5-1　分类正确率

样本类别	样本数	正确分类数	正确率（%）
正常区域	60	58	96.7
果梗	60	56	93.3
花萼	60	53	88.3

完成分类后，在缺陷数量与总缺陷面积上减去非缺陷的数量与面积，得到真正缺陷区域的数量与面积，并与该苹果的其他两幅图像的处理结果结合，求出总的缺陷数量C与缺陷面积比R，最终给出该苹果的分类结果。

$$C = C_1 + C_2 + C_3$$

$$R = \frac{S_1^{'} + S_2^{'} + S_3^{'}}{S_1 + S_2 + S_3}$$

式中，C_1，C_2，C_3分别为第一、二、三幅图缺陷数量；S_1，S_2，S_3分别为3幅图的苹果图像像素数；$S_1^{'}$，$S_2^{'}$，$S_3^{'}$分别为3幅图各自的缺陷区域像素总数。

（五）苹果缺陷分级结果

苹果分级标准，无论是国标、行标还是地标，都提到了缺陷面积与缺陷数量。在本研究的分级标准中，将缺陷面积以缺陷像素比的形式表达，综合缺陷像素比以及缺陷数量进行分级。在确定缺陷像素比阈值时，参考鲜苹果国标GB/T 10651—2008，根据其对缺陷面积、缺陷数量以及果径大小的要求给出基于苹果3幅图像的缺陷分级标准。表5-2为本研究缺陷分级标准。

表5-2　缺陷分级标准

等级	缺陷面积（cm^2）	缺陷数量（个）	缺陷像素比值
优等品	0	0	0
一等品	0.5	7	0.004 3
二等品	4.0	10	0.040 2

计算机对图像进行处理分析时，将缺陷数量与像素比都作为必要条件，苹果同时满足某一等级的标准才能分类到该等级，不能同时满足两项标准的，以其满足的较低标准为最终分类结果。

对60个测试集样品进行分级后，与提前进行的人工分级作比较，可以得到表5-3的分类结果。

表5-3　总体分类正确率

等级	样本总数	正确分类数	正确率（%）
优等品	19	17	89.5
一等品	37	34	91.9
二等品	4	3	75.0
总计	60	54	90.0

对该批次60个免套袋苹果进行分类，得到了90%的分类正确率。通过分析发现，影响正确率的主要因素一是对疑似缺陷区域的提取准确率不够高，有部分果梗、花萼区域因颜色变化不规律而提取的不完整；二是受到果梗花萼识别正确率的限制，其中花萼与缺陷的区分难度较大。除此之外，部分苹果果形异常使苹果侧面图像存在不完整的果梗、花萼，因免套袋造成的其他种类斑点及特殊纹理，缺陷区域与果梗花萼区域重叠，破损伤不易识别等原因也会对结果造成影响。

二、水果内部品质分级智能识别技术

根据中华人民共和国农业行业标准《苹果品质指标评价规范》（NY/T 2316—2013），苹果内部品质评价指标包括果心大小、果肉颜色、果肉质地、果肉粗细、汁液多少、风味、香气和异味以及果实硬度、可溶性糖含量和酸含量、维生素C含量。

对于水果内部品质多以近红外光谱技术进行无损识别。近红外光照射果实后，光谱特征曲线随反射、散射、吸收特性变化而改变，这种变化与果实糖度、酸度等内部成分相关，也与微观结构、质地等指标相关。

（一）苹果糖度的无损识别

以矮化烟富3号红富士苹果套袋与不套袋糖度识别为例进行说明。对象为矮化烟富3号红富士苹果，来自山东某集团栖霞官道镇姚庄村碑通达王太后基地，北纬37° 09′ 46.56″，东经120° 38′ 24.38″。剔除损伤及采样过程中发现的内部腐烂苹果后，最终获得90个套袋苹果和118个不套袋苹果作为试验样本。

试验器材主要包括高光谱仪和糖度计。高光谱图像采集系统如图5-12所示。为了避免周围环境光照的影响，保证目标样本光照的均匀性，将整个图像采集系统（除计算机外）置于暗箱中运行。试验选用美国ASD公司设计制造的FieldSpec Hand-Held便携式地物光谱仪，其主要组成包括光谱仪本体、光纤、探头以及用来做光强校正的白板等。测量光谱的范围是350～1 000nm，波长精度为±1nm，光谱分辨率是3nm@700nm。糖度计使用陆恒生物公司的LH-B55数显糖度计。数显糖度计可以快速测定含糖溶液的糖浓度和折射率。该糖度计的量程是0～55%Brix，分辨率是0.1%Brix，精度是+0.2 Brix。

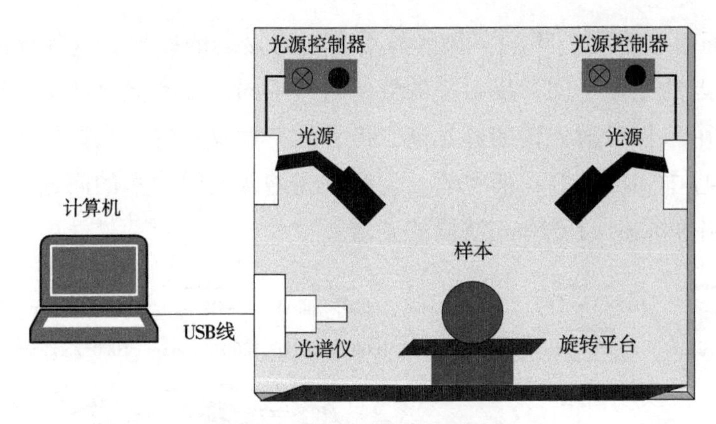

图5-12 高光谱数据采集平台

1. 高光谱数据采集

高光谱图像的采集和处理也称成像光谱学，鉴于所采集数据的形式是高光谱立方体，有时也被称为3D光谱学。高光谱成像的本质是收集和处理来自电磁频谱的信息。高光谱成像的目的是通过获取场景图像中的每个像素的光谱来寻找物体、识别材料或检测特定过程。形象地说，高光谱传感器收集信息作为一组“图像”，每幅图像代表电磁频谱中的一个波段，一个波段也被称为一个光谱带。可以将这些“图像”组合起来，形成用于处理和分析的三维（X，Y，λ）高光谱数据立方体，其中X和Y代表场景的两个空间维度，λ表示光谱维度。

研究表明，感兴趣区域选取的形状会影响苹果糖度模型的精度。根据郭志明等人的研究，圆形感兴趣区域精度最好。在苹果赤道位置选取4个均匀分布的、直径约为3cm的圆形区域作为感兴趣区域，以每个感兴趣区域的平均光谱作为样品的高光谱，共采得208个苹果832条光谱。

2. 糖度数据采集

用小刀剜削苹果赤道位置4个感兴趣区域挖取长宽各3cm、厚2cm的立方体果肉，将榨好的苹果汁涂布折光棱镜的镜面上，连续按测量按钮多次，当最后液晶显示屏3次显示值一致时记录该值，共采得832个数据，与感兴趣区域的高光谱数据一一对应。

3. 数据处理

（1）样本划分。套袋苹果中抽取66个苹果样本数据作为校正集，24个作为预测集。不套袋苹果中抽取87个苹果样本数据作为校正集，31个作为预测集。校正集：预测集约等于3：1。

（2）光谱数据去噪。图5-13展示的是部分由ASD光谱仪采得的原始光谱数据，但原始光谱并不适合直接拿来建模，主要因为：一是虽然光谱的整体趋势一致，但不同光谱反射率数值的大小却不尽相同，原因是苹果的形状不规则，每个苹果的4个面形状不同，不同苹果的外形有较为显著的差异，这就导致卤素灯照到每处采样点的光强不同，反射率的数值自然不同；二是光谱两端有较多较大的噪声，这是由采集反射光谱的硅光电二极管的特性决定的，光谱仪和其他许多仪器一样，量程中间精度好，两端差。为解决光谱两段噪声多的问题，裁掉两端的光谱，保留中间420～1 019nm波段的光谱。

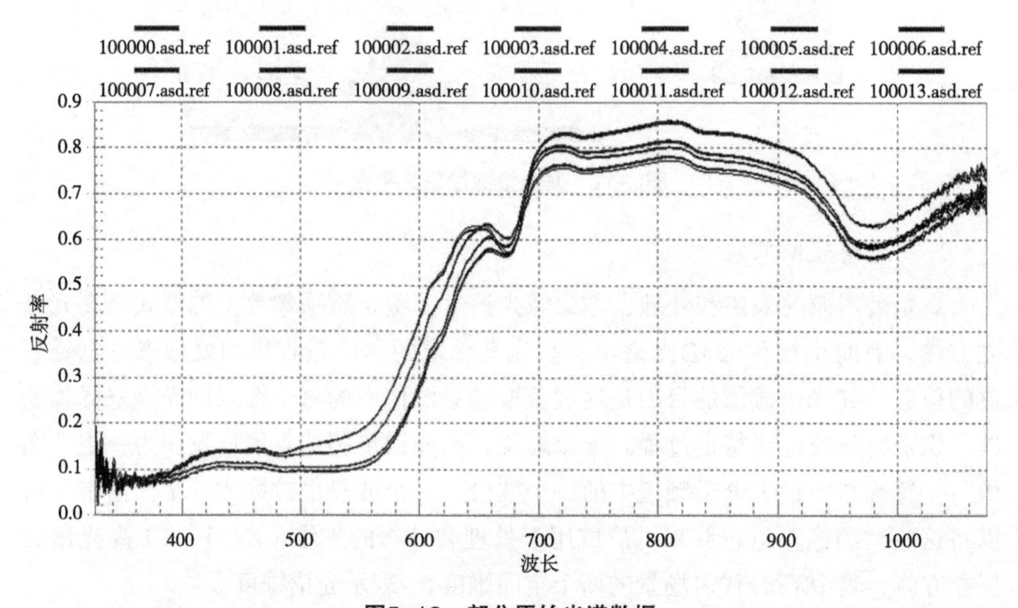

图5-13　部分原始光谱数据

（3）光谱数据预处理。采集到的反射率光谱首先经过多元散射校正（Multiple Scattering Correction，MSC），消除散射对光谱的影响，提高信噪比，增强光谱与糖度的相关性。

MSC处理方法：首先通过式（5-1）求得所有感兴趣区域光谱的平均光谱，将其作为“理想光谱”。将每条光谱与“理想光谱”按式（5-2）作一元线性回归运算，求得相对于标准光谱的数值差（回归常数b_i）和斜率倍数（回归系数m_i），最后根据式（5-3）在每条原始光谱中减去数值差同时除以回归系数，原始光谱的各波段上数值及曲线斜率都得到修正。

$$\overline{A_{(i,\ j)}} = \frac{\sum_{i=1}^{n} A_{i,j}}{n} \tag{5-1}$$

$$A_i = m_i \bar{A} + b_i \tag{5-2}$$

$$A_{i(MSC)} = \frac{(A_i - b_i)}{m_i} \tag{5-3}$$

式中，A表示$n \times p$维定标光谱数据矩阵；n为定标样品数；p为光谱采集所用的波长点数；$\overline{A_{i,j}}$表示所有样品的原始光谱在各个波长点处求平均值所得到的平均光谱矢量；A_i是$1 \times p$维矩阵，表示单个样品光谱矢量；m_i和b_i分别表示各样品光谱A_i与平均光谱$\overline{A_{i,j}}$进行一元线性回归后得到的相对偏移系数和平移量。

图5-14和图5-15分别是多元散射校正前后的光谱图。可以看出经过多元散射校正，光谱向平均光谱（即MSC的“理想光谱”）靠拢。

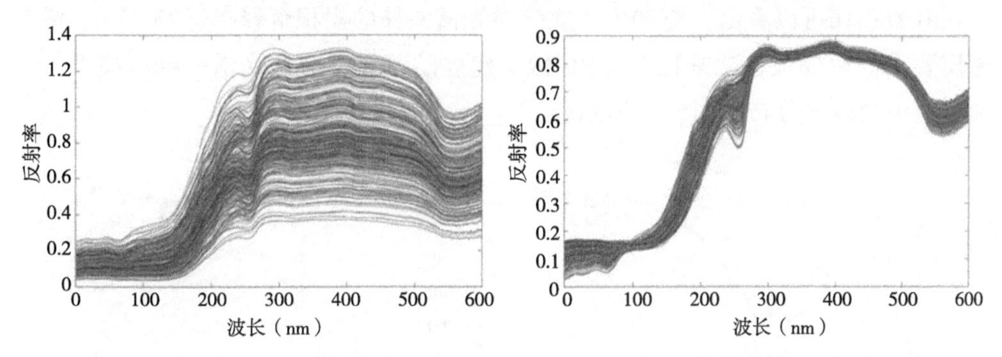

图5-14　多元散射校正前的光谱　　**图5-15　多元散射校正后的光谱**

4. 识别模型

（1）预测模型。偏最小二乘回归（PLSR）是一种使用包含相关预测变量数据的技术，是通过将预测变量和可观察变量投影到一个新空间来找到一个线性回归模型，而主成分回归是寻找响应和自变量之间最大方差的超平面。因为数据X和Y都投影到新的空间，所以PLS系列方法也被称为双线性因子模型。

PLSR多元线性回归（MLR）与主成分分析（PCA）之间的交叉点：多元线性回归可找到符合响应值的预测变量的组合；主成分分析发现具有较大方差的预测变量组合，减少相关性，PCA不使用响应值。PLS发现具有较大协方差的预测变量与响应值的组合。因此，PLS结合了关于预测变量和响应变量的信息，同时也考虑了它们之间的相关性。

PLS用于找出两个矩阵（X和Y）之间的基本关系，例如某种潜在变量方法来模拟这两个空间中的协方差结构。PLS模型目标是在X空间中找到解释Y空间中最大多维方差方向的多维方向。PLS回归特别适用于预测变量矩阵比观测变量多以及X值之间存在多重共线性的情况。

多元PLS的一般基础模型：

$$X=TP^{\mathrm{T}}+E$$
$$Y=UQ^{\mathrm{T}}+F \tag{5-4}$$

式中，X是$n \times m$的预测矩阵；Y是$n \times p$的响应矩阵；T和U分别是X的投影（X分数，分量或因子矩阵）和Y（Y分数）的投影；P和Q分别是$m \times l$和$p \times l$的正交载荷矩阵；矩阵E和F是误差项，假设它们是独立且均匀分布的随机正态变量。分解

X和Y分解是为了使T和U之间的协方差最大化。

（2）主成分分析。将600个波段的光谱信息利用主成分分析法确定光谱数据主成分的个数，使用偏最小二乘回归（PLSR）算法建立苹果反射率光谱—糖度模型。

由图5-16可以看出，前50个主成分对光谱差异的累积解释率达99.52%，满足建模要求。用偏最小二乘回归（PLSR）建立的苹果反射率光谱—糖度模型，其预测结果的残差分布如图5-17所示。

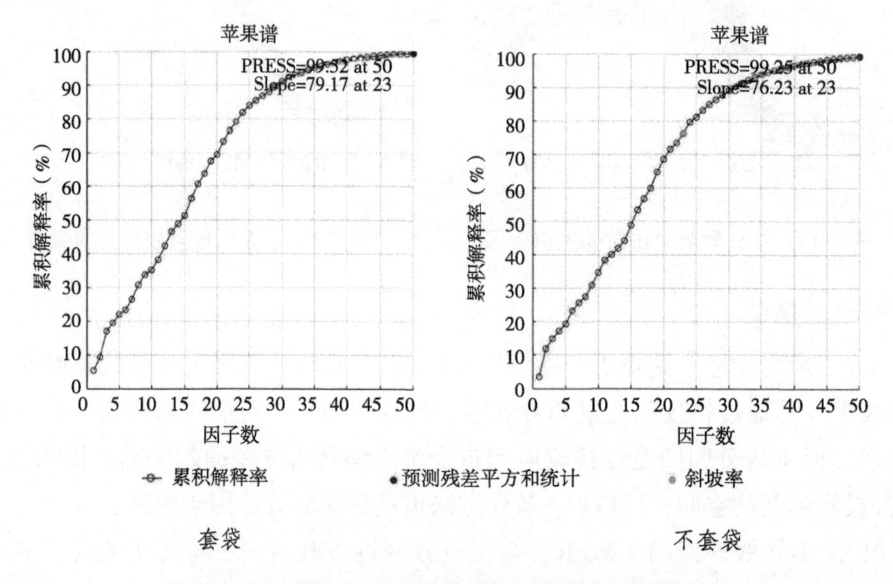

图5-16　前50个主成分对光谱差异的累积解释率

（3）模型评判。偏最小二乘回归模型的主要评判指标是校正集和预测集的相关系数r和均方根误差$RMSEP$。相关系数越接近于1，均方根误差越小，则模型精度越好。用偏最小二乘回归（PLSR）建立的苹果反射率光谱预测糖度模型，对于套袋苹果，校正集相关系数r_c=0.76，均方根误差$RMSEP$=0.837 5 Brix；预测集相关系数r_v=0.72，均方根误差$RMSEP$=0.870 2 Brix。对于不套袋苹果，校正集相关系数r_c=0.69，均方根误差$RMSEP$=0.904 0 Brix；预测集相关系数r_v=0.63，均方根误差$RMSEP$=0.913 4 Brix。

根据试验结果，不套袋苹果建立的模型精度相较于套袋苹果要低。苹果套袋与不套袋对模型精度的影响是不同的表面状况造成的。所有试验样品在试验开始时均未经过清洗，套袋苹果表面较为干净，除极个别苹果表面在运输过程中碰伤外，其余苹果表面均无伤痕，苹果各个面颜色基本一致，手感光滑；不套袋苹果表面灰尘较多，苹果表面有大量的斑点以及在成长过程中的伤疤，且向阳面与背阴面颜色相差较大，手感粗糙。不套袋苹果复杂的表面情况会在一定程度上对光谱采集带来不利影响，光谱中较多的噪声导致了较低的建模精度。

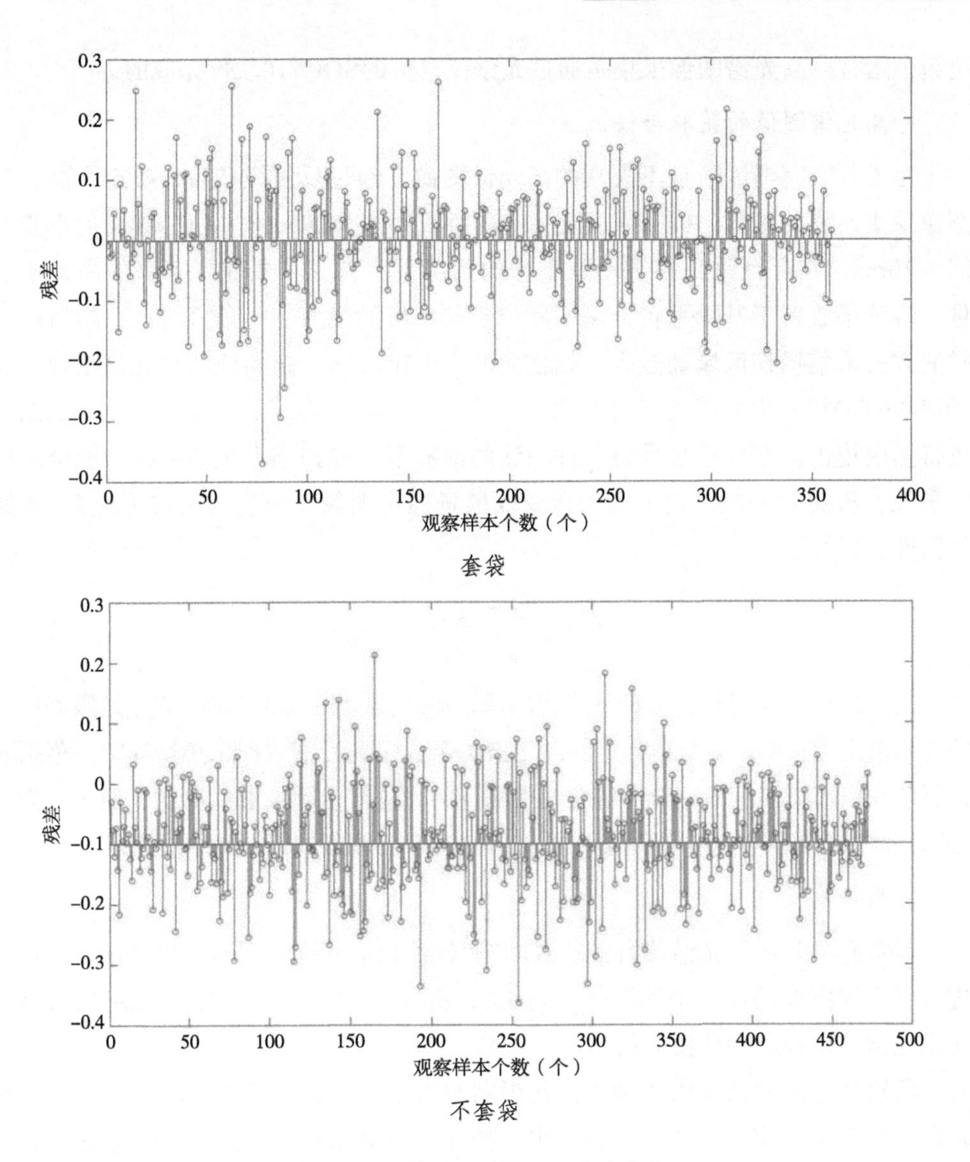

图5-17 模型预测结果：残差分布

（二）苹果损伤的无损识别

选择颜色、形状均匀，果径大小在86～95mm范围内的烟富3号红富士苹果50个，苹果表面光滑、无任何损伤。与完好苹果相对比的轻微损伤是由人工造成的，制作一个高30cm，直径15cm的内壁光滑的空心圆柱体，将苹果从空心圆柱体的顶端自由落体至平滑地面，在苹果表面形成轻微且难以辨别的损伤。

识别系统主要包括高光谱成像光谱仪（SOC710VP，美国），4个75W的室内高光谱照明灯，精密升降控制平台，计算机等。其中，SOC710VP光谱仪的成像范围在400～1 000nm（128个波段），分辨率为4.69nm。为了避免周围环境光照的影响，保证目标样本光照的均匀性，将整个图像采集系统（除计算机外）置于暗箱中运行。高光谱图像采集是通过光谱仪自带的SOC710软件完成的。

1. 高光谱图像的获取与校正

为了获取完整清晰且不失真的高光谱图像，经过反复微调后，确定了高光谱图像采集系统的参数，样本表面至镜头的垂直距离为195mm，CCD相机的曝光时间为20ms。在保证采集系统参数不变的情况下，首先采集完好苹果的高光谱图像，将苹果放置于升降平台，保证其位置与相机的镜头在一条直线上，然后以同样的方式采集损伤区域经过人工损伤后0h、0.5h、1h、3h和5h的高光谱图像。为了消除CCD相机中的暗电流对图像产生的噪声影响，必须要对获取的高光谱图像进行黑白校正。在与样品采集条件一致的前提下，先扫描白色参考板获取全白标定图像，再关闭光源，盖上镜头盖获取黑场标定图像，最后利用式（5-5）对原始图像进行校正：

$$R=\frac{R_{ori}-R_{dark}}{R_{white}-R_{dark}} \tag{5-5}$$

式（5-5）中R是校正后的高光谱图像；R_{ori}是原始高光谱图像；R_{dark}是黑场标定的高光谱图像；R_{white}为全白标定的高光谱图像。在高光谱数据采集过程中，苹果表面颜色和内部坚实度的差异，都会使得测定的光谱产生附加散射变动。因此，为了去除光谱散射的影响，对经过黑白校正后的光谱图像再进行附加散射校正。

2. 数据处理

本研究主要使用光谱仪自带的SOC710软件获取高光谱图像，SRAnal710软件进行高光谱图像的反射率标准化。利用Origin Pro9.1、ENVI和MATLAB R2014a实现光谱数据处理和建模分析。

虽然高光谱图像提供了利于损伤识别的大量信息，但信息间的冗余则严重影响数据处理和建模分析的速度和效率。特征波段提取算法既能保留图像的有效信息，又能达到减少原始波段数量、简化分析模型复杂度的目的。因此，本研究采用光二阶导数、载荷系数和连续投影等算法进行特征波段提取。

（1）载荷系数法。载荷系数法（x-Loading Weight，x-LW）提取的特征波长是通过建立偏最小二乘回归模型得到。模型的分类性能受隐含变量所对应的载荷系数的绝对值大小影响。因此，在隐含变量的载荷系数曲线中，选取绝对值最大处所对应的波长作为有效波长。一般情况下，选取的有效波长的数目与隐含变量的个数相同。

（2）连续投影法。连续投影算法（SPA）能够消除波段之间的共线性冗余，寻找共线性信息最小的波长以代表样品最大的信息量。该方法在初始阶段，首先选择一个特定波长和设定最大最小选定波长数，然后循环迭代，计算该波长在未选入波长上的投影，选择投影向量最大的波长，并列入特征波长组合中，直至特征波长的数目达到最小均方根误差所对应的数值，循环结束。

（3）二阶导数法。二阶导数就是通过数学模拟，计算不同波段下反射率的二阶导数值。二阶导数法能够辨别完全重叠或波长距离很小的相重叠反射峰，大幅度去除波段间的冗余数据，迅速确定光谱变化明显的波长位置。因此，本研究使用二阶导数法确定完好与轻微损伤区域的特征波段。

3. 鉴别模型

基于载荷系数、连续投影和二阶导数方法选定的特征波长分别建立反向传输神经网络（BP）模型和SVM模型。BP神经网络算法的基本原理是将输出误差以某种形式逐层传递到输出层，并计算每一隐含层的每一单元的误差，以此来修正各单元权值，设置阈值与迭代次数，直至网络输出误差小于所设定阈值，迭代完成。支持向量机是基于统计学习理论和结构化风险最小原理建立的，它适合于解决小样本、非线性和高维模式下的识别分类问题，具有较强的泛化能力。

（1）光谱特征分析。为了分析完好与损伤苹果的反射光谱曲线特性，以及损伤苹果的光谱在不同损伤时间段的变化情况。使用ENVI软件分别从完好与损伤不同时间段的样本中提取相同大小的感兴趣区域（Region of Interest，ROI），ROI的大小是20×20pixel，并计算该区域所有像素点在全波长范围400～1 000nm的平均光谱反射数据。如图5-18所示是完好与损伤不同时间段样本的平均光谱曲线。由曲线可以看出，所有样本的光谱都表现出共同的变化趋势，在600～750nm波段范围内存在两个波峰和一个波谷，随着样本损伤时间的变化，损伤与完好样本的反射率差别越来越大，而且，所有样本在波段503nm以下和989nm以上均存在大量噪声。因此，为了去除噪声，首先对每一样本数据去除首尾波段，保留差异比较明显且易于区分的503～989nm波段进行后续研究。

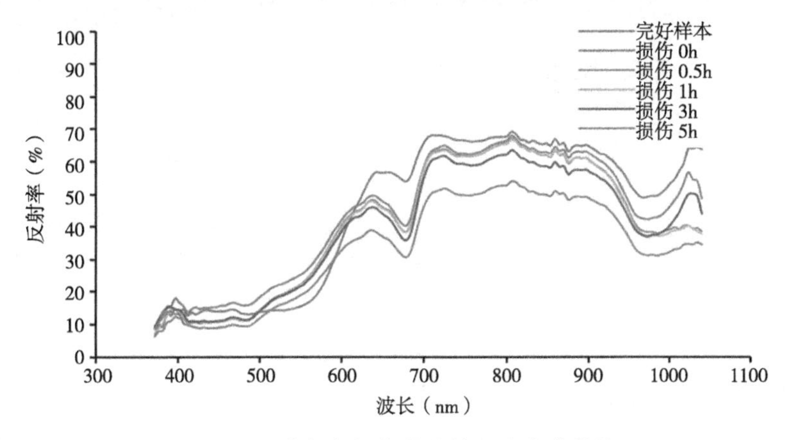

图5-18　完好与损伤样本的平均光谱曲线

（2）特征波段选择。为了去除样本数据相邻波段间存在的高相关性，获取包含大量有效信息的关键波段，本研究分别采用载荷系数法、连续投影法和二阶导数法提取特征波段。基于载荷系数获取有效波长的方法，首先利用样本数据建立PLSR模型，然后依据3个最佳隐含变量在每一波段下所对应的载荷系数做出隐含变量的载荷系数曲线，如图5-19中a所示。选取载荷系数绝对值最大处所对应的3个波长570nm、768nm、811nm作为特征波段。

使用连续投影法对样本的光谱数据进行初步筛选，剔除不敏感的波段，减少数据的运算量，提高模型的精度与效率。本研究在SPA的初始状态下设定选取波长数的范围为5～30。根据验证集的最小预测标准偏差确定特征波长的数量为9个，它们对应的特征波长序号为6，9，13，18，35，45，47，60，76，如图5-19中b所示。波长实际值为529nm、544nm、564nm、590nm、679nm、731nm、742nm、811nm、896nm。

本研究采用二阶导数法提取包含大量有效信息的波段。通过软件Origin Pro 9.1对所有样本的光谱数据求二阶导数，做出光谱数据的二阶导数曲线。如图5-19中c所示，选取曲线的局部峰值处所对应的波长作为特征波长。

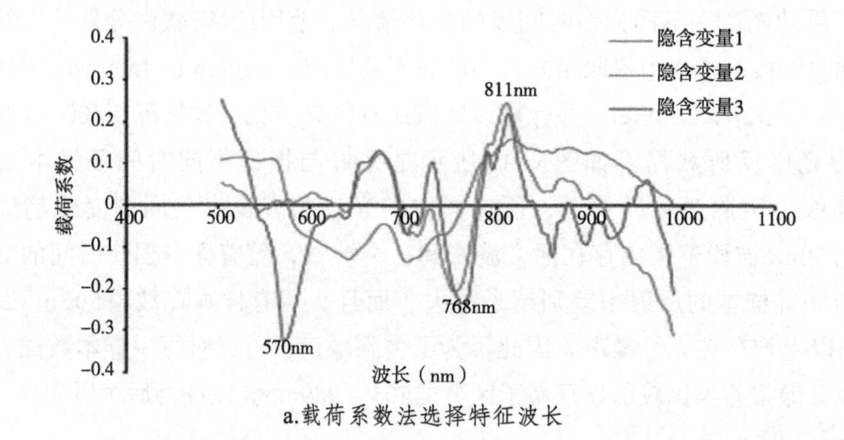

a.载荷系数法选择特征波长

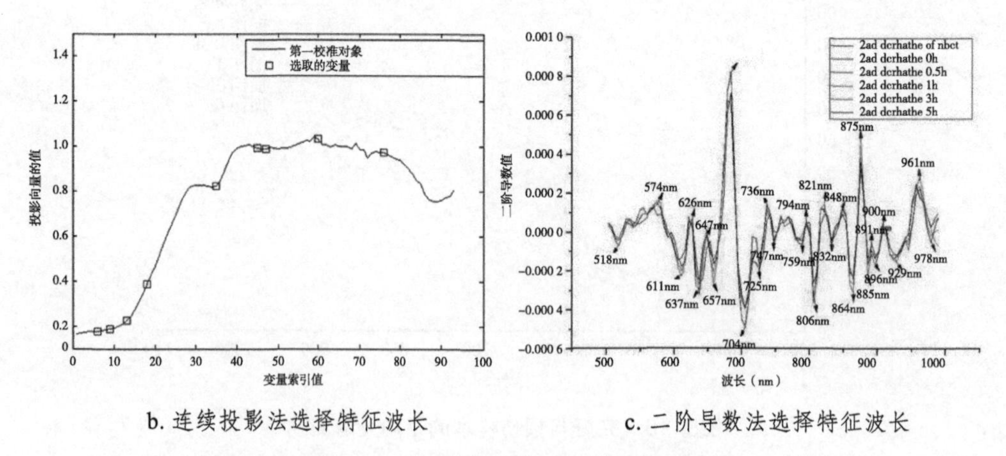

b. 连续投影法选择特征波长　　c. 二阶导数法选择特征波长

图5-19　三种不同的特征波长选择算法

（3）基于特征波段建模。利用Kennard-stone算法将所有样本按4：1的比例随机划分成建模集和测试集，分别使用以上3种方法提取的有效波段作为BP和SVM的输入变量，建立苹果表面轻微损伤的早期检测模型。使用载荷系数法、连续投影法和二阶导数法提取的有效波长如表5-4所示，不同提取算法的原理不同，对于反应物质特征的效果不同，因此，提取的特征波长的种类和数量也有所差别。

表5-4　3种方法提取的有效波长

特征波长提取算法	特征波长个数（个）	特征波长（nm）
载荷系数（x-LW）	3	570、760、011
连续投影（SPA）	9	529、544、564、590、679、731、742、811、896
二阶导数（second derivative）	27	518、574、611、626、637、647、657、683、704、725、736、747、789、794、806、821、832、848、864、875、885、891、896、907、929、961、978

以上3种特征提取方法虽然提取的波段种类有差别，但都大幅度减少了波段的数量，突出了用于区分完好与损伤苹果的有效信息。表5-5是基于特征波长建立的BP和SVM分类模型的鉴别结果。通过对比不同特征波长提取算法的鉴别结果发现，二阶导数方法在苹果轻微损伤的早期检测方面取得了较好的效果，连续投影算法的效果与其相当，只有载荷系数法的效果最差；对比不同建模方法的鉴别结果可得，BP神经网络模型的识别正确率均高出SVM模型。总体来看，二阶导数结合BP建立的鉴别模型效果最好，建模集和测试集的鉴别率分别达到97.08%和96.67%；载荷系数结合SVM建立的鉴别模型准确率最低，测试集的检测正确率仅有83.33%。

表5-5　基于特征波长的鉴别率（%）

	BP		SVM	
	建模集	测试集	建模集	测试集
载荷系数法（x-LW）	87.92	85	89.17	83.33
连续投影法（SPA）	97.92	95	95.42	93.33
二阶导数法（second derivative）	97.08	96.67	96.25	95

（4）单一特征波段识别率。为了挑选出最适合于研发苹果轻微损伤的早期实时在线检测系统的特征波长，本研究分别使用以上3种方法获取的每一特征波长建立BP和SVM鉴别模型。如图5-20所示，基于波段590nm建立的两种模型的识别率分别为91.67%和88.33%，均高于基于其他波段建立的模型。因此，波段590nm为苹果表面轻微损伤早期检测的最佳波段。

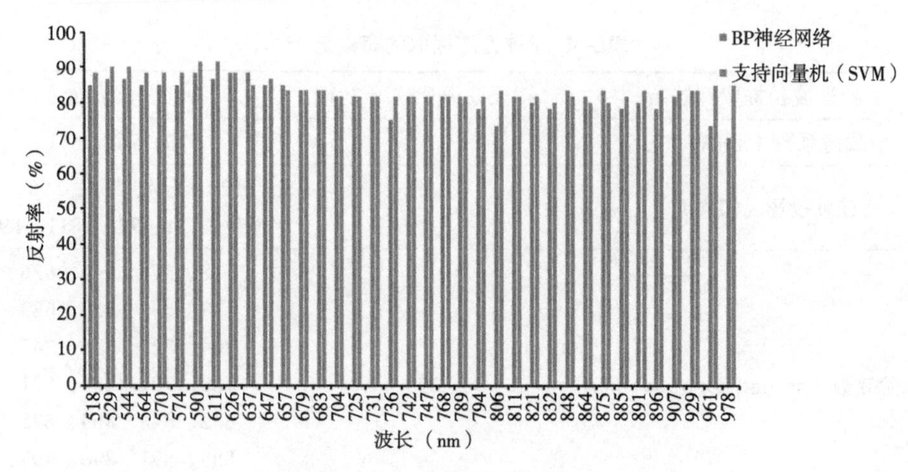

图5-20　单一特征波段识别率（%）

模型结果表明，基于二阶导数方法的BP神经网络模型检测效果最好，建模集和测试集的检测精度分别为97.08%和96.67%，被确定为用于检测苹果表面轻微损伤的最佳模型。

第六章　水果品质分级智能控制技术

智能控制是具有智能信息处理、智能信息反馈和智能控制决策的控制方式，是控制理论发展的高级阶段，主要用来解决那些用传统方法难以解决的复杂系统的控制问题。智能控制研究对象的主要特点是具有不确定性的数学模型、高度的非线性和复杂的任务要求。

水果品质分级智能控制技术主要涉及拍照与执行等控制。为便于对水果品质分级智能控制技术的理解，本章将主要介绍智能控制的概念、智能控制方法等内容。

第一节　智能控制概念

智能控制是由智能机器自主地实现其目标的过程，无须人的干预就能够自主地驱动智能机器实现其目标的自动控制，也是用计算机模拟人类智能的一个重要领域。

智能控制研究的主要目标不再是被控对象，而是控制器本身。控制器不再是单一的数学模型解析型，而是数学解析和知识系统相结合的广义模型，是多种学科知识相结合的控制系统。智能控制理论是建立被控动态过程的特征模式识别，基于知识、经验的推理及智能决策基础上的控制。一个好的智能控制器本身应具有多模式、变结构、变参数等特点，可根据被控动态过程特征识别、学习并组织自身的控制模式，改变控制器结构和调整参数。

第二节　智能控制方法

智能控制以控制理论、计算机科学、人工智能、运筹学等学科为基础，扩展了相关的理论和技术，其中应用较多的有模糊逻辑、神经网络、专家系统、遗传算法等理论，以及自适应控制、自组织控制和自学习控制等技术。

一、模糊逻辑控制

模糊逻辑控制（Fuzzy Logic Control）简称模糊控制（Fuzzy Control），是以模糊集合论、模糊语言变量和模糊逻辑推理为基础的一种计算机数字控制技术。

1. 模糊控制器组成

（1）模糊化。主要作用是选定模糊控制器的输入量，并将其转换为系统可识别的模糊量，具体包含以下3步。第一，对输入量进行满足模糊控制需求的处理；第二，对输入量进行尺度变换；第三，确定各输入量的模糊语言取值和相应的隶属度函数。

（2）规则库。根据人类专家的经验建立模糊规则库。模糊规则库包含众多控制规则，是从实际控制经验过渡到模糊控制器的关键步骤。

（3）模糊推理。主要实现基于知识的推理决策。

（4）解模糊。主要作用是将推理得到的控制量转化为控制输出。

2. 模糊控制规则获得方式

控制规则是模糊控制器的核心，它的正确与否直接影响到控制器的性能，其数目的多少也是衡量控制器性能的一个重要因素。模糊控制规则的取得方式如下。

（1）专家的经验和知识。模糊控制规则提供了一个描述人类的行为及决策分析的自然架构；专家的知识通常可用if….then的形式来表述。

（2）操作员的操作模式。熟练的操作人员在没有数学模式下，却能够成功地控制这些系统，这启发我们记录操作员的操作模式，并将其整理为if….then的形式，可构成一组控制规则。

（3）学习。为了改善模糊控制器的性能，必须让它有自我学习或自我组织的能力，使模糊控制器能够根据设定的目标，增加或修改模糊控制规则。

3. 模糊控制特点

（1）简化系统设计的复杂性，特别适用于非线性、时变、滞后、模型不完全系统的控制。

（2）不依赖于被控对象的精确数学模型。

（3）利用控制法则来描述系统变量间的关系。

（4）不用数值而用语言式的模糊变量来描述系统，模糊控制器不必对被控制对象建立完整的数学模式。

（5）模糊控制器是一语言控制器，便于操作人员使用自然语言进行人机对话。

（6）模糊控制器是一种容易控制、掌握的较理想的非线性控制器，具有较佳的鲁棒性（Robustness）、适应性及较佳的容错性（Fault Tolerance）。

4. 模糊控制系统

模糊控制以现代控制理论为基础，同时与自适应控制技术、人工智能技术、神经网络技术的相结合，在控制领域得到了空前的应用。

（1）Fuzzy-PID复合控制。Fuzzy-PID复合控制将模糊技术与常规PID控制算法相结合，达到较高的控制精度。当温度偏差较大时采用Fuzzy控制，响应速度快，动态性能好；当温度偏差较小时采用PID控制，静态性能好，满足系统控制精度。因此它比单个的模糊控制器和单个的PID调节器都有更好的控制性能。

（2）自适应模糊控制。这种控制方法具有自适应自学习的能力，能自动地对自适应模糊控制规则进行修改和完善，提高了控制系统的性能。对于那些具有非线性、大时滞、高阶次的复杂系统有着更好的控制性能。

（3）参数自整定模糊控制。也称为比例因子自整定模糊控制。这种控制方法对环境变化有较强的适应能力，在随机环境中能对控制器进行自动校正，使得控制系统在被控对象特性变化或扰动的情况下仍能保持较好的性能。

（4）专家模糊控制EFC（Expert Fuzzy Controller）。模糊控制与专家系统技术相结合，进一步提高了模糊控制器智能水平。这种控制方法既保持了基于规则方法的价值和用模糊集处理带来的灵活性，同时把专家系统技术的表达与利用知识的长处结合起来，能够处理更广泛的控制问题。

（5）仿人智能模糊控制。IC算法具有比例模式和保持模式两种基本模式的特点。这两种特点使得系统在误差绝对值变化时，可处于闭环运行和开环运行两种状态。这就能妥善解决稳定性、准确性、快速性的矛盾，较好地应用于纯滞后对象。

（6）神经模糊控制（Neuro-Fuzzy Control）。这种控制方法以神经网络为基础，利用了模糊逻辑具有较强的结构性知识表达能力，即描述系统定性知识的能力、神经网络强大的学习能力以及定量数据的直接处理能力。

（7）多变量模糊控制。这种控制适用于多变量控制系统。一个多变量模糊控制器有多个输入变量和输出变量。

二、神经网络控制

神经网络控制的基本思想是从仿生学的角度，模拟人脑神经系统的运作方式，使机器具有人脑那样的感知、学习和推理能力。神经网络应用于控制系统设计主要是针对系统的非线性、不确定性和复杂性进行的。由于神经网络的适应能力、并行处理能力和它和鲁棒性，使采用神经网络的控制系统具有更强的适应性和鲁棒性。

1. 神经网络控制作用

通常神经网络在控制系统中的作用可分为如下几种。

（1）充当系统的模型，构成各种控制结构，如在内模控制、模型参考自适应控制、预测控制中，充当对象的模型等。

（2）直接用作控制器。

（3）在控制系统中起优化计算的作用。

在神经网络控制系统中，信息处理过程通常分为自适应学习期和控制期两个阶段。在控制期，网络连接模式和权重已知且不变，各神经元根据输入信息和状态信息产生输出；在学习期，网络按一定的学习规则调整其内部连接权重，使给定的性能指标达到最优。两个阶段可以独立完成，也可以交替进行。

2. 神经网络控制结构和方法

目前，国内外学者提出了许多面向对象的神经网络控制结构和方法，从大类上看，较具有代表性的有以下几种。

（1）神经网络监督控制。监督控制是利用神经网络的非线性映射能力，使其学习人与被控对象打交道时获取的知识和经验，从而最终取代人的控制行为。它需要一个导师，以提供神经网络训练用的从人的感觉到人的决策行为的映射，导师可以是人，也可以是常规控制器。在此结构中，神经网络的行为有明显的学习期和控制期之分，在学习期，网络接受训练以逼近系统的逆动力学；而在控制期，神经网络根据期望输出和参考输入回忆起正确的控制输入。这类方案如图6-1所示。

在图6-1（a）方案中，神经网络学习的是人工控制器的正向模型，并输出与人工控制器相似的控制作用。该方案的缺点是神经网络控制器NNC由于缺乏反馈，使得构成的控制系统的稳定性和鲁棒性得不到保证。而在图6-1（b）方案中，神经网络实质上是一个前馈控制器，它与常规反馈控制器同时起作用，并根据反馈控制器的输出进行学习，目的是使反馈控制器的输出趋于零，从而逐步在控制中占据主导地位，最终取消反馈控制器的作用。而当系统出现干扰时，反馈控制器又重新起作用。这种监督控制方案由于在前期学习中，利用了常规控制器的控制思想，而在控制期，又能通过训练不断地学习新的系统信息，不仅具有较强的稳定性和鲁棒性，而且能有效提高系统的精度和自适应能力，应用效果较好。

（2）神经网络直接逆动态控制。神经网络直接逆动态控制是将系统的逆动态模型直接串联在被控对象之前，使得复合系统在期望输出和被控系统实际输出之间构成一个恒等映射关系。这时网络直接作为控制器工作，如图6-2所示。这种控制方案在机器人控制中得到了广泛的应用。

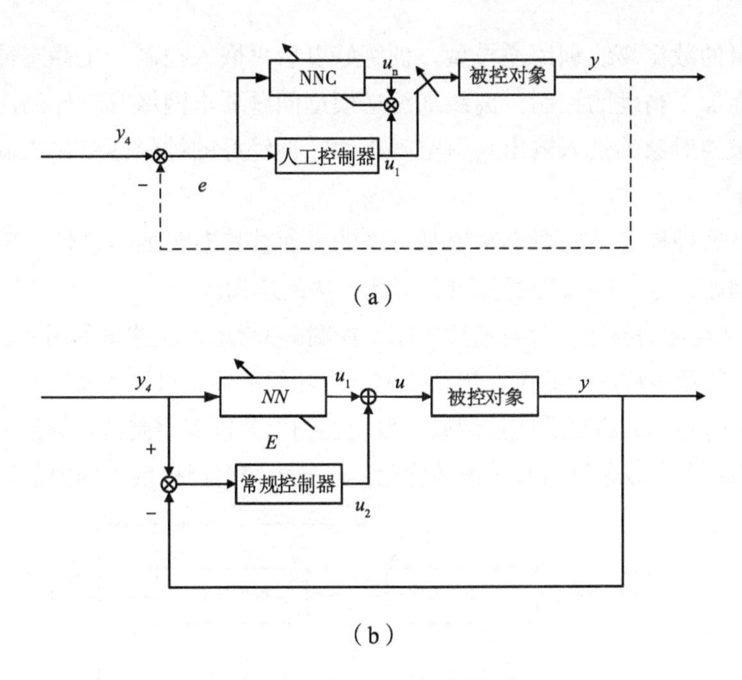

图6-1　神经网络监督控制

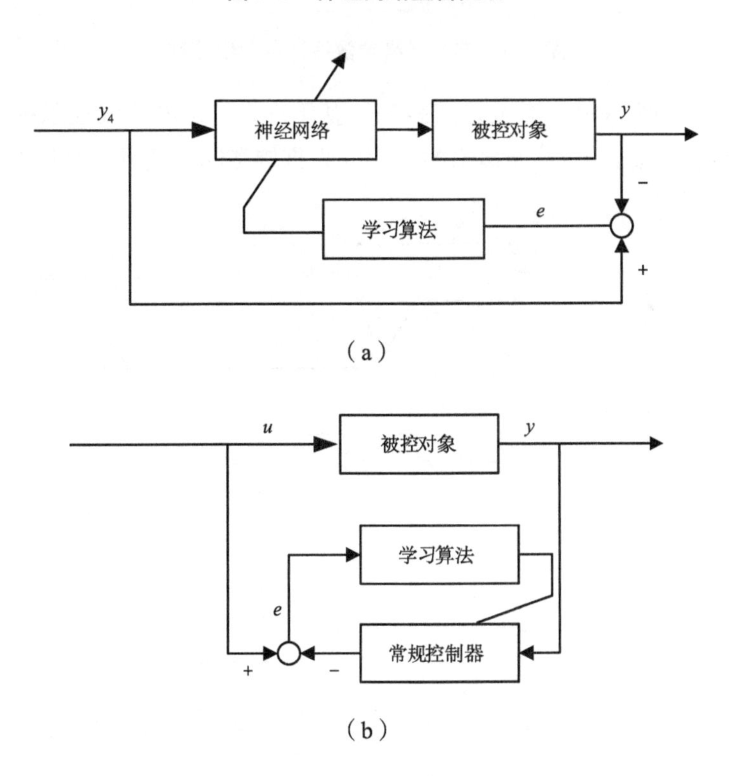

图6-2　神经网络直接逆动态控制

直接控制方法中神经网络控制器NNC也相当于逆辨识器，如图6-2（a）所示。图6-2（b）也就是人们通常说的神经网络直接控制器的典型结构。对于周期不变的非线性系统，可以采用静态逆辨识的方式。假设系统的逆存在且可辨识，可先用大量的数据离线训练逆模型，训练好以后再嵌入控制，用静态神经网络进行复杂曲面加工精度的控制。离线训练逆模型问题要求网络有较好的泛化能力，即期望的被控对象的输入输出映射空间必须在训练好的神经网络输入输出映射关系的覆盖下。

但是，这种控制结构要求系统是可逆的，而被控对象的可逆性研究仍是当今一个疑难问题，这在很大程度上限制了此方法的应用。

（3）神经网络参数估计自适应控制。如图6-3所示，在这里利用神经网络的计算能力对控制器参数进行约束，优化求解。成功的范例是机器人轨迹控制。控制器可以是基于Lyapunov的自适应控制或自校正控制以及模糊控制器，神经网络对控制器中用到的系统参数进行实时辨识和优化，以便为控制器提供正确的估计值。

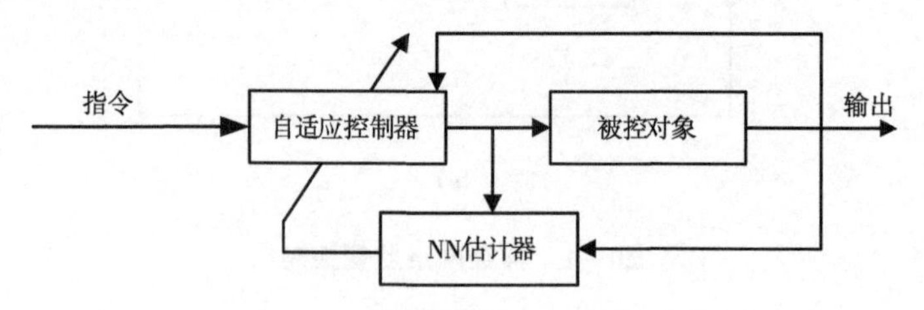

图6-3 神经网络参数估计自适应控制

（4）神经网络模型参考自适应控制。基于神经网络的非线性系统模型参考控制方案最早是由Narendra等人提出的，它分为直接和间接两种，如图6-4所示。

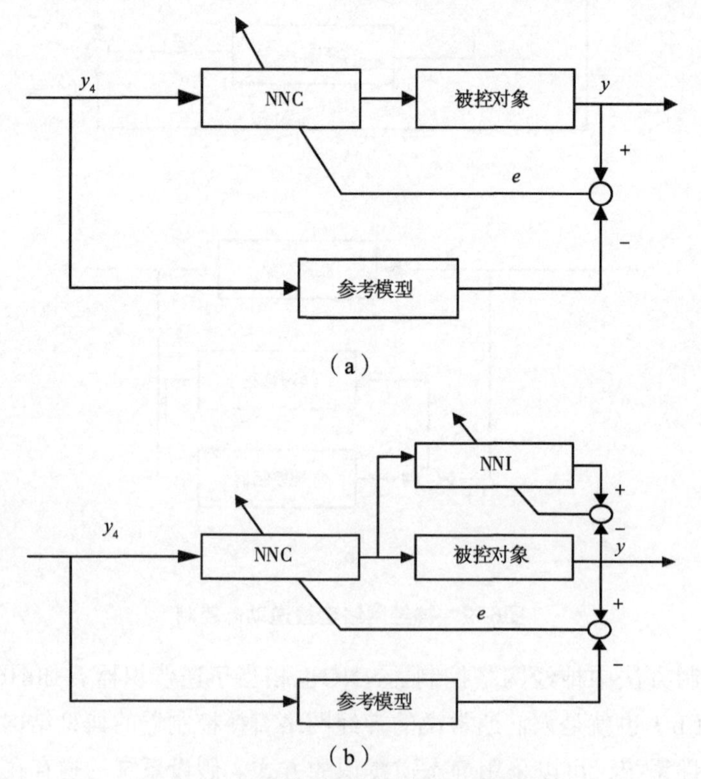

图6-4 神经网络模型参考自适应控制

该方案将神经网络直接作为控制器，用系统输出误差来进行训练。这里闭环系统的期望行为由一个稳定的参考模型给出，控制系统的作用是使得系统输出渐进地与参考模型的输出相匹配。这与上面介绍的直接逆动态模型的训练过程相似，当参考模型为恒等映射时，两种方法是一致的。

对于直接模型参考自适应控制，如图6-4（a）所示，对象必须已知时，才可进行误差的反向传播，这给NNC的训练带来了困难。为解决这一问题，可引入神经网络辨识器NNI，建立被控对象的正向模型，构成图6-4（b）所示的间接模型参考自适应控制。在这种结构中，系统误差可通过NNI反向传播至NNC。当用自适应控制器代替NNC时，这种方法与神经网络参数估计自适应控制类似。

（5）神经网络内模控制。内模控制是近年来人们熟知的一种过程控制方法，它主要利用被控对象的模型和模型的逆构成控制系统。内模控制的主要特点有：①假设被控对象和控制器是输入输出稳定的，且模型是对象的完备表示，则闭环系统是输入输出稳定的。②假设描述对象模型的算子的逆存在，且用这个逆作控制器，构成的闭环系统是输入输出稳定的，则控制是完备的，即总有$y(k)=y_d(k)$。③假设稳定状态模型算子的逆存在，稳定状态控制器的算子与之相等，且用此控制器时闭环系统是输入输出稳定的，那么对于常值输入，控制是渐进无偏差的。

内模控制为非线性反馈控制器的设计提供了一种直接法，具有较强的鲁棒性。用神经网络建立被控对象的正向模型和控制器，即构成了神经网络内模控制，如图6-5所示。通常，在神经网络内模控制结构中，系统的正向模型与被控对象并联，两者之差用作反馈信号，该反馈信号通过前馈通道的滤波器和控制器处理后，对被控对象实施控制。引入滤波器的目的是获得更好的鲁棒性和跟踪响应效果。这种控制结构，对于线性系统，要求对象为开环稳定的；对于非线性系统，是否还有其他条件，目前尚在进一步探索研究之中。

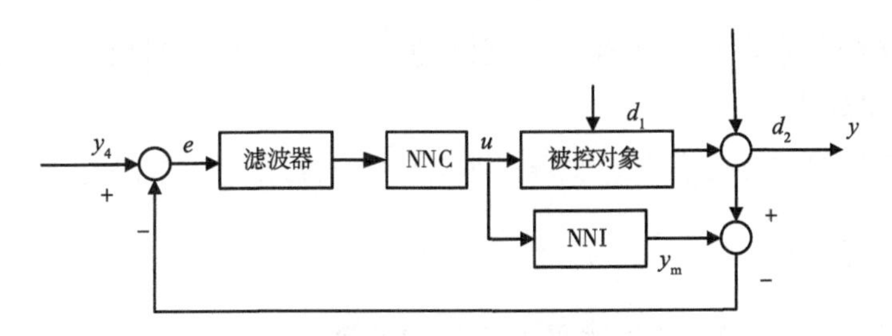

图6-5　神经网络内模控制

（6）神经网络预测控制。预测控制又称为基于模型的控制，是20世纪70年代后期发展起来的一类新型计算机控制算法。这种算法的本质特征是预测模型、滚动优化和反馈校正。可以证明，这种方法对非线性系统有期望的稳定性。利用神经网络建立系统的预测模型，即可构成神经网络预测控制，如图6-6所示。

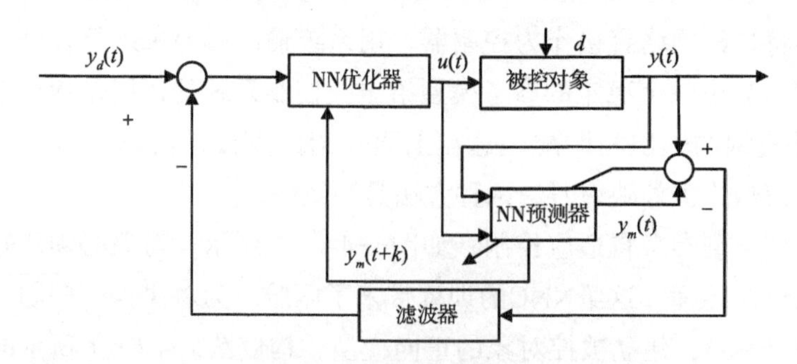

图6-6 神经网络预测控制

在神经网络预测控制方案中，首先由神经网络预测器建立被控对象的预测模型，并可在线修正；然后利用预测模型，根据系统当前的输入、输出信息，预测未来的输出值；最后利用神经网络预测器给出的未来一段时间内的输出值和期望输出值，对定义的二次型性能指标进行滚动优化，产生系统未来的控制序列，并以第一个控制量对系统进行下一步的控制。

在上述方法中，除第3种以外其余方法的共同特点是其内部都包含有由神经网络建立的系统模型——正向模型或逆向模型，所以可称其为基于神经网络模型的控制。这里要特别指出，神经网络作为一门技术，在实际应用中往往不是以单一的角色独立承担控制任务的。对于复杂的非线性控制对象，常常是自觉或不自觉地与各种控制技术，如变结构控制、模糊控制、专家系统等相结合，构成基于神经网络的智能复合控制结构。对于实际工业过程，这类控制结构往往更具实用价值。

3. 神经网络控制特点

（1）本质非线性系统，能够充分逼近任意复杂的非线性系统。

（2）具有高度的自适应和自组织性，能够学习和适应严重不确定性系统的动态特征。

（3）系统信息等势分布存贮在网络的各神经元及其连接权中，故有很强的鲁棒性和容错能力。

（4）信息的并行处理方式使得快速进行大量运算成为可能。

三、专家系统

专家系统是一种能在专家水平上工作的计算机程序系统，是人工智能的一个最重要而活跃的分支，其使用弥补了人类专家不足等困难，并能利用、保存和推广专家的知识和经验，可以博采众长，其工作不受环境和时间限制等许多优点。专家系统的研究和应用已迅速渗透到各个领域，并已发挥了巨大的作用。然而，专家系统的一个主要局限性是事实上人类专家并不总是用规则来思考、解决问题，专家系统没有真正模仿人类专家的推理过程。此外，专家系统还存在知识获取的瓶颈问题、学习能力较差、处理大型复杂问题较为困难等局限性。

近年来，人工神经网络的研究取得了很大进展已被广泛地应用于图像识别、语音识别、模式识别、信号处理、组合优化等方面，并且取得了良好的效果。神经网络通过训练数据调整系统，以解决问题。对于那些因问题太复杂或没有人类专家又没有规则的问题，神经网络则得心应手。如果有了训练数据，神经网络就会学习到足够的信息，运行结果和专家系统一样好或比其更好。神经网络的修改也比较容易，通过对一组新的训练数据集合重新训练，而不用修改程序或重新构造规则。神经网络的这种数据特性，允许当环境改变时进行调整。神经网络的另一优点是网络训练好后的运行速度，并且当使用神经芯片时速度会大大提高。但是由于规则是用数字权值表示的，故目前还不能解释神经网络中的规则和推理过程。神经网络具有提供一些人类解决问题特征的潜力，而这些特征很难用专家系统的逻辑分析技术和标准软件技术模仿。例如，神经网络能在规则未知的情况下，分析大量数据以建立有关模式和特征，并在很多情况下能利用不完全的或含有噪声的数据。这些能力对于传统的符号/逻辑方法是很困难的。

因此，把神经网络和专家系统结合起来建立混合系统，其功能要比单一的专家系统或神经网络系统更强有力，且其解决问题的方式更与人类智能相似，专家系统可代表智能的认知性，神经网络可代表智能的感知性。我们把神经网络和专家系统的混合系统简称为神经网络专家系统。

1. 神经网络专家系统基本原理

神经网络系统最主要的特征是大规模模拟并行处理信息的分布式存贮、连续时间非线性动力学、全局集体作用、高度的容错性和鲁棒性、自组织自学习及实时处理。它可直接输入范例，信息处理分布于大量神经元的互连之中，并且具有冗余性，许许多多神经元的“微”活动构成了神经网络总体的“宏”效应，这些也正是它与传统的AI的差别所在。

分布性是神经网络之所以能够触动专家系统中知识获取这个瓶颈问题的关键所在。与传统计算机局域式信息处理方式不同，神经网络是用大量神经元的互连及对各连接权值的分布来表示特定的概念或知识。在进行知识获取时，它只要求专家提供范例（或实例）及相应的解，通过特定的学习算法对样本进行学习，经过网络内部自适应算法不断修改权值分布以达到要求，把专家求解实际问题的启发式知识和经验分布到网络的互连及权值分布上。对于特定输入模式，神经网络通过前向计算，产生一种输出模式，其中各个输出节点代表的逻辑概念同时被计算出来，特定解是通过比较输出节点和本身信号而得到的，在这个过程中其余的解同时被排除，这就是神经网络并行推理的基本原理。在神经网络中，允许输入偏离学习样本，但只要输入模式接近于某一学习样本的输入模式，则输出亦接近学习样本的输出模式，这种性质使得神经网络专家系统具有联想记忆的能力。

2. 神经网络专家系统基本结构

神经网络专家系统的目标是利用神经网络的学习功能、大规模并行分布式处理功能、连续时间非线性动力学和全局集体作用实现知识获取自动化；克服组合爆炸和“推理复杂性及无穷递归”等困难，实现并行联想和自适应推理；提高专家系统的智能水平、实时处理能力及鲁棒性。神经网络专家系统的基本结构如图6-7所示，其中自动知识获取模块用来研究如何获取专家知识；推理机制提出使用知识去解决问题的方法；解释模块用于说明专家系统是根据什么推理思路作出决策的；I/O系统是用户界面，它提出问题并获得结果。

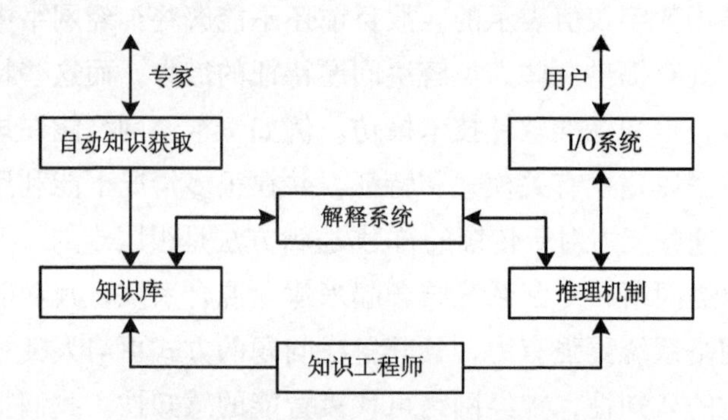

图6-7　神经网络专家系统结构

知识获取包括提出所需神经网络的结构（包括网络层数、输入层、输出层及隐含结点个数）；组织待训练的学习样本，使用神经网络学习算法，通过对样本的学习，得到所需权值分布从而完成知识获得。

知识库由自动知识获取得到，它是推理机制完成推理和问题求解的基础。知识库可以不断创新，表现为在其基础上对新样本学习后，获得表现更多知识与经验的新的网络参数分布。

神经网络专家系统的推理机制与现有的专家系统所用的基于逻辑的演绎方法不同，它的推理机制为一数值计算过程，主要由以下3部分组成。

（1）输入逻辑概念到输入模式的变换。根据论域的特点，确定变换规则，再根据相应规则，将目前的状态变换成神经网络的输入模式。

（2）网络内的前向计算。根据神经元的特征，其输入为：

$$x_i = \sum T_{ij} y_j \qquad (6\text{-}1)$$

式中，T_{ij}为连接权系；y_j为神经元的输出且有：

$$y_i = f_i(x_i + \theta_i) \qquad (6\text{-}2)$$

式中，θ_i为神经元的阈值；f_i为单调增非线性函数。通过上述计算即可产生神经网络的输出模式。

（3）输出模式解释。随着论域的不同，输出模式的解释规则亦各异。解释的主要目的是将输出数值向量转换成高层逻辑概念。

在神经网络专家系统中，不使用由清晰语言描述的分类逻辑标准，它只根据系统目前接收的样本的相似性来确定分类标准，且主要表现在网络的参数分布上。同时，可以实现采用神经网络算法通过学习获取知识的知识表达体系及不确定推理机制。

四、遗传算法

遗传算法（Genetic Algorithm）是模拟达尔文生物进化论的自然选择和遗传学机理的生物进化过程的计算模型，是一种通过模拟自然进化过程搜索最优解的方法。遗传算法是从代表问题可能潜在的解集的一个种群（population）开始的，而一个种群则由经过基因（gene）编码的一定数目的个体（individual）组成。每个个体实际上是染色体（chromosome）带有特征的实体。染色体作为遗传物质的主要载体，即多个基因的集合，其内部表现（即基因型）是某种基因组合，它决定了个体形状的外部表现，如黑头发的特征是由染色体中控制这一特征的某种基因组合决定的。因此，在一开始需要实现从表现型到基因型的映射即编码工作。由于仿照基因编码的工作很复杂，我们往往进行简化，如二进制编码，初代种群产生之后，按照适者生存和优胜劣汰的原理，逐代（generation）演化产生出越来越好的近似解，在每一代，根据问题域中个体的适应度（fitness）大小选择（selection）个体，并借助于自然遗传学的遗传算子（genetic operators）进行组合交叉（crossover）和变异（mutation），产生出代表新的解集的种群。这个过程将导致种群像自然进化一样的后生代种群比前代更加适应于环境，末代种群中的最优个体经过解码（decoding），可以作为问题近似最优解。

1. 运算过程

遗传算法（Genetic Algorithm）是一类借鉴生物界的进化规律（适者生存，优胜劣汰遗传机制）演化而来的随机化搜索方法。

对于一个求函数最大值的优化问题（求函数最小值也类同），一般可以描述为下列数学规划模型：

$$\max f(X) \tag{6-3}$$

$$x \in R \tag{6-4}$$

$$RCU \tag{6-5}$$

式中，x为决策变量，式（6-3）为目标函数式，式（6-4）、式（6-5）为约束条件，U是基本空间，R是U的子集。满足约束条件的解X称为可行解，集合R表示所有满足约束条件的解所组成的集合，称为可行解集合。

遗传算法也是计算机科学人工智能领域中用于解决最优化的一种搜索启发式算法，是进化算法的一种。这种启发式算法通常用来生成有用的解决方案来优化和搜索问题。进化算法最初是借鉴了进化生物学中的一些现象而发展起来的，这些现象包括遗传、突变、自然选择以及杂交等。遗传算法在适应度函数选择不当的情况下，有可能收敛于局部最优，而不能达到全局最优。

遗传算法的基本运算过程如下：

（1）初始化。设置进化代数计数器t=0，设置最大进化代数T，随机生成M个个体作为初始群体P（0）。

（2）个体评价。计算群体P（t）中各个个体的适应度。

（3）选择运算。将选择算子作用于群体。选择的目的是把优化的个体直接遗传到下一代或通过配对交叉产生新的个体再遗传到下一代。选择操作是建立在群体中个体的适应度评估基础上的。

（4）交叉运算。将交叉算子作用于群体。遗传算法中起核心作用的就是交叉算子。

（5）变异运算。将变异算子作用于群体。即是对群体中的个体串的某些基因座上的基因值作变动。群体P（t）经过选择、交叉、变异运算之后得到下一代群体P（t+1）。

（6）终止条件判断。若t=T，则以进化过程中所得到的具有最大适应度个体作为最优解输出，终止计算。

2. 基本框架

遗传算法基本框架如图6-8所示。

（1）编码。遗传算法不能直接处理问题空间的参数，必须把它们转换成遗传空间的由基因按一定结构组成的染色体或个体。这一转换操作就叫做编码，也可以称作（问题的）表示（representation）。

评估编码策略常采用以下3个规范。

①完备性（completeness）。问题空间中的所有点（候选解）都能作为GA空间中的点（染色体）表现。

②健全性（soundness）。GA空间中的染色体能对应所有问题空间中的候选解。

③非冗余性（nonredundancy）。染色体和候选解一一对应。

目前，几种常用的编码技术有二进制编码、浮点数编码、字符编码、变成编码等。

而二进制编码是目前遗传算法中最常用的编码方法。即是由二进制字符集

［0，1］产生通常的［0，1］字符串来表示问题空间的候选解。它具有以下特点：

①简单易行。②符合最小字符集编码原则。③便于用模式定理进行分析，因为模式定理就是以二进制为基础的。

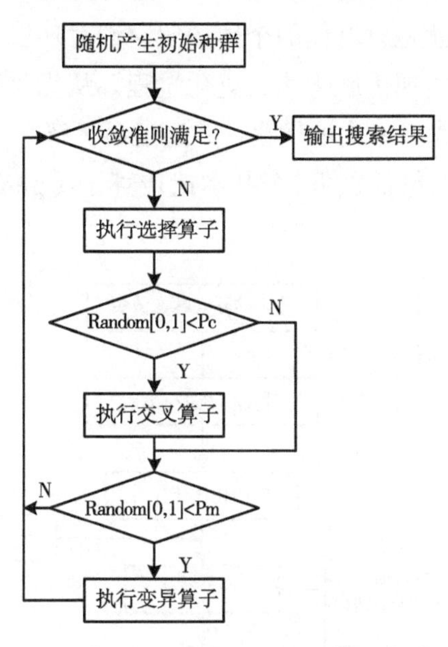

图6-8　遗传算法基本框架

（2）适应度函数。进化论中的适应度，是表示某一个体对环境的适应能力，也表示该个体繁殖后代的能力。遗传算法的适应度函数也叫评价函数，是用来判断群体中的个体的优劣程度的指标，它是根据所求问题的目标函数来进行评估的。

遗传算法在搜索进化过程中一般不需要其他外部信息，仅用评估函数来评估个体或解的优劣，并作为以后遗传操作的依据。由于遗传算法中，适应度函数要比较排序并在此基础上计算选择概率，所以适应度函数的值要取正值。由此可见，在不少场合，将目标函数映射成求最大值形式且函数值非负的适应度函数是必要的。

适应度函数的设计主要满足以下条件：单值、连续、非负、最大化；合理、一致性；计算量小；通用性强。

在具体应用中，适应度函数的设计要结合求解问题本身的要求而定。适应度函数设计直接影响到遗传算法的性能。

（3）初始群体选取。遗传算法中初始群体中的个体是随机产生的。一般来讲，初始群体的设定可采取如下的策略：①根据问题固有知识，设法把握最优解所占空间在整个问题空间中的分布范围，然后，在此分布范围内设定初始群体。②先随机生成一定数目的个体，然后从中挑出最好的个体加到初始群体中。这种过程不断迭代，直到初始群体中个体数达到了预先确定的规模。

3. 遗传操作

遗传操作是模拟生物基因遗传的做法。在遗传算法中，通过编码组成初始群体后，遗传操作的任务就是对群体的个体按照它们对环境适应度（适应度评估）施加一定的操作，从而实现优胜劣汰的进化过程。从优化搜索的角度而言，遗传操作可使问题的解，一代又一代地优化，并逼近最优解。

遗传操作（图6-9）包括以下3个基本遗传算子（genetic operator）：选择（selection）、交叉（crossover）、变异（mutation），这3个遗传算子有如下特点。

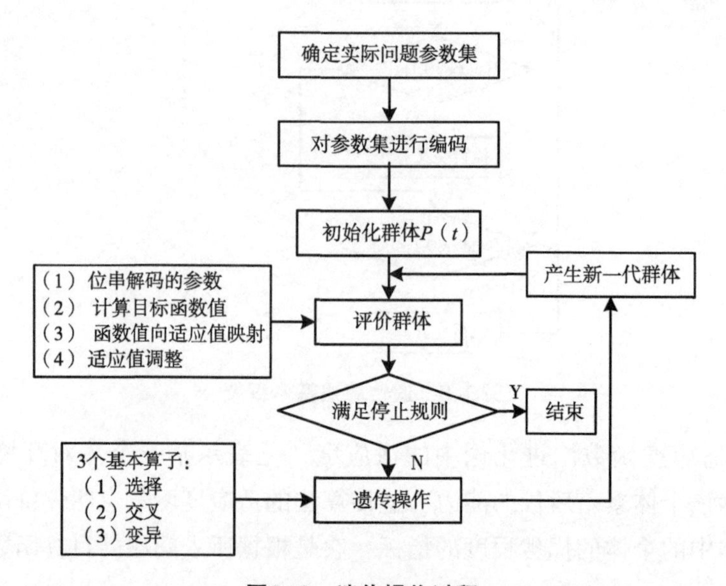

图6-9　遗传操作过程

个体遗传算子的操作都是在随机扰动情况下进行的。因此，群体中个体向最优解迁移的规则是随机的。需要强调的是，这种随机化操作和传统的随机搜索方法是有区别的。遗传操作进行的高效有向的搜索而不是如一般随机搜索方法所进行的无向搜索。

遗传操作的效果和上述3个遗传算子所取的操作概率、编码方法、群体大小、初始群体以及适应度函数的设定密切相关。

（1）选择。从群体中选择优胜的个体，淘汰劣质个体的操作叫选择。选择算子有时又称为再生算子（reproduction operator）。选择的目的是把优化的个体（或解）直接遗传到下一代或通过配对交叉产生新的个体再遗传到下一代。选择操作是建立在群体中个体的适应度评估基础上的，目前常用的选择算子有以下几种：适应度比例方法、随机遍历抽样法、局部选择法。

其中轮盘赌选择法（roulette wheel selection）是最简单、也是最常用的选择方法。在该方法中，各个个体的选择概率和其适应度值成比例。设群体大小为n，其中个体i的适应度为f（i=1，2，…，n），n为群体大小，则i被选择的概率为：

$$P_i = f_i / \sum_{j=1}^{n} f_j \tag{6-6}$$

显然，概率反映了个体i的适应度在整个群体的个体适应度总和中所占的比例。个体适应度越大。其被选择的概率就越高，反之亦然。计算出群体中各个个体的选择概率后，为了选择交配个体，需要进行多轮选择。每一轮产生一个[0，1]之间均匀随机数，将该随机数作为选择指针来确定被选个体。个体被选后，可随机地组成交配对，以供后面的交叉操作。

（2）交叉。在自然界生物进化过程中起核心作用的是生物遗传基因的重组（加上变异）。同样，遗传算法中起核心作用的是遗传操作的交叉算子。所谓交叉是指把两个父代个体的部分结构加以替换重组而生成新个体的操作。通过交叉，遗传算法的搜索能力得以飞跃提高。

交叉算子根据交叉率将种群中的两个个体随机地交换某些基因，能够产生新的基因组合，期望将有益基因组合在一起。根据编码表示方法的不同，可以有以下的算法：

①实值重组（real valued recombination）。离散重组（discrete recombination）、中间重组（intermediate recombination）、线性重组（linear recombination）、扩展线性重组（extended linear recombination）。

②二进制交叉（binary valued crossover）。单点交叉（single-point crossover）、多点交叉（multiple-point crossover、）均匀交叉（uniform crossover）、洗牌交叉（shuffle crossover）、缩小代理交叉（crossover with reduced surrogate）。

最常用的交叉算子为单点交叉（one-point crossover）。具体操作是：在个体串中随机设定一个交叉点，实行交叉时，该点前或后的两个个体的部分结构进行互换，并生成两个新个体。

（3）变异。变异算子的基本内容是对群体中的个体串的某些基因座上的基因值作变动。依据个体编码表示方法的不同，可以有以下的算法：实值变异、二进制变异。

一般来说，变异算子操作的基本步骤如下：①对群中所有个体以事先设定的变异概率判断是否进行变异。②对进行变异的个体随机选择变异位进行变异。

遗传算法引入变异的目的有两个：一是使遗传算法具有局部的随机搜索能力。当遗传算法通过交叉算子已接近最优解邻域时，利用变异算子的这种局部随机搜索能力可以加速向最优解收敛。显然，此种情况下的变异概率应取较小值，否则接近最优解的积木块会因变异而遭到破坏。二是使遗传算法可维持群体多样性，以防止出现未成熟收敛现象，此时收敛概率应取较大值。

遗传算法中，交叉算子因其全局搜索能力而作为主要算子，变异算子因其局部搜索能力而作为辅助算子。遗传算法通过交叉和变异这对相互配合又相互竞争的操作而使其具备兼顾全局和局部的均衡搜索能力。所谓相互配合，是指当群体在进化中陷于搜索空间中某个超平面而仅靠交叉不能摆脱时，通过变异操作可有助于这种摆脱。所谓相互竞争，是指当通过交叉已形成所期望的积木块时，变异操作有可能破坏这些积木块。

基本变异算子是指对群体中的个体码串随机挑选一个或多个基因座并对这些基因座的基因值作变动（以变异概率*P*作变动），（0，1）二值码串中的基本变异操作如下：

个体A　1011011　→　1110011　个体A'
　　　　　* *

基因位下方标有*号的基因发生变异。

变异率的选取一般受种群大小、染色体长度等因素的影响，通常选取很小的值，一般取0.001～0.1。当最优个体的适应度达到给定的阈值，或者最优个体的适应度和群体适应度不再上升时，或者迭代次数达到预设的代数时，算法终止。预设的代数一般设置为100～500代。

4. 主要特点

（1）遗传算法从问题解的串集开始搜索，而不是从单个解开始。这是遗传算法与传统优化算法的极大区别。传统优化算法是从单个初始值迭代求最优解的；容易误入局部最优解。遗传算法从串集开始搜索，覆盖面大，利于全局择优。

（2）遗传算法同时处理群体中的多个个体，即对搜索空间中的多个解进行评估，减少了陷入局部最优解的风险，同时算法本身易于实现并行化。

（3）遗传算法基本上不用搜索空间的知识或其他辅助信息，而仅用适应度函数值来评估个体，在此基础上进行遗传操作。适应度函数不仅不受连续可微的约束，而且其定义域可以任意设定。这一特点使得遗传算法的应用范围大大扩展。

（4）遗传算法不是采用确定性规则，而是采用概率的变迁规则来指导它的搜索方向。

（5）具有自组织、自适应和自学习性。遗传算法利用进化过程获得的信息自行组织搜索时，适应度大的个体具有较高的生存概率，并获得更适应环境的基因结构。

（6）算法本身也可以采用动态自适应技术，在进化过程中自动调整算法控制参数和编码精度，比如使用模糊自适应法。

五、自适应控制

自适应控制和常规的反馈控制和最优控制一样，也是一种基于数学模型的控制方法，所不同的只是自适应控制所依据的关于模型和扰动的先验知识比较少，需要在系统的运行过程中去不断提取有关模型的信息，使模型逐步完善。具体地说，可以依据对象的输入输出数据，不断地辨识模型参数，这个过程称为系统的在线辨识。随着生产过程的不断进行，通过在线辨识，模型会变得越来越准确，越来越接近于实际。既然模型在不断地改进，显然，基于这种模型综合出来的控制作用也将随之不断地改进。在这个意义下，控制系统具有一定的适应能力。比如说，当系统在设计阶段，由于对象特性的初始信息比较缺乏，系统在刚开始投入运行时可能性能不理想，但是只要经过一段时间的运行，通过在线辨识和控制以后，控制系统逐渐适应，最终将自身调整到一个满意的工作状态。

模型参考自适应控制（Model Reference Adaptive system，MRAS）和自校正控制系统（Self-Tuning Control System，STCS）是目前比较成熟的两类自适应控制系统。

1. 模型参考自适应控制系统

模型参考自适应控制系统由参考模型、被控对象、反馈控制器和调整控制器参数的自适应机构等部分组成，其基本原理如图6-10所示。这类控制系统包括内回路和外回路两个回路。内环是由被控对象和控制器组成的普通反馈回路，而控制器的参数则由外回路调整。参考模型的输出直接表示了对象输出应当怎样理想地响应参考输入信号r。

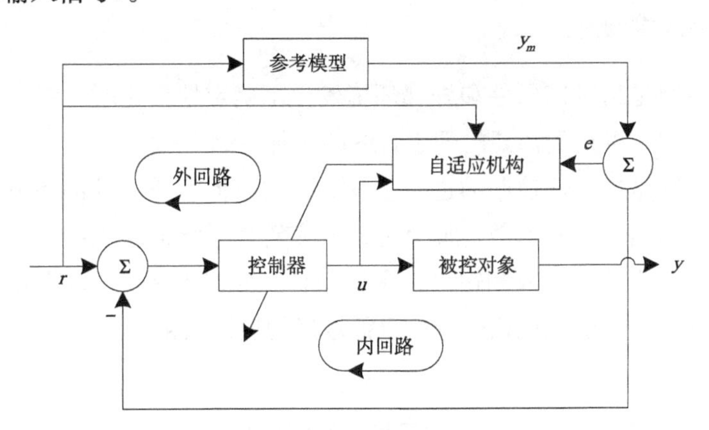

图6-10　模型参考自适应控制系统基本原理

控制器参数的自适应调整过程如下：当参考输入r（t）同时加到系统和模型的入口时，由于对象的初始参数未知，控制器的初始参数不可能调整得很好。故一开始，运行系统的输出响应y（t）与模型的输出响应y_m（t）是不可能完全一致，结果将产生偏差信号e（t），故可由e（t）驱动自适应机构来产生适当调节作用，直接改变控制器的参数，从而使系统的输出$y(t)$逐步与模型输出$y_m(t)$接近，直到$y(t)=y_m(t)$为止，当$e(t)=0$后，自适应调整过程就自动停止，控制器参数也就自动整定完毕。

2. 自校正控制系统

自校正控制系统由两个环路组成，其典型结构图6-11所示。

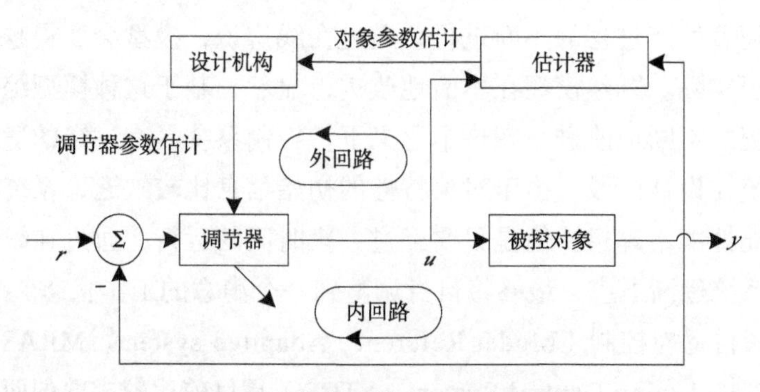

图6-11　自校正控制系统典型结构

内环包括被控对象和一个普通的线性反馈调节器，外环则由一个递推参数估计器和一个设计机构所组成，其任务是辨识过程参数，再按选定的设计方法综合出控制器参数，用以修改内环的控制器。这类系统的特点是必须对过程或者被控对象进行在线辨识（估计器），然后用对象参数估计值和事先规定的性能指标在线综合出调节器的控制参数，并根据此控制参数产生的控制作用对被控对象进行控制。经过多次地辨识和综合调节参数，可以使系统的性能指标趋于最优。

六、自组织控制

自组织控制是指工作条件和外部环境发生不确定性变化时，组织能及时调整自身的组织结构，以达到预期的理想目的的一种控制。

自组织控制是适应性控制的进一步发展，它不但能适应外部环境和条件的变化，改变原定策略及某些参数，而且还能改变管理系统的组织结构。实行自组织控制要不断测量系统的输入和输出，积累经验，深入研究，以求在低成本的情况下，使组织结构与环境变化相适应，取得较好的控制效果。

第三节　水果品质分级智能控制技术

水果品质分级智能控制系统包括机械部分、电子部分及算法部分，相应的控制也包括机械部分、电子部分以及算法部分的控制技术。

机械部分的控制主要是上料机构及传送带部分的控制，包括向上（前进）、向下（后退）和停止控制，此部分控制通过电动开关可直接控制，不需要来回切换。

电子部分包括触发控制与I/O继电器控制。触发控制多采用光电触发，主要是触发拍照并计数。I/O继电器控制主要是将计算机输出指令通过继电器开关输出至执行机构。

算法控制是水果品质分级智能控制的核心。主要是通过算法给出水果品质智能分级的结论。下面以基于遗传神经网络的苹果颜色实时分级控制为例进行说明。

一、编码方式

采用以隐层结点为基本基因型的方式：对于三层前向神经网络，其每一隐层结点连同其输入层、输出层的连接权值和阈值均作为一个整体参与相应的遗传操作，而每一个体（神经网络）的编码，就像一个“隐结点包”的队列，每一个体字符串的具体构成则如图6-12所示。其中，各权值和阈值均采用十进制实数方式。

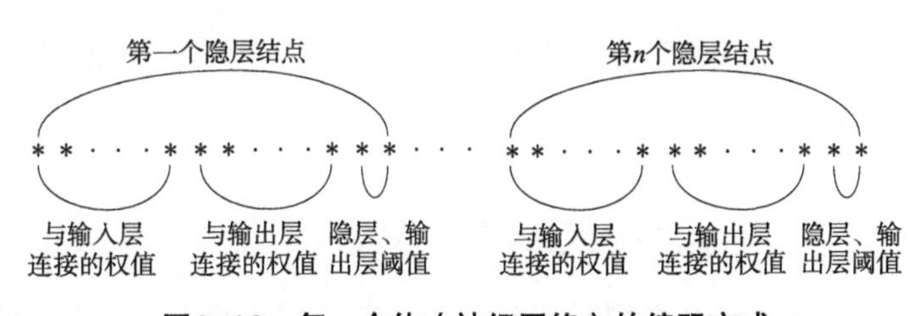

图6-12　每一个体（神经网络）的编码方式

二、遗传操作算子的定义

1. 复制算子

同传统复制算子一样，即采用与适应度成比例的概率来选择个体。为了保证最优个体在进化过程中不被破坏，可以采取新一代群体中适应度最小的个体直接用上一代中适应度最大的个体取代的方法。

2. 交叉算子

与传统的交叉算子不同，其交换的不是任意位的组合，而是在个体（神经网络）之间交换隐层结点，每一结点包含与输入层、输出层连接的权值和阈值，且参与交叉的两个个体的交叉点可以不同，相互交换的结点数（基因数）也可不同，图6-13是交叉操作示意图，图中x_1、x_2代表个体的两个输入值，y代表个体的输出值。可见，这种交叉算子可起到改变隐层结点数，即改变神经网络结构的作用。在具体交叉过程中，首先按交叉概率选取交叉的一对个体，然后分别对每一个体随机确定交叉位置，再在各个体交叉位置后剩余的结点数内，随机确定交叉的结点数。

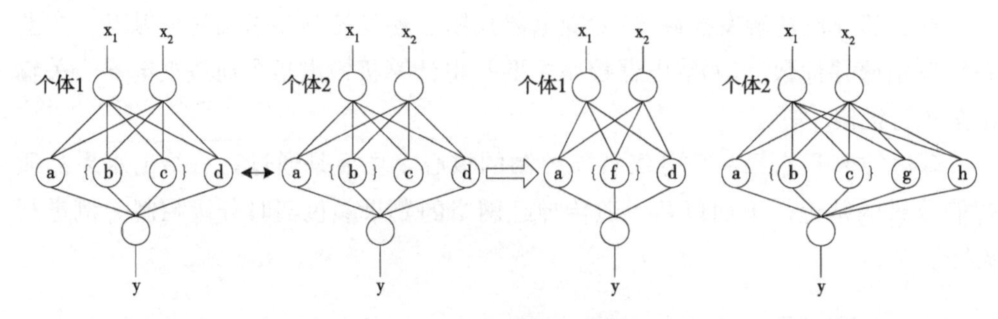

图6-13　交叉操作示意图

3. 变异算子

其作用是在个体结构一定的前提下，加入随机扰动，以寻找最优解，采取了向网络连接权值中加入零均值高斯白噪声的方法。

三、适应度函数的确定

对任一个体，其目标函数定为神经网络输出值的均方误差和网络结构复杂程度两项的和，定义如下：

$$v=\frac{1}{mp}\sum_{p=1}^{p}\sum_{j=1}^{m}(d_{pj}-y_{pj})^2+\_\ h \qquad (6-7)$$

式中，m为神经网络输出层结点数；P为训练样本数目；_为系数；h为隐层结点数；d_{pj}为网络期望输出值；y_{pj}为网络实际输出值。因而当目标函数确定后，再经过如下的指数变换即得到适应度函数f：

$$f=e^{kv} \qquad (6-8)$$

式中，k取-20。

三层前向神经网络遗传算法设计程序流程如下。

（1）随机产生初始群体。

（2）统计群体中各个体的适应度，并记下适应度最大的个体。

（3）利用复制算子产生中间群体。

（4）对中间群体进行交叉和变异操作，以形成新群体。

（5）统计新群体的适应度值，并用上代中适应度最大的个体取代新群体中适应度最小的个体，从而形成新一代。

（6）根据终止条件判断是否结束，否则转（2）。

首先利用上述遗传算法对用于苹果颜色识别的三层前向神经网络进行学习设计。对用于苹果颜色分级的遗传神经网络，其输入结点数是7，则对应7个色度平均值；输出结点数为4，分别对应苹果颜色的4个等级。初始隐层结点数取3，最大隐层结点数取15，群体规模取20，交叉概率取0.10，变异概率取0.05。对从市场上买来红富士苹果，首先用人工将其颜色分为4级，每级选15个作为训练样本，然后利用遗传算法对苹果颜色进行识别训练。

本方法训练的结果是隐层结点数为6，所以神经网络结构为7-6-4型，遗传进化的代数为1 268次，在联想PⅢ500微机上的训练时间仅为123s。若用传统BP算法训练6个隐层结点的神经网络的权值，训练次数则为120 000次，且所用的时间为4.8min。

最后，利用训练好的神经网络对苹果颜色进行了分级测试试验，测试样本80个，每级为20个。表6-1是神经网络分级的试验结果。可见总的正确识别率不低于90%。在联想PⅢ500微机上，颜色分级一个苹果的时间为110ms，图像采集卡采集一幅图像的时间为40ms，可见，该方法能达到实时的分级速度（>3～4个/s）。另有10%识别错误，其产生分级误差的主要原因是摄像机不能摄取水果整个表面的颜色信息。

表6-1　试验结果

人工分级	机器分级			
	优等品	一等品	二等品	等外品
优等品	19	1		
一等品		18	2	
二等品			19	1
等外品				20

第七章　品质智能分级案例

本章在水果品质分级智能感知、分析建模、智能识别与控制等关键技术基础上，以双孢蘑菇大小分级的一个案例进行应用示范。虽然这个案例是以双孢蘑菇为例进行详解，整个系统硬件设计、机构组成、算法处理、执行机构等方面对于水果直径或大小分级系统是通用的。

第一节　输送平台及其控制系统

本案例按照输送、图像采集、图像分析、智能分级和分拣执行的思路来设计，总体方案如图7-1所示。

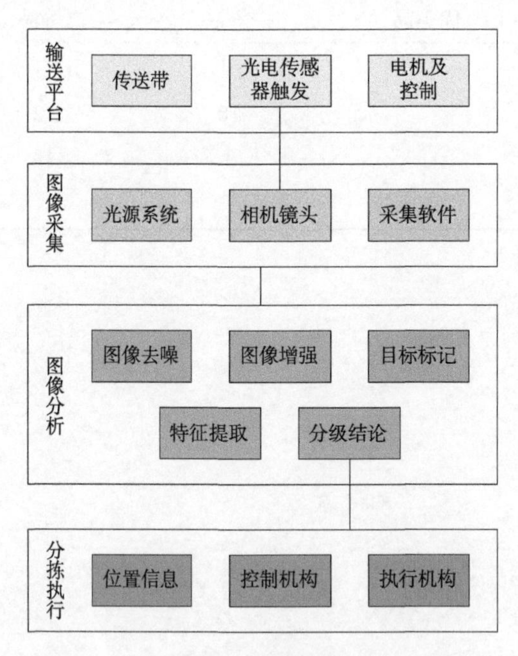

图7–1　总体方案

输送平台包括输送皮带、导辊、驱动单元、皮带涨紧单元、皮带清洁单元和支架。皮带为聚氨酯材料，周长3 200mm，宽200mm，厚1.8mm，导辊直径80mm。电机为德力电机，0.18kW减速电机（图7–2），使用施耐德ATV12H037M2变频器调速，0.1～30m/min可调，设计有绿色启动和红色急停按钮（图7-3）。平台将分级对象送至图像采集处，控制电机转速，使分级对象不重叠地输送，使其与图像采集触发延时、触发时长和触发后运行时间之间达到最佳匹配，为稳定、快速地采集图像提供支持。同时，要求输送平台的传送带颜色需与分级对象本身颜色存在一定的区分，这样才可以更容易更快速地提取出分级对象区域。

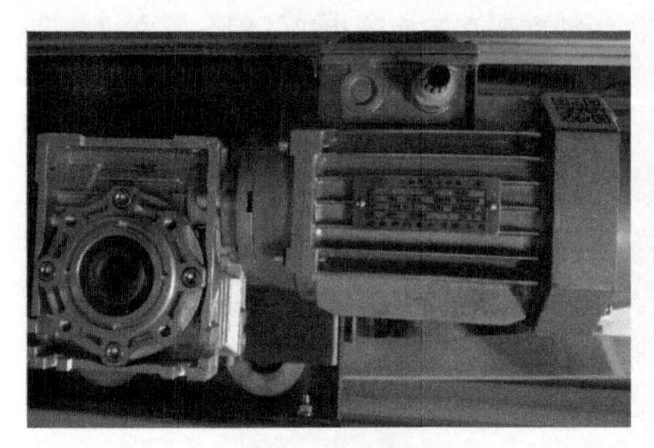

图7-2　电机实物

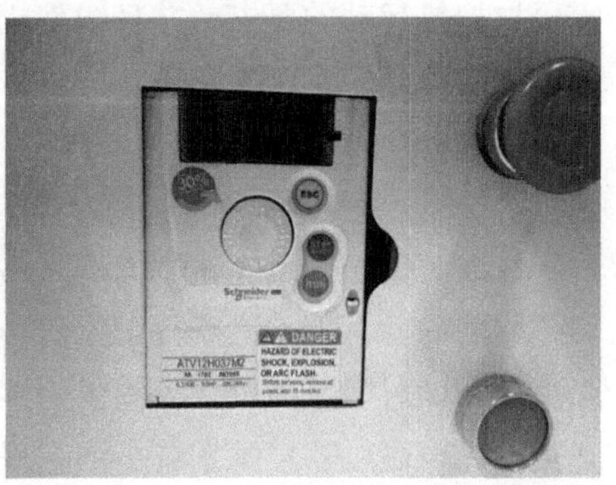

图7-3　ATV12H037M2变频器和按钮

第二节　图像采集系统

图像信息的获取是机器视觉技术的基础，将被测对象的可见部分转换成能够由计算机或嵌入式系统进行处理的一系列数据，在相机的视场中一维或二维图像信息经过调制后提供给图像采集装置，在计算机或嵌入式系统中保存为数字图像信息或数据。研究了图像采集需要的光源、相机以及镜头的选择，建立了图像采集系统，使得图像采集数据能尽可能真实、可靠地反映出食用菌的特征。

一、相机

按照传感器的结构特性进行分类，目前常见的工业相机主要有线阵工业相机和面阵工业相机两种，它们图像扫描原理不同，应用场合也不同。

线阵相机呈线性扫描，一次拍摄的图像呈长条状，虽然长度极长，但是宽度只有几个像素。因此，线阵相机特别适合采集在滚轮上的图像。此外，当视野极大或需要的精度极高时也适合使用线阵相机进行拍摄。这是因为线阵相机相较于面阵相机具有更高的扫描频率和分辨率。当对视野较大的物体进行拍摄时，线阵相机在激励的作用下对每一行进行扫描拍摄，再将每一行的图像合并才能得到一张完整的图像。

面阵相机的扫描方式不同于线阵相机，它以矩阵方式进行扫描，获得的图像为二维图像，测量图像直观。面阵相机的缺点是虽然它的像元总数多，但每一行的像元数不及线阵相机，这使得它的帧幅率受到限制。

由于我们希望分级对象在传送带上运动的同时实现图像采集，并且希望获得较高的精度。而分级对象在传送带上匀速运动恰好符合线阵相机采集二维图像时需要加扫描运动的要求，并且线阵相机的精度要高于面阵相机。因此，在这里我们采用线阵相机实现图像采集。

二、光源

分级对象光线因外界环境不同而变化，需要在光源照射下，经物镜成像在图像传感器的像面上才能获得图像信号。而且随着光源光谱成分的变化，以及光源强度分布随时间等的变化，图像传感器输出的信号也要发生变化。稳定、可靠和适用的光源是机器视觉系统中图像采集和处理的重要保证，为此建立了分级对象图像采集光源系统，由光源及其控制器组成，根据光源类型与特点，采用LED光源，使被采集的分级对象目标得到充分的照明，保证图像表面有足够的照度。

三、图像采集卡

图像采集卡是图像采集部分和图像处理部分的接口。图像经过采样、量化以后转换为数字图像并输入、存储到帧存储器的过程，叫做采集。

图像采集卡链接在工控机的PCIE扩展槽上，经过高速PCIE总线能够直接采集图像到VGA显存或主机系统内存，实现单屏工作方式，同时还可以利用PC机内存的可扩展性，实现所需数量的序列图像逐帧连续采集，进行序列图像处理分析，从而实现图像并行实时处理，提高系统的整体处理速度。

四、图像系统组成

选用MV-LC2K40高速线阵相机（分辨率2 048×1，图7-4），AFT-LCL50镜头（焦距50mm），光电传感器，AFT-LL86232W线性光源（图7-5），AFT-ALP24150-01光源控制器，LIC-2KB02图像采集卡（图7-6）和F口近摄接圈组成图像采集系统，对连续运动的分级对象进行持续地图像采集。

图7-4　线阵工业相机实物

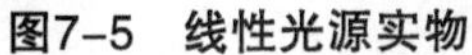

图7-5 线性光源实物

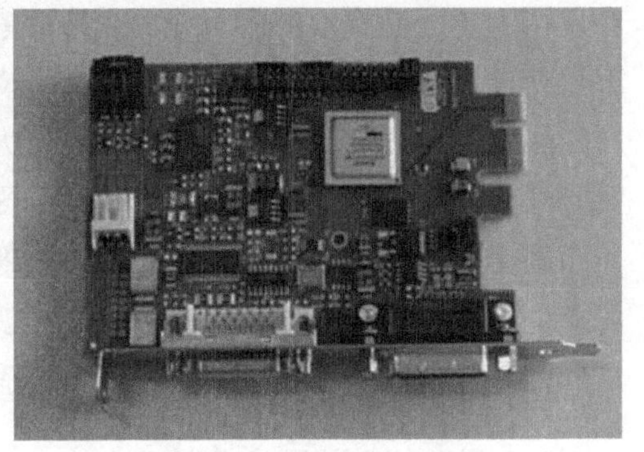

图7-6 图像采集卡实物

第三节 图像分析处理

图像分析处理是智能化精选分级系统的关键，研究智能分级标准，提取进行分级对象智能化精选分级的关键属性，映射为图像标准，建立分级对象精选分级图像特征库。研究图像分析算法，改善图像数据，抑制不需要的变形或增强某些对于后续处理来说比较重要的图像特征，最大限度地简化数据，进而提高特征提取和识别的准确性。根据分级标准，通过图像识别，给出分级结论。

一、图像分割

1. 图像分割的目的和基本原理

教计算机像人一样分析图像进而读懂一副图像，首先要教计算机将图像中我们关注的区域或特征提取出来。图像分割的目的就是要将一幅图像分割成互不交叉的区域，各区域内部表现为相似性或一致性，而各区域之间表现为差异性，其最终目的就是将我们所关注的部分，也就是我们认为的图像中的有意义部分，从一副图像中分割开来。图像分割效果的好坏直接关系到后续的特征提取与目标识别等工作的进行。因此，图像分割技术在图像处理与机器视觉领域占有举足轻重的位置。

一般来说，图像分割技术主要是基于特征值的相似性和不连续性，基于相似性将像素划归到同一区域，基于不连续性确定区域的边缘，目的是将图像划分为互不交叉的子区域。

2. 图像分割的分类

目前存在的图像分割方法已达上千种，还有新的图像分割方法被不断地提出，但由于复杂的背景环境，需要提取的特征多种多样，在图像获取和传输过程中不可避免地受到噪声的干扰等众多因素，目前还没有一种图像分割方法可以很好地处理所有的情况，不同的图像分割技术在不同的领域各领风骚。

从应用的角度来看，图像分割方法大致可分为：基于阈值的图像分割方法、基于区域的图像分割方法、基于边缘的图像分割方法等。

从使用的理论工具的角度来看，图像分割可分为：基于形态学的图像分割、基于图论的图像分割、基于Snake的图像分割、基于熵的图像分割、基于水平集的图像分割、基于水平集的图像分割、基于聚类分析的图像分割等。

二、基于阈值的图像分割方法

基于阈值的分割方法是一种传统的、理解简单、容易实现、计算量小、稳定性好、速度较快的图像分割方法。一副图像中包含我们关注的物体，即目标，还有背景和在图像采集和传输过程中所造成的噪声。如果目标和背景之间存在明显的灰度值的差异，就可以使用阈值分割方法将其分割开来。根据实际情况，可以使用一个、两个或多个阈值实现图像的分割，其基本原理可用如下公式表示：

$$f(x,\ y)=\begin{cases}1, & f(x,\ y)\quad T\\ 0, & f(x,\ y)<T\end{cases}\tag{7-1}$$

$$f(x,\ y)=\begin{cases}1, & T_1\leqslant f(x,\ y)\leqslant T_2\\ & 0,\ 其他\end{cases}\tag{7-2}$$

当使用一个阈值进行图像分割时原理如式（7-1），将灰度值$\geqslant T$的像素群和灰度值$<T$的像素群分割开，以黑白二值图像表示。

当使用两个阈值T_1、T_2进行图像分割时原理如式（7-2），将在灰度值在T_1、T_2之间的像素群和其他的像素群分割开，以黑白二值图表示。使用多个阈值进行图像分割的原理可以此类推。

虽然基于阈值的图像分割原理大致相同，但根据获得阈值的方法不同，又可细分为不同的方法，对同一图像处理效果也各不相同。常见的阈值分割方法主要有：OTSU法（也称最大类间方差法、大津法）、最大熵阈值分割法、基本全局阈值分割法、自适应阈值分割法、设置阈值法等。

1. 基于OTSU的阈值分割方法

基于OTSU的阈值分割方法无须设置任何参数，表现稳定，是比较常用的阈值分割方法之一。OTSU法实际上就是寻找使整幅图像达到最大类间方差的阈值，其具体方法大致如下。

假设待分割图像的像素数为L，它有N个灰度级$(0,\ 1,\ 2,\ \cdots,\ N-1)$，灰度级为$j$的像素数为$L_j$，那么这部分像素所占的比例，也就是其直方图概率密度为$P_j=\dfrac{L_j}{L}$，假设阈值T将图像中的像素分为M和N两类，M和N分别对应灰度级为

$(0, 1, 2, \cdots, k)$和$(k+1, k+1, k+1, \cdots, N-1)$。设$\sigma_B$（$k$）表示阈值为时的类间方差，则最佳阈值$T$便可通过求$\sigma_B$（$k$）的最大值即最大类间方差求得而求得。

$$T = arg\ \max\left\{\sigma_B(k)^2\right\} \tag{7-3}$$

类间方差计算公式如下：

$$\sigma_B(k)^2 = p_1(k)\left[m_1(k) - m_g\right]^2 + p_2(k)\left[m_2(k) - mg\right]^2 \tag{7-4}$$

式中，p_1（k）和p_2（k）分别表示M和N两类的直方图概率密度；m_1（k）和m_2（k）分别为M和N的均值；m_g为全局均值。

从求解最大类间方差的式（7-4）可以看出，此方法并没有将M、N两类的方差差异和均值差异考虑在内，这就使得此方法在目标与背景差异较大的情况下分割效果可能会不尽如人意。

2. 最大熵阈值分割方法

所谓“熵”，就是指随机变量的不确定性，熵最大的时候也就是随机变量最随机最不确定的情况。最大熵原理实际上就是指在已知某些确定的信息的前提下，对未知的信息不做任何假设，保持其最随机最不确定的状态是最合理的推断。在一幅图像中，在前景与背景交界处信息量最大，也就是熵最大。

寻找使熵最大的阈值用于图像分割的方法就是最大熵阈值分割法。这里使用KSW熵算法介绍如何寻找使熵最大的阈值。

设分割阈值为t，图像有L个灰度级，有：

$$i \in (0,\ 1,\ 2,\ \ldots,\ L-1),\ \sum_{i=0}^{L-1} P_i = 1 \tag{7-5}$$

T为的$\{0, 1, 2, \cdots, t\}$灰度分布，B为$\{t+1, t+1, \ldots, L-1\}$的灰度分布，则概率分布为：

$$T: \frac{P_0}{P_n},\ \frac{P_1}{P_n}, \ldots, \frac{P_t}{P_n} \tag{7-6}$$

$$B: \frac{P_{t+1}}{1-P_n},\ \frac{P_{t+2}}{1-P_n},\ \ldots,\ \frac{P_{L-1}}{1-P_n} \tag{7-7}$$

在式（7-6），式（7-7）中，

$$P_n = \sum_{i=0}^{t} P_i \tag{7-8}$$

则这两个概率密度相关的熵为：

$$H(T) = -\sum_{i=0}^{t} \frac{P_i}{P_n} \ln\left(\frac{P_i}{P_n}\right) \tag{7-9}$$

$$H(B)=-\sum_{i=t+1}^{L-1}\frac{P_i}{1-P_n}ln(\frac{P_i}{1-P_n}) \tag{7-10}$$

$$\varphi(t)=H(T)+H(B) \tag{7-11}$$

我们要寻找的最佳阈值就是使φ（t）取得最大值时的灰度级t。

3. 基本全局阈值法

基本全局阈值分割法实际上是利用迭代的思想选取合适的阈值，其算法流程如下。

（1）确定初始的阈值T（可以考虑使用图像的平均灰度值）。

（2）使用这个初始的估计阈值T进行图像的分割，将图像中的所有像素分为两个像素群，分别是灰度值大于T的高灰度像素群M_1和灰度值低于T的低灰度像素群M_2。

（3）分别对M_1和M_2这两个像素群求平均灰度值m_1和m_2。

（4）对高灰度像素群和低灰度像素群的平均灰度值再求平均值作为新的阈值。

$$T=\frac{m_1+m_2}{2} \tag{7-12}$$

（5）重复步骤（2）到（4）直到连续迭代的阈值之间的差值变为0。

基本的全局阈值法比较适合于图像的直方图存在明显的波谷的情况。

4. 自适应阈值分割法

使用自适应阈值分割时，图像上每个像素点上的阈值不是固定不变的，而是视其周围一定范围内像素点的灰度值而定。某点的阈值会视其所在区域灰度值的高低而自适应的放大和缩小，这就是自适应阈值法名称的由来。常用的自适应阈值获得方法主要有局部邻域块的均值和局部邻域块的高斯加权和两种。自适应阈值分割法得到的分割图像效果图与全局阈值分割法得到的效果图存在较大差异。在邻域块的大小选取合适的情况下会出现类似于边缘检测的效果。

5. 各阈值分割方法在分级对象图像中的处理效果对比与分析

通过对比各阈值分割方法对分级对象图像的效果图（图7-7）可以看出，OTSU法可以将分级对象的大部分区域分割出来，并将阴影部分去除。最大熵阈值分割法除了将阴影也作为前景之外几乎将分级对象完美的分割出来了。基本的全局阈值分割法只将分级对象菇盖位置灰度值比较大的部分分割出来了。设置阈值为71时与基本的全局阈值分割方法效果相似。自适应阈值分割法把分级对象的边缘提取出来了，并且去除了阴影部分，但是还存在大量的噪点和不连续部分，并不是真正意义上的边缘。

但是，如果考虑到最终要获得最大直径的需要，将分级对象的菇盖部分作为前景，基本的阈值分割方法就表现出独特的优点，即可以将分级对象的柄部去掉。

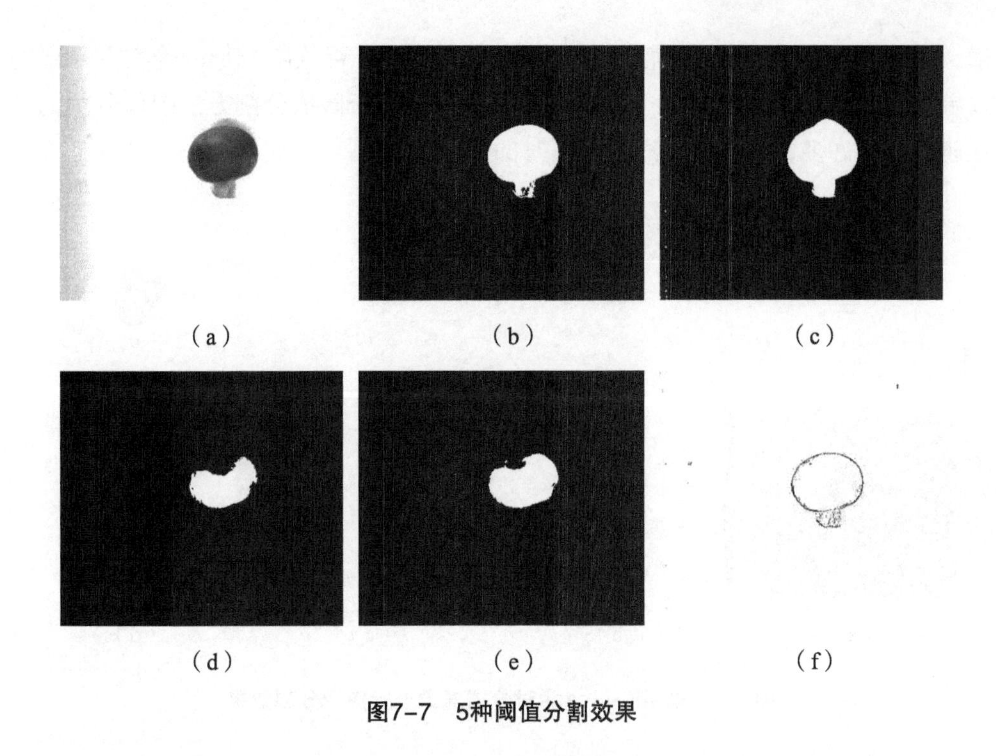

图7-7　5种阈值分割效果

（a）为原始图像；（b）为使用OTSU法进行分割的效果；（c）为使用最大熵法进行分割的效果；（d）为使用基本的全局阈值分割法进行分割的效果；（e）为手动设置阈值为71进行分割的效果；（f）为使用自适应阈值法进行分割的效果

三、K均值算法（K-Means）

1. K-Means基本原理及实现过程

在基于聚类的图像分割中，K-Means是最简单、最常用的方法。它需要事先给定分类个数，然后通过不断地移动质心直到质心收敛或达到最大迭代次数来进行分类。K均值算法的实现过程如下。

（1）对一组分类未知的数据集合，指定需要将其分为*K*类。

（2）随机分配k个点作为初始的聚类中心点，分配的原则是距离越远越好。

（3）对数据中的每一个点进行类别的划分，划分的标准是该点与哪个聚类中心点之间的距离最小就划分到哪一类。

（4）对（3）中划分的类别计算当前每一类的中心，并将初始中心点转移到当前的中心。

（5）去除数据集合中每一个点的归属分类，依据（4）中新产生的中心点转到（3）迭代执行直到中心点收敛。

2. K-Means应用于分级对象图像的处理效果及分析

由图7-8可以看出，使用K-Means方法可以将分级对象、阴影与背景分割开来。虽然（c）中阴影的分割并不十分正确，但不可否认K-Means确实有一定的效果。但是在图像处理过程中发现，K-Means相比于阈值分割方法图像分割的处理速度慢了许多，很明显不适用于实时的分级处理。

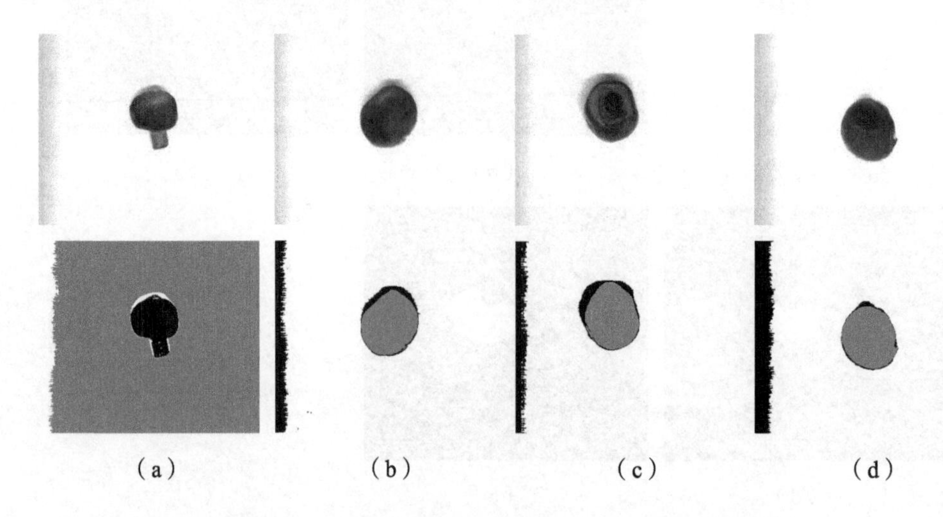

图7-8　采用K-Means对分级对象进行图像分割效果

（a）（b）（c）（d）列的第一行分别是对随机挑选的4幅分级对象原始图像，第二行为其对应的效果

四、形态学图像处理方法

采用形态学的方法进行图像处理就是使用具有一定形状的结构元素，与图像进行类似于卷积的运算（其区别于卷积的地方在于使用逻辑运算代替乘加运算，其结果为图像的像素值），来度量和提取图像的形状，简化图像数据。使用形态学方法进行图像处理的效果取决于结构元素的大小、形状和进行逻辑运算的方法。

1. 膨胀与腐蚀

膨胀与腐蚀是图像形态学中最为基本的运算。进行形态学运算首先要定义一个结构元素，结构元素的形状可以是任意的，并需在结构元素中定义一个锚点。为了运算方便，一般将结构元素定义为简单的例如圆形、正方形这类的形状，并把锚点定义在中心位置。对图像进行形态学运算时，需先将锚点与待计算的像素点对齐，把所有与结构元素相交的像素定义在集合中。

（1）膨胀就是将锚点处的像素值替换为集合A中的最大像素值。

（2）腐蚀就是将锚点处的像素值替换为集合A中的最小像素值。

2. 开运算与闭运算

（1）开运算就是对图像先腐蚀后膨胀。

（2）闭运算就是对图像先膨胀后腐蚀。

3. 分水岭算法

（1）分水岭算法的基本原理。分水岭算法属于形态学图像处理的范畴，同时，它也是一直基于区域的图像分割算法。使用分水岭算法就是把图像看作是一个拓扑地貌，不同的海拔高度对应于图像中的不同灰度级别，所有需要被分割出的同质区域就相当于陡峭边缘所围绕的相对较为平坦的盆地。

分水岭算法的实现步骤：把图像转换为灰度梯度级图像，在图像梯度空间内逐渐增加一个灰度阈值，每当它大于一个局部极大值时，就把目前的二值图像与前一时刻的二值图像进行逻辑异或运算，从而找到灰度局部极大值的位置。分水岭就可由所有的灰度局部极大值的集合来确定。

传统的分水岭算法虽然实现简单，但是容易产生过度分割，使得分割效果与理想结果相差甚远，因此目前普遍流行的是改进后的分水岭算法。区别在于，先对图像进行标记，标记出确定的前景区域，确定的背景区域和不确定区域，然后再使用分水岭的思想结合已知的前景与背景特征对图像进行处理，这样可以有效地避免过度分割。

（2）将分水岭算法应用于分级对象图像处理的效果与分析。通过前面使用K均值法和阈值分割法对分级对象图像进行处理的效果图可以看出，单独使用一种图像分割方法很难达到去除阴影和蘑菇柄部的要求。但通过对5种阈值分割方法的比较可以看出，使用基本的全局阈值分割方法可以把确定的前景（分级对象的菌盖的一部分）分割出来，而最大熵阈值分割法可以把确定的背景部分分割出来。所以本研究尝试上述两种阈值分割对原始图像进行标记，再结合改进的分水岭算法实现希望的前景部分，即分级对象菌盖部分的分割。整体设计思路如图7-9所示。

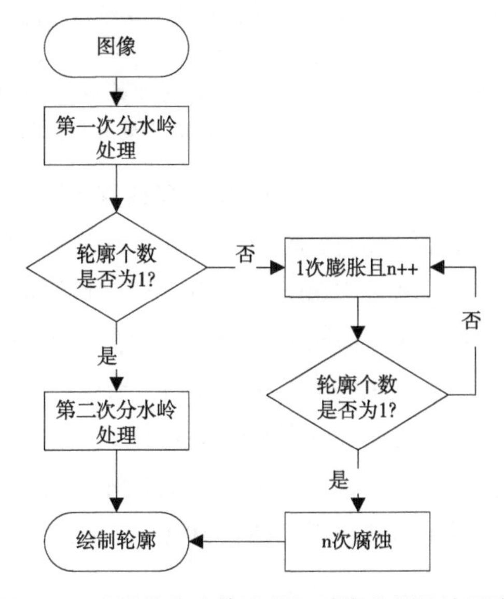

图7-9　采用分水岭算法进行图像分割设计思路

使用基本全局阈值法分割标记图像的前景，使最大熵阈值并分割的方法标记图像的背景，对做过标记的图像再使用分水岭算法，就得到了第一次分水岭之后的图像。由图7-10可以看出，结合使用基本全局阈值分割法标记前景，最大熵阈值分割法标记背景进行分水岭算法的结果要明显好于使用单一的阈值分割方法，不仅可以将分级对象完整的分割出来，还可以去除由于光照不均匀导致的阴影。

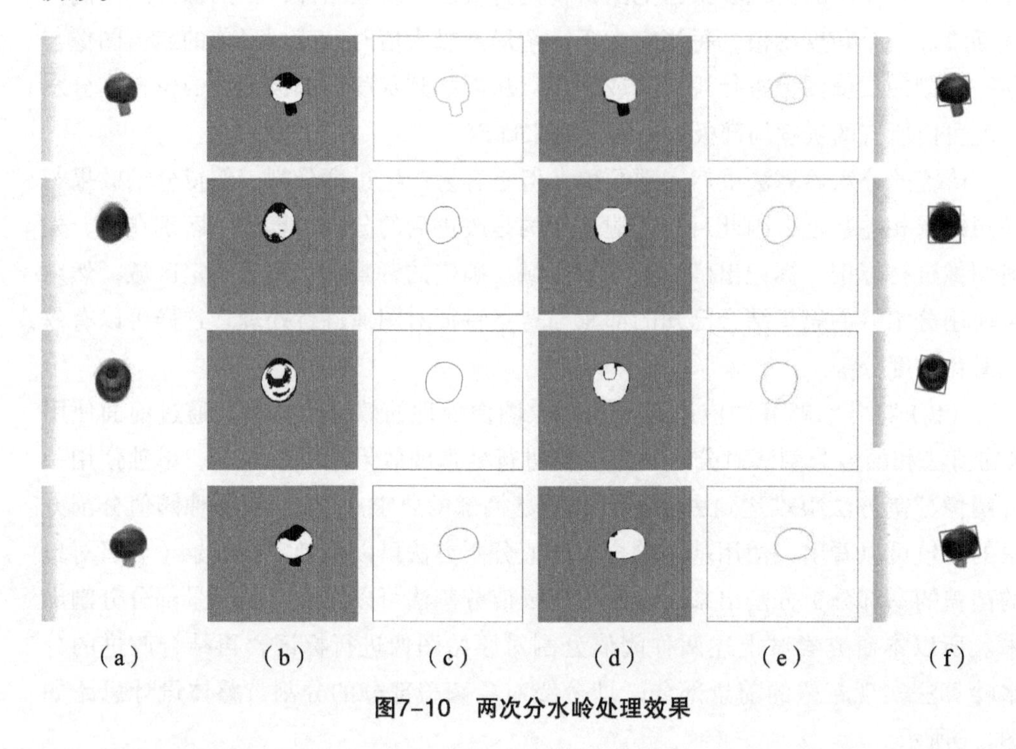

图7-10　两次分水岭处理效果

（a）由线阵相机采集到的原始图像；（b）列为进行第一次分水岭之前的标记图，白色表示前景，灰色表示背景，黑色表示未确定部分；（c）列为第一次分水岭之后的效果图；（d）列表示进行第二次分水岭之前的标记图；（e）列为第二次分水岭后的效果图；（f）列为检测的最终结果，通过计算矩形较长边确定最大直径范围

分级对象柄部的存在使得最大直径的检测存在较大困难，所以本研究提出使用二次分水岭方法将分级对象的柄部去除。将第一次分水岭之后获得的背景标记为第二次分水岭的背景，使用Canny算子对分级对象原图进行边缘检测。这里Canny的上下阈值分别是基本全局阈值和最大熵阈值，得到的结果与第一次分水岭之后得到的前景进行操作，并进行多次闭运算直到区域内部不再存在Canny算子提取的边缘线（这里指内部不闭合的细小边缘线，而非外轮廓线），得到的结果图作为标记为第二次分水岭的前景，如图7-11所示。然后进行第二次分水岭，就可得到去除分级对象柄部的结果图（图7-10）。

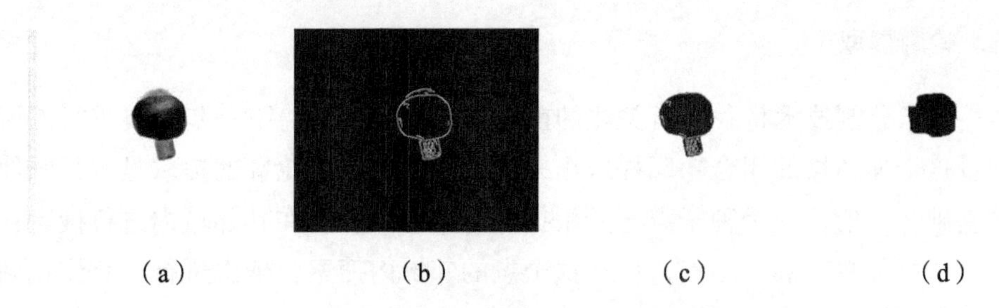

图7-11　第二次分水岭之前的前景处理效果

（a）为分级对象原始图像；（b）为使用Canny算子提取的轮廓图；（c）为图（b）与第一次分水岭之后的图像进行与运算之后的效果图；（d）为对图（c）进行多次闭运算之后的效果图，将用于第二次分水岭前景标记

在光照很强的情况下，由于反光等因素可能会导致分级对象内部有些部分亮度较大，使用分水岭可能会产生多个轮廓，这时可以使用多次膨胀腐蚀的方法（膨胀腐蚀的次数视轮廓是否达到一个而定）得到最终的一个外轮廓的分割结果，如图7-12所示。可以明显看出，二次分水岭对光照很强、存在反光的情况并不适用。

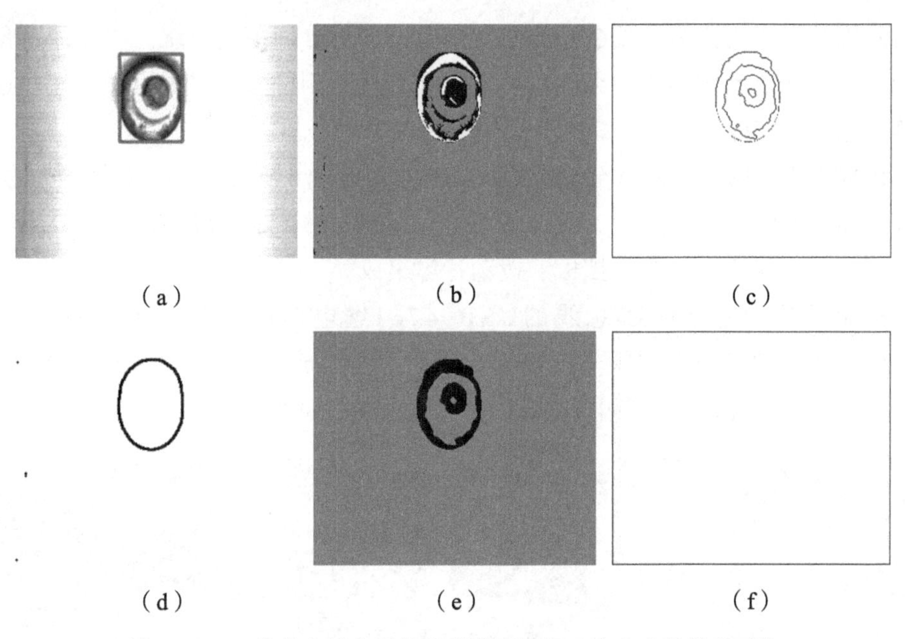

图7-12　一次分水岭之后使用膨胀腐蚀与二次分水岭效果对比

（a）表示一次分水岭之后使用膨胀腐蚀得到的最后处理效果图；（b）为第一次分水岭之前的标记图；（c）为第一次分水岭处理的效果图；（d）为膨胀腐蚀之后提取的轮廓图；（e）为使用二次分水岭之前的标记图；（f）为二次分水岭之后的效果图

五、轮廓提取

经过图像分割技术将我们所关注的前景区域提取出来，下一步将要进行的就是将前景这个连通域的闭合轮廓提取出来。目标物体闭合轮廓的提取是进行图像分析的基础，一般从一个种子点开始根据轮廓应有的特征在其邻域内进行搜索，找到下一个可能在轮廓上的点，再在这个点的邻域内搜索，依次进行，直到找到闭合的轮廓点集。

本研究在需要轮廓提取的地方使用了openev中用于轮廓处理的函数OvFindContours，设置参数为只检索最外面的轮廓，由于经过图像分割后的分级对象图像结构简单，使用此函数可以达到很好的处理效果。OvFindContours函数与OvDrawContours函数相配合，可以将检测到的外部轮廓绘制出来，由图7-12（c）列和图7-12（e）列可以看出，分级对象的外围轮廓可以被准确地检测出来。

第四节　智能分拣机构

分拣是智能化精选分级系统的执行部分，通过分拣控制系统，将分级对象拿起和放下，取放动作迅速、柔和、可靠，在合适时刻将分级对象可靠地按轨迹路径拣至相应级别的容器中，减少分拣对分级对象的碰损。

智能分拣机构包括完全相同的两套装置，由olf-2524/7空气压缩机、GFC20008F1二联件、BSLM01消声器（图7-13）、RMTL10X200A气缸（图7-14）、接头、气路、挡板、拨动片等组成。

控制系统由基于USB总线的USB-4761继电器启动装置（图7-15）、4V220006B五口两位电磁阀（图7-16）和工控机组成。USB-4761继电器启动装置配有LED指示灯，显示继电器的开/关状态，电磁阀的最高频率可达5次/s。

图7-13　二联件、压力表、消声器实物

图7-14　RMTL10X200A气缸实物

图7-15　继电器启动装置实物

图7-16　五口两位电磁阀实物

第五节　智能化精选分级系统

构建了智能化精选分级系统，包括软硬件系统集成，并开发了系统的控制软件。

一、硬件组成

硬件主要由输送机构、图像采集系统、控制部分和执行机构4部分组成。其中，输送机构由支架、传送带、电机和变频器组成，图像采集系统由触发器、光源、工业相机、光源控制器以及图像采集卡组成，控制部分由继电器启动装置、电磁阀和工控机组成，执行机构由空气压缩机、二联件、接头、消声器、气缸以及气路等组成。结构图如图7-17所示，其中1、2、20和21组成了输送机构的主体，3～16和22～27组成了执行机构的主体，17～19和28组成了图像采集系统的主体。实物如图7-18所示。

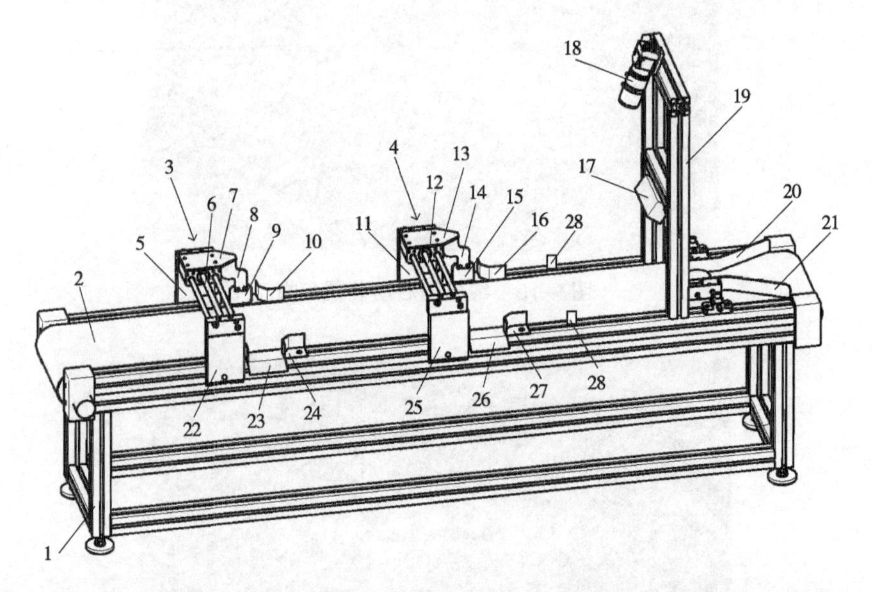

1. 固定支架；2. 传送带；3. 第二执行机构；4. 第一级执行机构；5. 第二侧板；6. 第四导向杆；7. 第二滑块；8. 第二连接件；9. 第二拨动片；10. 第二挡板；11. 第一侧板；12. 第三导向杆；13. 第一滑块；14. 第一连接件；15. 第一拨动片；16. 第一挡板；17. 光源；18. 工业相机；19. 图像采集支架；20. 第二导向板；21. 第一导向板；22. 第二副侧板；23. 第二副出料板；24. 第二副挡板；25. 第一副侧板；26. 第一副出料板；27. 第一副挡板；28. 光电传感器

图7-17　智能化精选分级系统总体结构示意图

图7-18　智能化精选分级系统实物

二、系统工作流程

分级对象精选分级系统工作流程如图7-19所示。系统工作时，调整光源控制器，使图像清晰稳定，给空气压缩机送电，加压至额定值0.3MPa。启动传送带电机，调整传送带速度，分级对象进入传送带的导向板，并跟随传送带运动，当其进入线阵相机的图像采集区域时，光电触发器产生触发脉冲，触发工业相机对运动的蘑菇进行拍摄，工控机通过图像采集卡采集图像信息，并对这些图像数据进行分析处理，将分级结果变成指令信息输送给相应的继电器启动装置，通过控制电磁阀的开闭来控制气缸，带动相应的拨动片将蘑菇送至相应的容器内，完成在线智能分级。

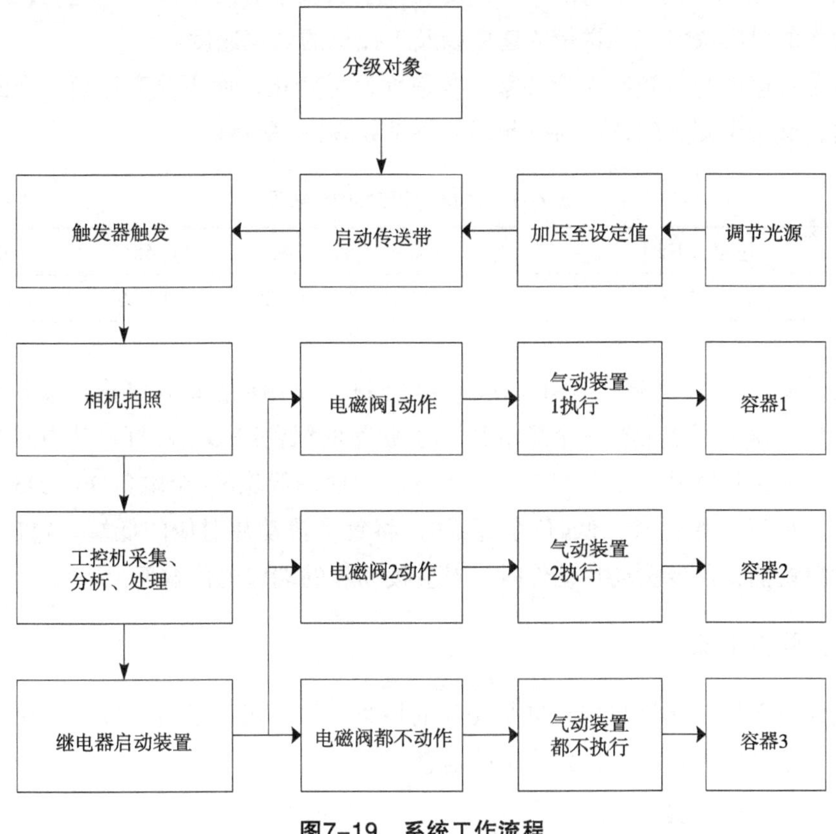

图7-19　系统工作流程

三、系统控制原理与控制策略

当传感器检测到蘑菇到来时，立即触发工业相机进行扫描，工控机获得图像进行算法处理，得出蘑菇的分级结论，通过到分级容器的时间延迟后，对应的电磁阀动作，将蘑菇送至相应容器。

传送带的速度决定着线阵相机的行频和执行机构动作的准确性。线阵相机要扫描到清晰的图片，需要相机行频和蘑菇运动速度匹配，蘑菇运动速度越快，需要行频越大，执行机构动作就越频繁。

在设计时，对应于蘑菇量最大的级别设置为容器3（离相机触发最远的容器），这样电磁阀都不动作，直接通过传送带送至容器，对应于蘑菇量第二大的级别设置为容器2（离触发较远的容器），给予较长的延迟时间，对应于蘑菇量最小的级别设置为容器1（离触发最近的容器），这样离触发器比较近的电磁阀动作频率最少，使得执行机构的执行效率达到最优。

设传送带的速度为v，至挡板中心的距离为d，则蘑菇从相机拍摄触发位置至挡板中心的时间为$t=\frac{d}{v}$，这个时间含有工控机采集分析处理时间t_a，则挡板上拨动片动作的精确时间$t_e=t-t_a$，由于触发位置至挡板中心的距离是固定的，所以拨动片动作的时间决定于传送带的速度以及工控机的处理速度。

传送带速度与行频有对应关系，若速度发生变化，而不改变行频，则图像便会扭曲，试验中测定的速度与行频对应关系如表7-1所示。

表7-1　速度与行频对应关系

速度（Hz）	35	40	45	50
行频（行）	1 330	1 525	1 700	1 900

电磁阀由工控机基于USB总线直接控制，使用8路继电器输出模块USB-4761，每个继电器都带有一个显示其开/关状态的绿色LED指示灯，其中两个端口输出控制一个拨动片，本系统有两个电磁阀，使用低位的4个端口D0～D3，上升沿触发。所以初始化时，低4位全部置0，将每个拨动片对应的低端口置1，放入分级对象检测，需要拨动片动作时，对应拨动片的端口电位取反。

四、软件系统

软件界面是计算机与用户进行交互的桥梁。计算机可通过软件界面获得用户的要求，用户也可得到来自计算机的信息。

1. 软件开发流程

软件系统开发流程如图7-20所示。

2. 开发环境介绍

本系统使用MFC作为软件界面的开发平台。MFC（Microsoft Foundation Classes）即微软基础类库，其工具箱中封装了很多控件，可以随意拖拽如界面窗口，软件开发者只需在其中插入自己的核心程序便可实现想要的功能，可以大大减少软件开发者的工作量，提高开发效率。

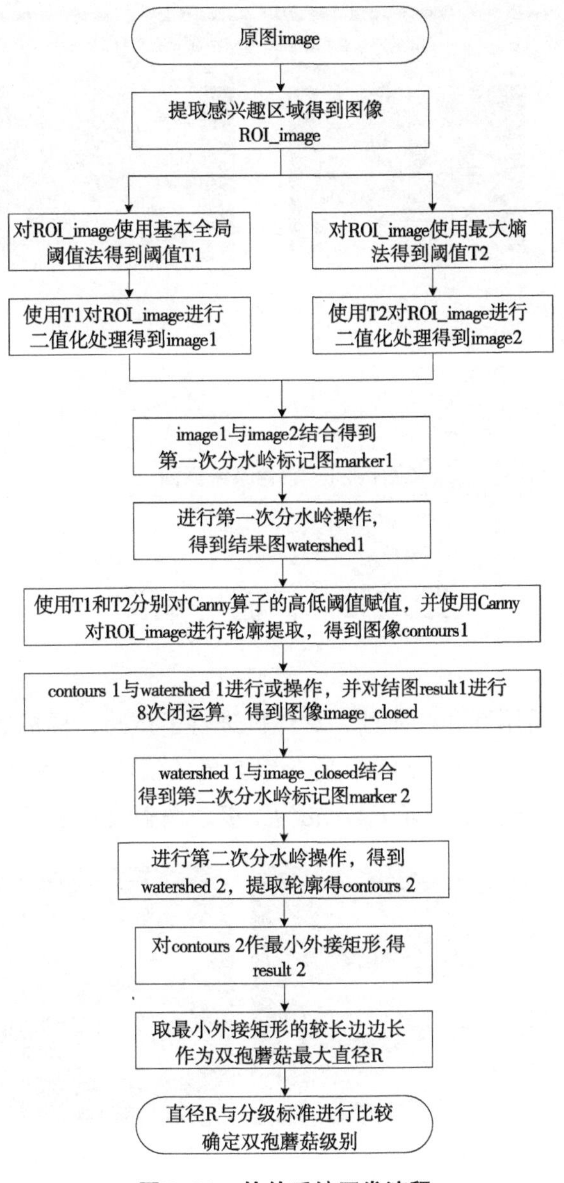

图7-20　软件系统开发流程

3. 界面整体展示与介绍

基于OpenCV 2.4.10和visual studio 2010设计开发了分级对象智能精选分级的图像分析处理与控制软件，如图7-21所示。图像分析处理软件通过图像采集卡与工业相机通信，实时采集图像，实时分析处理，分类结果通过USB端口给执行机构发送命令，实现分级对象实时在线分级，以及相机参数（端口、行频、曝光）、控制参数（传送速度、一级挡板距离、二级挡板距离、标定系统）和分级参数（一、二、三级直径）等参数的可视化编辑，实时显示分级对象图像及分级结果。

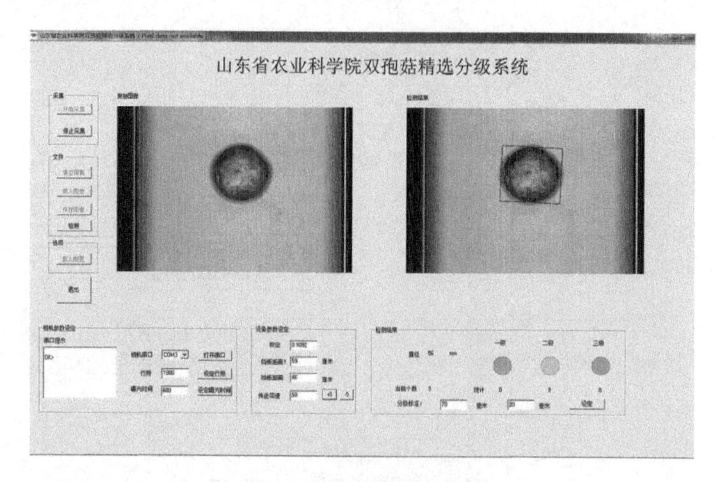

图7-21　软件系统界面

第六节　试验与结论

为验证系统的适用性和可靠性，对样机进行了试验，样机如图7-22所示。试验根据行业标准NY/T 1790—2009，将分级对象按菌盖直径大于4.5cm为一级，菌盖直径大于等于2.5cm且小于等于4.5cm为二级，菌盖直径小于2.5cm为三级。

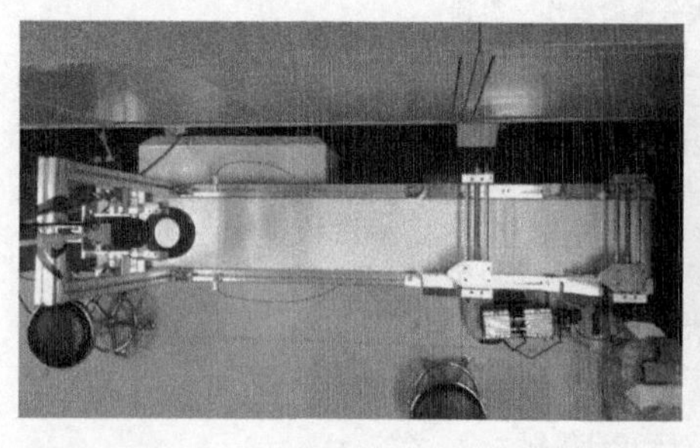
俯视图

侧视图

图7-22　试验样机

分别从基地取10次鲜分级对象样品，每次样品500个（8kg）左右，进行分级准确率、破损率、漏检率以及效率测试。每次试验进行系统智能分级与人工分级测试，记录分级总个数，所需时间，一级、二级、三级分级结果，真实个数以及破损个数，利用游标卡尺进行菌盖直径测量，得出分错的个数，从而计算出分级准确率、破损率、漏检率以及效率。试验时对于边界值2.5cm和4.5cm的容许误差是0.2cm。某次试验原始数据如表7-2所示。

表7-2　试验原始数据

序号	智能					人工			
	历时	计数	一级（>45mm）	二级（25～45mm）	三级（<25mm）	历时	一级（>45mm）	二级（25～45mm）	三级（<25mm）
1	1′3″	95	48	47	0	1′3″	52	42	1
		人工数95	48	47	0		52	42	1
		卡尺测	47	48	0		48	47	0
		破损个数	0	0	0		0	0	0
2	1′1″	102	48	54	0	1′18″	68	35	1
		人工数104	49	55	0		68	35	1
		卡尺测	49	55	0		48	56	0
		破损个数	0	0	0		0	0	0
3	1′6″	113	50	61	2	1′31″	40	73	2
		人工数115	53	61	1		40	73	2
		卡尺测	48	67	0		49	66	0
		破损个数	0	0	0		0	0	0
4	1′7″	114	55	58	1	1′33″	31	82	0
		人工数116	61	54	1		31	82	0
		卡尺测	58	57	1		55	58	0
		破损个数	0	0	0		0	2	0
5	1′1″	104	58	46	0	1′29″	43	61	0
		人工数104	58	46	0		43	61	0
		卡尺测	57	47	0		58	46	0
		破损个数	0	0	0		0	0	0
6	1′	109	48	60	1	1′24″	32	77	0
		人工数110	49	60	1		32	77	0
		卡尺测	51	58	1		36	73	0
		破损个数	0	0	0		0	0	0
7	2′1″	202	78	117	7	2′57″	91	115	3
		人工数209	86	116	7		91	115	3
		卡尺测	87	117	5		92	112	5
		破损个数	1	0	0		0	0	0

（续表）

序号	智能					人工			
	历时	计数	一级（>45mm）	二级（25～45mm）	三级（<25mm）	历时	一级（>45mm）	二级（25～45mm）	三级（<25mm）
8	1′	102	71	30	1	1′35″	45	57	0
		人工数102	71	30	1		45	57	0
		卡尺测	65	36	1		46	55	1
		破损个数	0	0	0		0	0	0
9	1′	102	79	23	0	1′41″	52	50	0
		人工数102	79	23	0		52	50	0
		卡尺测	76	26	0		59	43	0
		破损个数	0	0	0		0	0	0
10	1′	103	77	26	0	1′26″	54	49	0
		人工数103	77	26	0		54	49	0
		卡尺测	72	31	0		56	47	0
		破损个数	0	0	0		0	0	0
11	5′15″	512	279	229	4	7′52″	179	337	3
		人工数519	291	226	3		179	337	3
		卡尺测	286	230	3		193	351	3
		破损个数	2	0	0		0	5	0

表7-2中序号1～10是每次100个样品左右，时间在1min左右，序号11是对500个左右的样品一次性分级测试。对以上数据进行人工数总数除以历时时间，分别计算得出智能分级与人工分级的效率，利用卡尺测的个数与人工数的误差，分别计算出智能分级与人工分级的准确率，破损总个数除以人工数总数计算破损率，人工数与智能计数差值除以人工数的个数计算出智能分级的漏检率。对序号1～10的试验进行平均，得出平均效率、准确率、破损率和漏检率，如表7-3所示。

表7-3　数据分析

序号	类型	效率（个/min）	准确率（%）	破损率（%）	漏检率（%）
1	智能	90.48	98.95	0.00	0.00
	人工	90.48	93.68	0.00	
2	智能	102.30	100.00	0.00	1.92
	人工	80.00	78.85	0.00	

（续表）

序号	类型	效率（个/min）	准确率（%）	破损率（%）	漏检率（%）
3	智能	104.55	94.78	0.00	1.74
	人工	75.82	92.17	0.00	
4	智能	103.88	97.41	0.00	1.72
	人工	74.84	79.31	0.00	
5	智能	102.30	99.04	0.00	0.00
	人工	70.11	85.58	0.00	
6	智能	110.00	98.18	0.00	0.91
	人工	78.57	96.36	4.08	
7	智能	103.64	99.52	1.16	3.35
	人工	70.85	97.61	0.00	
8	智能	102.00	94.12	0.00	0.00
	人工	64.42	97.06	0.00	
9	智能	102.00	97.06	0.00	0.00
	人工	60.59	93.14	0.00	
10	智能	103.00	95.15	0.00	0.00
	人工	71.86	98.06	0.00	
11	智能	98.86	99.04	0.69	1.35
	人工	65.97	97.30	1.72	
平均值	智能	102.41	97.42	0.12	0.96
	人工	73.75	91.18	0.41	

通过表7-3可以看出，智能分级系统的平均分级速度是102.41个/min，平均准确率97.42%，破损率0.12%，漏检率0.96%，相对于人工分级效率提高38.86%，分级准确率提高6.84%，可以连续稳定工作。对于长时间分级（500多个样品），由于人容易疲劳，智能分级的优势明显。

本系统最大传送速度下，相邻蘑菇最小中心间距小于70mm，就会存在识别遗漏现象，导致漏检。执行机构由于压力不当，会打不出蘑菇或将蘑菇打至其他容器中，导致系统分级结果没有正确被执行，而影响了准确率。试验中破损是由于执行机构气压小，没有被打至适当容器，挤在挡板处导致的，调整压力后，破损很少发生。气动执行机构可以每秒动作5次，所以分级速度主要是卡在了图像处理上，在后续的研究中可以探讨多蘑菇图像处理算法，或者增加图像传感器，同时提高传送带速度，来提高分级效率。

参考文献

蔡健荣，王建黑，陈全胜，等. 2009. 波段比算法结合高光谱图像技术检测柑橘果锈[J]. 农业工程学报，25（1）：127-131.

蔡文. 2011. 水果动态称重与自动分选控制系统研究与开发[D]. 杭州：浙江大学.

巢淑娟，张贵明. 2013. 国内外称重传感器的现状及其应用分析[J]. 漯河职业技术学院学报，12（5）：46-47.

陈辰，鲁晓翔，张鹏，等. 2015. 红提葡萄V_C含量的可见/近红外检测模型[J]. 食品与机械（5）：70-74.

陈辰，鲁晓翔，张鹏，等. 2015. 基于可见——近红外漫反射光谱技术的葡萄贮藏期间可溶性固形物定量预测[J]. 食品科学，36（20）：109-114.

陈磊，莫清风，李继兰，等. 2017. 中国果品产业“十三五”发展重点[J]. 中国果菜，37（4）：1-4.

陈青君，魏金康. 2015. 双孢蘑菇设施栽培实用技术[M]. 北京：中国农业大学出版社.

陈善峰，王俊. 2000. 农产品分级技术及品质检测设备的现状与发展趋势[J]. 粮油加工与食品机械（4）：8-10.

陈世铭，张文宏，谢广文. 1998. 果汁糖度检测模式之研究[J]. [台湾]农业机械学刊，7（3）：41-60.

陈晓丹，李思明. 2013. 图像分割研究进展[J]. 现代计算机（专业版）（22）：33-36.

陈艳军，张俊雄，李伟，等. 2012. 基于机器视觉的苹果最大横切面直径分级方法[J]. 农业工程学报，28（2）：284-288.

陈英，李伟，张俊雄. 2011. 基于图像轮廓分析的堆叠葡萄果粒尺寸检测[J]. 农业机械学报，42（8）：168-172.

成家壮，韦小燕，范怀忠. 2004. 广东柑橘疫霉研究[J]. 华南农业大学学报，25（2）：31-33.

程春燕. 2018. 基于机器视觉的脐橙品质自动检测分类技术研究[D]. 赣州：江西理工大学.

崔然. 2013. 浅析计算机视觉技术在农产品检测及分级中的应用[J]. 电子测试（9）：274–275.

单佳佳，彭彦昆，王伟，等. 2011. 基于高光谱成像技术的苹果内外品质同时检测[J]. 农业机械学报，42（3）：140–144.

丁惠，冯志刚. 2009. 我国农产品质量分级标准研究[J]. 魅力中国（4）：164.

董春旺，朱宏凯，周小芬，等. 2017. 基于机器视觉和工艺参数的针芽形绿茶外形品质评价[J]. 农业机械学报，48（9）：38–45.

杜建军，郭新宇，王传宇，等. 2015. 基于分级阈值和多级筛分的玉米果穗穗粒分割方法[J]. 农业工程学报，31（15）：140–146.

奉国和. 2011. SVM分类核函数及参数选择比较[J]. 计算机工程与应用，47（3）：123–124.

付树军，阮秋琦，王文怡. 2006. 基于特征驱动地双向耦合扩散方程的图像去噪和边缘锐化[J]. 光学精密工程，14（2）：315–319.

傅霞萍，应义斌，刘燕德，等. 2006. 水果坚实度的近红外光谱检测分析试验研究[J]. 光谱学与光谱分析，26（6）：1 038–1 041.

高新浩，刘斌. 2016. 基于机器视觉的鲜食玉米品质检测分类器设计与试验[J]. 农业工程学报，32（1）：298–303.

高旭平，王平. 2001. 电子鼻信号处理方法的研究进展[J]. 国外医学生物：医学工程分册，24（1）：1–6.

葛亮. 2012. 香菇实时分级生产线的研究[D]. 武汉：华中农业大学.

耿晗. 2018. 基于随机森林的苹果内部品质多标签分类方法研究[D]. 杨凌：西北农林科技大学.

郭恩有，刘木华，赵杰文，等. 2008. 脐橙糖度的高光谱图像无损检测技术[J]. 农业机械学报，39（5）：91–93.

郭俊先，李俊伟，胡光辉，等. 2013. 新疆冰糖心红富士苹果RGB图像多指标分析[J]. 新疆农业科学，50（3）：509–517.

郭淑霞，坎杂，张若宇，等. 2011. 静电技术在农产品分级中的应用[J]. 农机化研究，33（11）：187–190.

郭文川，董金磊. 2015. 高光谱成像结合人工神经网络无损检测桃的硬度[J]. 光学精密工程，23（6）：1 530–1 537.

韩东海，刘新鑫，涂润林. 2003. 果品无损检测技术在苹果生产和分级中的应用[J]. 世界农业，1：14–244.

韩东海，刘新鑫. 2004. 苹果水心病的光学无损检测[J]. 农业机械学报，35（5）：

143-146.

韩东海. 1998. 用X射线自动检测柑橘皱皮过的研究[J]. 农业机械学报，29（4）：97- 101.

韩东海. 2000. 日本的水果分级检测高新技术[J]. 世界农业，12：27-29.

韩伟，曾庆山. 2011. 基于计算机视觉的水果直径检测方法的研究[J]. 中国农机化，32（5）：108-111.

韩祥波，刘战丽. 2007. 计算机图像处理技术在农产品检测分级中的应用[J]. 安徽农业科学（34）：11 292-11 293.

郝敏，麻硕士，郝小冬. 2010. 基于Zernike矩的马铃薯薯形检测[J]. 农业工程学报，26（2）：347-350.

何东健，前川孝昭，森岛博. 2001. 水果内部品质在线近红外分光检测装置及试验[J]. 农业工程学报，17（1）：146-148.

何东键. 1992. 水果品质无损测定最新技术及设备—鲜桃糖度近红外测定[J]. 农牧与食品机械，5：41-42.

何国泉，刘木华. 2008. 基于电子鼻的气敏传感器及其阵列[J]. 传感器世界，14（7）：6-9.

何泽强. 2016. 基于机器视觉的工业机器人分拣系统设计[D]. 哈尔滨：哈尔滨工业大学.

洪添胜，乔军，Michael O，等. 2007. 基于高光谱图像技术的雪花梨品质无损检测[J]. 农业工程学报，23（2）：151-155.

洪远凯. 2009. 核磁共振成像—2003年诺贝尔生理学或医学奖介绍及研究进展[J]. 生理科学进展，40（2）：188-192.

胡静，郭新，何浩甲，等. 2012. 基于多分类器融合的水果自动分级系统[J]. 上海电机学院学报，15（3）：163-166.

胡孟晗，董庆利，刘宝林，等. 2013. 基于计算机视觉的香蕉贮藏过程中颜色和纹理监测[J]. 农业机械学报，44（8）：180-184.

胡润文. 2011. 脐橙品质近红外光谱分析模型传递方法的研究[D]. 武汉：华中农业大学.

胡涛. 2007. 图像形态学在苹果自动分级视觉信息处理中的应用——以果梗判别与边缘检测为例[J]. 安徽农业科学，35（6）：1 866-1 867.

黄辰，费继友. 2017. 基于图像特征融合的苹果在线分级方法[J]. 农业工程学报，33（1）：285-291.

黄骏雄，蒋弘将，阎哲. 2000. 应用电子鼻检测香烟质量的研究[J]. 化学通报（1）：51-53.

黄骏雄，田莉莉. 1999. 新颖的仿生检测技术——电子鼻[J]. 现代仪器使用与维修（1）：6-10.

黄文倩，李江波，陈立平，等. 2013. 以高光谱数据有效预测苹果可溶性固形物含量[J]. 光谱学与光谱分析，33（10）：2 843-2 846.

黄文倩，李江波，张弛，等. 2012. 基于类球形亮度变换的水果表面缺陷提取[J]. 农业机械学报，43（12）：187-191.

黄星奕，钱媚，徐富斌. 2012. 基于机器视觉和近红外光谱技术的杏干品质无损检测[J]. 农业工程学报，28（7）：260-265.

贾弘，马康涛，王子梅，等. 2005. 生物化学（第三版）[M]. 北京：北京医科大学出版社、北京大学医学出版社.

蒋浩，张初，刘飞，等. 2016. 基于高光谱图像多光谱参数的草莓成熟度识别[J]. 光谱学与光谱分析（5）：1 423-1 427.

蒋焕煜，应义斌. 2002. 水果品质智能化实时检测分级生产线的研究[J]. 农业工程学报，18（6）：158-160.

蒋益女，徐从富. 2008. 结合纹理分析和SVM的苹果梗蒂和缺陷识别方法[J]. 计算机工程与应用（1）：235-237.

金仲辉，等. 2002. 物理学在促进农业发展中的作用[J]. 物理，31（6）：392-399.

柯炳生. 2003. 提高农产品竞争力：理论、现状与政策建议[J]. 农业经济问题（2）：34-39.

李聪，高海燕，袁超. 2012. 基于计算机视觉的苹果自动分级方法研究[J]. 计算机仿真，29（9）：293-296.

李锋霞，何青海，吕琛，等. 2013. 哈密瓜坚实度的高光谱无损检测技术[J]. 光子学报，42（5）：592-595.

李洪涛. 2010. 基于农产品品质检测的专用电子鼻系统的设计与研究[D]. 杭州：浙江大学.

李建平，傅霞萍，周莹，等. 2006. 近红外光谱定量分析技术在枇杷可溶性固形物无损检测中的应用[J]. 光谱学与光谱分析，26（9）：1 605-1 609.

李江波，彭彦昆，黄文倩，等. 2014. 桃子表面缺陷分水岭分割方法研究[J]. 农业机械学报，45（8）：288-293.

李江波，饶秀勤，应义斌，等. 2010. 基于高光谱成像技术检测脐橙溃疡[J]. 农业工程学报，26（8）：222-228.

李江波，王福杰，应义斌，等. 2012. 高光谱荧光成像技术在识别早期腐烂脐橙中的应用研究[J]. 光谱学与光谱分析，32（1）：142-146.

李军良. 2011. 基于机器视觉和近红外光谱的水果品质分级研究[D]. 南京：南京航空航天大学.

李恺，杨艳丽，刘凯，等. 2013. 基于机器视觉的红掌检测分级方法[J]. 农业工程学报，29

（24）：196-203.
李龙，彭彦昆，李永玉. 2018. 苹果内外品质在线无损检测分级系统设计与试验[J]. 农业工程学报，34（9）：267-275.
李明智，张光发，于功志，等. 2015. 扇贝苗分级计数装置的设计与试验[J]. 农业工程学报，31（21）：93-101.
李庆中，汪懋华. 1999. 基于计算机视觉的水果实时分级技术发展与展望[J]. 农业机械学报，30（6）：2-4.
李盛芳. 2018. 基于机器学习的水果糖分近红外光谱检测方法研究[D]. 太原：太原理工大学.
李先锋，朱伟兴，花小朋，等. 2011. 基于D-S证据理论的决策级多特征融合苹果分级方法[J]. 农业机械学报，42（6）：188-192.
李鑫，金兰淑，林国林，等. 2008. 苹果梨单果重的近红外无损检测研究[J]. 安徽农业科学，36（4）：1 297-1 298.
李彦峰，王春耀，王跃东，等. 2013. 水果表面缺陷检测研究[J]. 农机化研究，35（7）：62-65.
梁伟杰，邓继忠，张泰岭. 2005. 梨果面坏损区域的计算机视觉检测方法[J]. 农业机械学报，3（7）：101-103.
林欢，许林云. 2015. 中国农业机器人发展及应用现状[J]. 浙江农业学报，27（5）：865-871.
林喜娜，王相友，丁莹. 2010. 双孢蘑菇远红外干燥神经网络预测模型建立[J]. 农业机械学报，41（5）：110-114.
刘超. 2014. 基于可见近红外光谱与机器视觉信息融合的河套蜜瓜糖度检测方法研究[D]. 呼和浩特：内蒙古农业大学.
刘春生. 2008. 偏最小二乘法——可见/近红外光谱测定南丰蜜桔糖度的研究[J]. 河北师范大学学报：自然科学版，32（6）：788-790.
刘国敏，邹猛，刘木华，等. 2008. 脐橙外部品质计算机视觉检测技术初步研究[J]. 中国农业科技导报，10（4）：100-104.
刘海彬，高迎旺，卢劲竹，等. 2015. 基于激光散斑的梨缺陷与果梗/花萼的识别[J]. 农业工程学报，31（4）：319-324.
刘禾，汪懋华. 1998. 用计算机图像技术进行苹果坏损自动检测的研究[J]. 农业机械学报（4）：82-87.
刘禾，汪懋华. 1996. 苹果自动分级中的图像分割[J]. 中国农业大学学报（6）：89-93.
刘建凤，吉春明，陆玉荣，等. 2014. 双孢蘑菇生产研究进展及生产技术体系组建的设想

[J]. 江西农业学报（2）：118-121.

刘凯龙，孙向军，赵志勇，等. 2005. 地面目标伪装特征的高光谱成像检测方法[J]. 解放军理工大学学报：自然科学版，6（2）：166-169.

刘丽，匡纲要. 2009. 图像纹理特征提取方法综述[J]. 中国图象图形学报，14（4）：622-635.

刘木华，蔡健荣，周小梅. 2004. X射线图像在农畜产品内部品质无损检测中的应用[J]. 农机化研究（2）：193-196.

刘木华，程仁发，林怀蔚，等. 2007. 脐橙糖度光谱图像检测技术研究[J]. 江西农业大学学报，29（3）：443-448.

刘木华，赵杰文，郑建鸿，等. 2005. 农畜产品品质无损检测中高光谱图像技术的应用进展[J]. 农业机械学报，36（9）：139-143.

刘鹏，屠康，苏子鹏，等. 2010. 基于多传感器融合技术的苹果成熟度检测研究[J]. 江苏农业学报，26（3）：670-672.

刘亚，木合塔尔·米吉提，曹鹏程，等. 2016. 高光谱成像技术在水果多品质无损检测中的应用[J]. 农业科技与装备（5）：50-52.

刘燕德，陈兴苗，欧阳爱国，等. 2008. 梨表面色泽的可见/近红外漫反射光谱无损检测研究[J]. 红外与毫米波学报，27（4）：266-268.

刘燕德，孙旭东，陈兴苗. 2008. 近红外漫反射光谱检测梨内部指标可溶性固性物的研究[J]. 光谱学与光谱分析，28（4）：797-800.

刘燕德，应义斌，傅霞萍. 2005. 近红外漫反射用于检测苹果糖度及有效酸度的研究[J]. 光谱学与光谱分析，25（11）：1 793-1 796.

刘燕德，应义斌，蒋焕煜. 2003. 基于光纤传感的富士苹果糖度检测试验研究[J]. 传感技术学报（3）：328-331.

刘燕德，应义斌. 2004. 近红外漫反射式水果糖分含量的测量系统[J]. 光电工程，31（2）：51-53.

刘燕德，应义斌. 2004. 水蜜桃糖度和有效酸度的近红外光谱测定法[J]. 营养学报，26（5）：400-402.

刘燕德. 2006. 水果糖度和酸度的近红外光谱无损检测研究[D]. 杭州：浙江大学.

刘云，杨建滨，王传旭. 2017. 基于卷积神经网络的苹果缺陷检测算法[J]. 电子测量技术，40（3）：108-112.

刘战丽，王相友. 2015. 双孢蘑菇贮藏品质评价方法及适收期研究[J]. 食品科技（6）：42-46.

刘长岚，鞠洪荣. 1998. 国外核磁共振（NMR）图象法在食品科学中的应用[J]. 食品科技

（2）：17-19.

刘忠伟，章毓晋. 综合利用颜色和纹理特征的图像检索[J]. 通信学报，20（5）：36-40.

龙建武. 2014. 图像阈值分割关键技术研究[D]. 吉林：吉林大学.

卢宏涛，张秦川. 2016. 深度卷积神经网络在计算机视觉中的应用研究综述[J]. 数据采集与处理，31（1）：1-17.

陆勇，李臻峰，浦宏杰，等. 2016. 基于声振法的西瓜贮藏时间检测[J]. 浙江农业学报（4）：682-687.

罗枫，鲁晓翔，张鹏，等. 2015. 冷藏过程中樱桃V_C含量的近红外检测[J]. 食品与发酵工业，41（5）：173-176.

罗剑毅，王俊，徐亚丹，等. 2007. 基于电子鼻雪青梨贮藏期检测的实验研究[J]. 科技通报，23（3）：378-381.

潘伟. 2000. 计算机视觉在农产品自动检测与分级中的研究——番茄的自动检测与分级[D]. 哈尔滨：东北农业大学.

潘胤飞，赵杰文，邹小波，等. 2004. 电子鼻技术在苹果质量评定中的应用[J]. 农机化研究，26（3）：179-182.

庞林江，王允祥，何志平，等. 2006. 核磁共振技术在水果品质检测中的应用[J]. 农机化研究（8）：176-180.

前田弘. 2001. 利用近红外分光法非破坏测定水果内部质量[J]. 红外，2：33-37.

钱永忠，汤晓艳. 2006. 农产品质量分级要素及评价技术[J]. 农业质量标准（1）：30-33.

秦树基，黄林. 2001. 用于酒类识别的电子鼻研究[J]. 郑州轻工学院学报，15（4）：17-19.

任永新，单忠德，张静，等. 2012. 计算机视觉技术在水果品质检测中的研究进展[J]. 中国农业科技导报，14（1）：98-103.

任志良，王俊，沈林安，等. 2000. 农产品无损伤检测与分级技术的研究进展综述[C]. 全国农产品加工技术与装备研讨会论文集. 94-99.

沈宝国，魏新华，尹建军. 2011. 基于最小外接圆法的苹果直径检测技术[J]. 农机化研究，33（12）：131-134.

师韵，王震，王旭启，等. 2015. 基于改进遗传算法的最大熵作物病害叶片图像分割算法[J]. 江苏农业科学，43（9）：453-455.

施昌彦. 2000. 动态称重测力技术的现状和发展动向[J]. 计量与测试技术，22（1）：201-205.

石瑞瑶，田有文，赖兴涛，等. 2018. 基于机器视觉的苹果品质在线分级检测[J]. 中国农业科技导报，20（3）：80-86.

史波林，庆兆坤，籍保平，等. 2009. 应用GA-DOSC算法消除果皮影响近红外漫反射光谱分析苹果硬度的研究[J]. 光谱学与光谱分析，29（3）：665–670.

司永胜，乔军，刘刚，等. 2009. 基于机器视觉的苹果识别和形状特征提取[J]. 农业机械学报，40（8）：161–165.

宋怡焕，饶秀勤，应义斌. 2012. 基于DT-CWT和LS-SVM的苹果果梗/花萼和缺陷识别[J]. 农业工程学报（9）：114–118.

孙海霞，张淑娟，薛建新，等. 2014. 基于机器视觉和光谱技术水果分级的研究进展[J]. 农机化研究（1）：234–237.

谈英，顾宝兴，姬长英，等. 2016. 基于颜色和重量特征的苹果在线分级系统设计[J]. 计算机工程与应用，52（2）：219–222.

谭博，唐少先. 2012. 基于图像处理的蜜柑大小自动分级方法[J]. 湖南农机：学术版，39（5）：207–209.

汤天明. 2009. 建立农产品市场准入制度需要解决的几个基本问题[J]. 安徽农学通报（13）：7–8.

滕斌，王俊. 2001. 国内外瓜果品质的无损检测技术[J]. 现代化农业（1）：2–5.

田有文，程怡，王小奇，等. 2015. 基于高光谱成像的苹果虫伤缺陷与果梗/花萼识别方法[J]. 农业工程学报，255（4）：333–339.

拓小明，李云红，刘旭，等. 2014. 基于Canny算子与阈值分割的边缘检测算法[J]. 西安工程大学学报，28（6）：745–749.

王斌，尹丽华，张淑娟. 2014. 梨枣糖度无损检测建模分析——基于高光谱成像技术[J]. 农机化研究（10）：50–53.

王丹，鲁晓翔，张鹏，等. 2013. 可见/近红外漫反射光谱无损检测甜柿果实硬度[J]. 食品与发酵工业，39（5）：180–184.

王东亭. 2015. 基于大通量分级系统的脐橙质量安全追溯技术与装置[D]. 杭州：浙江大学.

王方，王炎. 2014. 基于图像的圣女果表面缺陷检测[J]. 计算机仿真，31（2）：450–453.

王福娟. 2011. 机器视觉技术在农产品分级分选中的应用[J]. 农机化研究，33（5）：249–252.

王红军，熊俊涛，黎邹邹，等，2016. 基于机器视觉图像特征参数的马铃薯质量和形状分级方法[J]. 农业工程学报，32（8）：272–277

王慧慧，孙永海，张贵林，等. 2010. 基于压力和图像的鲜玉米果穗成熟度分级方法[J]. 农业工程学报，26（7）：369–373.

王加华，孙旭东，潘璐，等. 2008. 基于可见/近红外能量光谱的苹果褐腐病和水心鉴别[J]. 光谱学与光谱分析，28（9）：2 098–2 102.

王家保，杜中军，黄露茹，等. 2006. 我国水果分级标准：问题与对策[J]. 农产品质量与安全（2）：20-23.

王俊，崔绍庆，陈新伟，等. 2013. 电子鼻传感技术与应用研究进展[J]. 农业机械学报，44（11）：160-167.

王克俊. 2009. 基于多信息融合的苹果智能分级技术研究[D]. 兰州：兰州交通大学.

王淼，杜毅，张忠瑞. 2015. 无人机辅助巡视及绝缘子缺陷图像识别研究[J]. 电子测量与仪器学报，29（12）：1 862-1 869.

王铭海，郭文川，商亮，等. 2014. 基于近红外漫反射光谱的多品种桃可溶性固形物的无损检测[J]. 西北农林科技大学学报（自然科学版），42（2）：142-148.

王巧华，文友先. 2003. 农产品分级处理新技术[J]. 农机化研究（1）：68-69.

王胜权，张劲，刘小旭. 2011. 气体传感器的分类和应用[J]. 科技向导（20）：37-38.

王树才，文友先，刘俭英. 2008. 基于机器人的禽蛋自动检测与分级系统集成开发[J]. 农业工程学报（4）：186-189.

王树文. 2002. 计算机视觉技术在农产品自动检测与分级中的研究[D]. 哈尔滨：东北农业大学.

王硕，袁洪福，宋春风，等. 2012. 小西瓜糖度表征与漫反射近红外检测方法的研究[J]. 光谱学与光谱分析，32（8）：2 122-2 125.

王伟. 2012. 基于机器视觉的农产品物料分级检测系统关键技术研究[D]. 合肥：合肥工业大学.

王细萍，黄婷，谭文学，等. 2015. 基于卷积网络的苹果病变图像识别方法[J]. 计算机工程，41（12）：293-298.

王新亭. 2003. 电子称重式水果分选机微机测控系统的研究[D]. 北京：中国农业大学.

王自明. 2005. 无损检测综合知识[M]. 北京：机械工业出版社.

魏志强. 2012. 浅谈称重传感器的发展与应用[J]. 轻工科技（6）：116-117.

温芝元，曹乐平. 2013. 椪柑果实病虫害的傅里叶频谱重分形图像识别[J]. 农业工程学报，29（23）：159-165.

吴彦红，严霖元，吴瑞梅，等. 2010. 利用荧光高光谱图像技术无损检测猕猴桃糖度[J]. 江西农业大学学报，32（6）：1 297-1 230.

夏俊芳，李小昱，李培武，等. 2007. 基于小波变换的柑橘维生素C含量近红外光谱无损检测方法[J]. 农业工程学报，23（6）：170-174.

夏明娜. 2017. 静电技术及其在农产品分级中的应用[J]. 农机化研究，39（6）：265-268.

熊国欣，李立本. 2007. 核磁共振成像原理[M]. 北京：科学出版社.

熊利荣，丁幼春，陈红，等. 2005. 鸭蛋品质自动测控系统的分级控制与设计[J]. 华中农业大学学报，24（5）：508-511.

徐洪蕊. 2010. 基于计算机视觉对“次郎”甜柿外部品质检测与分级的研究[D]. 南京：南京农业大学.

徐娟，汪懋华. 1999. 图像形态学在苹果自动分级视觉信息处理中果梗判别与边缘检测中的应用[J]. 农业工程学报（2）：183-186.

徐赛，陆华忠，周志艳，等. 2015. 基于高光谱与电子鼻融合的番石榴机械损伤识别方法[J]. 农业机械学报，46（7）：214-219.

徐姗姗，刘应安，徐昇. 2013. 基于卷积神经网络的木材缺陷识别[J]. 山东大学学报（工学版），43（2）：23-28.

徐天芝，张贵仓，贾园. 2016. 基于形态学梯度的分水岭彩色图像分割[J]. 计算机工程与应用，52（11）：200-203.

许广波，傅伟杰，魏铁铮，等. 2001. 双孢蘑菇的栽培现状及其研究进展[J]. 延边大学农学学报，23（1）：69-72.

许新征，丁世飞，史忠植，等. 2010. 图像分割的新理论和新方法[J]. 电子学报，38（b2）：76-82.

许月明，张爽. 2012. 计算机视觉技术在农产品分级中的应用[J]. 安徽科技学院学报，26（5）：85-89.

薛龙，黎静，刘木华. 2009. 利用高光谱图像技术检测梨表面碰压伤的试验研究[J]. 粮油加工（4）：136-139.

闫正虎. 2013. 基于颜色和气味多传感器融合的催熟水果检测系统研究[D]. 昆明：昆明理工大学.

杨丹. 2011. 农民合作经济组织对农业分工和专业发展的促进作用研究[D]. 重庆：西南大学.

杨帆，李雅婷，顾轩，等. 2011. 便携式近红外光谱仪测定苹果酸度和抗坏血酸的研究[J]. 光谱学与光谱分析，31（9）：2 386-2 389.

杨万利. 2009. 基于红外和可见光图像融合技术的苹果早期瘀伤检测研究[D]. 南京：南京农业大学.

杨意，初麒，杨艳丽，等. 2016. 基于机器视觉的白掌组培苗在线分级方法[J]. 农业工程学报，32（8）：33-40.

殷勇. 2005. 嗅觉模拟技术[M]. 北京：化学工业出版社.

应义斌，韩东海. 2005. 农产品无损检测技术[M]. 北京：化学工业出版社.

应义斌，刘燕德，傅霞萍. 2004. 苹果有效酸度的近红外漫反射无损检测[J]. 农业机械学报，35（6）：124-126.

应义斌，刘燕德，傅霞萍. 2006. 基于小波变换的水果糖度近红外光谱检测研究[J]. 光谱学与光谱分析，26（1）：63-66.

袁广义. 2016. 农产品质量等级规格评定探讨[J]. 农产品质量与安全（4）：23-27.

展慧，李小昱，王为，等. 2010. 基于机器视觉的板栗分级检测方法[J]. 农业工程学报，26（4）：327-331.

展慧，李小昱，周竹，等. 2011. 基于近红外光谱和机器视觉融合技术的板栗缺陷检测[J]. 农业工程学报，27（2）：345-349.

张保华，黄文倩，李江波，等. 2013. 用高光谱成像和PCA检测苹果的损伤和早期腐烂[J]. 红外与激光工程（s02）：279-283.

张保华，黄文倩，李江波，等. 2014. 基于高光谱成像技术和MN F检测苹果的轻微损伤[J]. 光谱学与光谱分析，34（5）：1 367-1 372.

张保生，姚瑞央. 2010. 基于BP神经网络算法的红枣分级技术应用[J]. 广东农业科学，37（11）：282-283.

张驰，陈立平，黄文倩，等. 2015. 基于编码点阵结构光的苹果果梗/花萼在线识别[J]. 农业机械学报，46（7）：6-14.

张国权，李战明，李向伟，等. 2010. HSV空间中彩色图像分割研究[J]. 计算机工程与应用，46（26）：179-181.

张京平，彭争，汪剑. 2003. 苹果水分与CT值相关性的研究[J]. 农业工程学报，19（2）：180-182.

张良谊，温丽菁，周锋，等. 2003. 用于测定空气中甲醛的电子鼻[J]. 高等学校化学学报（8）：1 381-1 384.

张令标，何建国，刘贵珊，等. 2014. 基于可见/近红外高光谱成像技术的番茄表面农药残留无损检测[J]. 食品与机械（1）：82-85.

张瑞梅，侯起山，周友昌，等. 2013. 通过构造线性映射模型实现对酿酒葡萄的分级[J]. 科技信息（22）：129-130.

张晓华，张东星，刘远方，等. 2007. 电子鼻对苹果货架期质量的评价[J]. 食品与发酵工业，33（6）：20-23.

张志强，牛智有，赵思明，等. 2011. 基于机器视觉技术的淡水鱼质量分级[J]. 农业工程学报，27（2）：350-354.

章程辉，刘纯青，刘木花，等. 2005. 应用X射线CT图像技术检测红毛丹内部品质的试验

赵华. 1996. 日本果蔬产品的分级和非破坏性检测技术[J]. 中国蔬菜，4：53-54.

赵杰文，刘剑华，陈全胜，等. 2008. 利用高光谱图像技术检测水果轻微损伤[J]. 农业机械学报，39（1）：106-109.

赵杰文，张海东，等. 2005. 利用近红外漫反射光谱技术进行苹果糖度无损检测的研究[J]. 农业工程学报，21（3）：162–165.

赵静，匡立学，徐方旭，等. 2014. 橘子不同放置方式对近红外无损检测有效酸度模型差异性的影响[J]. 中国食品学报，14（4）：246–250.

赵娟，彭彦昆，Dhakal Sagar，等. 2013. 基于机器视觉的苹果外观缺陷在线检测[J]. 农业机械学报，44（S1）：260–263.

赵茂程，侯文军. 2007. 我国基于机器视觉的水果自动分级技术及研究进展[J]. 包装与食品机械，25（5）：5–8.

赵卓，于冷. 2009. 农产品质量分级与消费者福利：原理、现实及政策含义[J]. 农业经济问题（1）：24–28.

周丽萍，胡耀华，陈达，等. 2009. 苹果可溶性固形物含量的检测方法——基于可见光近红外光谱技术[J]. 农机化研究，31（4）：104–106.

周薇，冯娟，刘刚，等. 2013. 苹果采摘机器人中的图像配准技术[J]. 农业工程学报，29（11）：20–26.

周文超，孙旭东，陈兴苗，等. 2009. 近红外透射光谱无损检测赣南脐橙糖度的研究[J]. 农机化研究（5）：161–163.

周志华. 2016. 机器学习[M]. 北京：清华大学出版社.

周竹，黄懿，李小昱，等. 2012. 基于机器视觉的马铃薯自动分级方法[J]. 农业工程学报，28（7）：178–183.

朱德利，陈兵旗，杨雨浓，等. 2016. 苹果采摘机器人视觉系统的暗通道先验去雾方法[J]. 农业工程学报，32（16）：151–158.

邹小波，赵杰文. 2008. 计算机视觉、电子鼻、近红外光谱三技术融合的苹果品质检测研究[D]. 镇江：江苏大学.

邹小波，赵杰文. 2002. 电子鼻在饮料识别中的应用研究[J]. 农业工程学报，18（2）：146–149.

Afrisal H，Faris M，Utomo G P，et al. 2014. Portable smart sorting and grading machine for fruits using computer vision[C]. International Conference on Computer，Control，Informatics and ITS Applications. 71–75.

Araújo S A D，Pessota J H，Kim H Y. 2015. Beans quality inspection using correlation-based granulometry[J]. Engineering Applications of Artificial Intelligence，40：84–94.

Armstrong P R，Stone M L，Brusewitz G H. 1997. Peach firmness determination using two different nondestructive vibrational sensing instruments[J]. Transactions of the Asae，40（3）：699–703.

Barreiro P，Ortiz C，Ruizaltisent M，et al. 2000. Mealiness assessment in apples and peaches using MRI techniques[J]. Magnetic Resonance Imaging，18（9）：1 175–1 181.

Barreiro P，Ruiz-Cabello J，Fernández-Valle M E，et al. 1999. Mealiness assessment in apples using MRI techniques[J]. Magnetic Resonance Imaging，17（2）：275–281.

Benedetti S，Buratti S，Spinardi A，et al. 2008. Electronic nose as a non-destructive tool tocharacterise peach cultivars and to monitor their ripening stage during shelf-life[J]. PostharvestBiology & Technology，47（2）：181–188.

Bhatt A K，Pant D. 2015. Automatic Apple Grading Model Development Based on Back Propagation Neural Network and Machine Vision，and Its Performance Evaluation[J]. Ai & Society，30（1）：45–56.

Blasco J，Aleixos N，Moltó E. 2003. Machine Vision Systalk for Automatic Quality Grading of Fruit[J]. Biosystalks Engineering，85（4）：415–423.

Blasco J，Aleixos N，Moltó E. 2007. Computer vision detection of peel defects in citrus by means of a region oriented segmentation algorithm[J]. Journal of Food Engineering，81（3）：535–543.

Bowen J H，Watkins C B. 1997. Fruit maturity，carbohydrate and mineral content relationships with watercore in ‘Fuji’ apples[J]. Postharvest Biology & Technology，11（1）：31–38.

Breiman，L. 2001. Random forests. Machine Learning，45（1）：5–32.

Brezmes J，Llobet E，Vilanova X，et al. 2000. Fruit ripeness monitoring using an Electronic Nose[J]. Sensors & Actuators B Chemical，69（3）：223–229.

Carlomagno G，Capozzo L，Attolico G，et al. 2004. Non-destructive grading of peaches by near-infrared spectrometry[J]. Infrared Physics & Technology，46（1）：23–29.

Cavaco A M，Pinto P，Antunes M D，et al. 2009. ‘Rocha’ pear firmness predicted by a Vis/NIR segmented model[J]. Postharvest Biology & Technology，51（3）：311–319.

Chaughule R S，Mali P C，Patil R S，et al. 2002. Magnetic resonance spectroscopy study of sapota fruits at various growth stages[J]. Innovative Food Science & Emerging Technologies，3（2）：185–190.

Chen H H，Ting C H. 2004. The development of a machine vision system for shiitake grading [J]. Journal of Food Quality，27（5）：352–365.

Chen P，Mccarthy M J，Kauten R，et al. 1993. Maturity Evaluation of Avocados by NMR Methods[J]. Paper - American Society of Agricultural Engineers（USA），55（55）：177–187.

Chen P，McCarthy M J，Kim S，et al. 1996. Development of a High-Speed NMR Technique for Sensing Maturity of Avocados[J]. Transactions of the American Society of Agricultural Engineers，39（6）：2 205–2 209.

Chen P. 1989. NMR for internal quality evaluation of fruits and vegetables[J]. Trans Asae，32（5）：1 747–1 753.

Clark C J，Hockings P D，Joyce D C，et al. 1997. Application of magnetic resonance imaging to pre- and post-harvest studies of fruits and vegetables[J]. Postharvest Biology & Technology，11（1）：1–21.

Clark C J，Mcglone V A，Jordan R B. 2003. Detection of Brownheart in 'Braeburn' apple by transmission NIR spectroscopy[J]. Postharvest Biology & Technology，28（1）：87–96.

Clark C J，Mcglone V A，Requejo C，et al. 2003. Dry matter determination in 'Hass' avocado by NIR spectroscopy[J]. Postharvest Biology & Technology，29（3）：301–308.

Concina I，Falasconi M，Gobbi E，et al. 2009. Early detection of microbial contamination in processed tomatoes by electronic nose[J]. Food Control，20（10）：873–880.

Cubero Sergio，Aleixos Nuria，Moltó Enrique，et al. 2011. Advances in Machine Vision Applications for Automatic Inspection and Quality Evaluation of Fruits and Vegetables[J]. Springer-Verlag，4（4）：487–504.

Daniel R，M LA，S KM，et al. 2009. Using Parabolic Mirrors for Complete Imaging of Apple Surfaces[J]. Bioresource Technology，100（19）：4 499–4 506.

Daugman J G. 1988. Complete discrete 2-D Gabor transforms by neural networks for image analysis and compression[J]. IEEE Trans. acoust. speech & Signal Process，36（7）：1 169–1 179.

Defraeye，Thijs，Herremans，et al. 2013. Application of MRI for tissue characterisation of 'Braeburn' apple[J]. Postharvest Biology & Technology，75（75）：96–105.

Dull G G. 1986. Nondestructive evaluation of quality of stored fruits and vegetables[J]. Food Technology，40（5）：106–110.

Durastanti C. 2016. Adaptive global thresholding on the sphere [J]. Journal of Multivariate Analysis，151：110–132.

Elmasry G，Wang N，Vigneault C，et al. 2008. Early detection of apple bruises on different background colors using hyperspectral imaging[J]. LWT - Food Science and Technology，41（2）：337–345.

Elmasry G，Wang N，Vigneault C. 2009. Detecting chilling injury in Red Delicious apple using hyperspectral imaging and neural networks[J]. Postharvest Biology & Technology, 52（1）: 1–8.

Fildes J M, Cinar A. 1995. Sensor fusion and intelligent control for food processing[C]. ASAE, Food Processing Automation Conference IV. 67–72.

Fraser D G, Jordan R B, Künnemeyer R, et al. 2003. Light distribution inside mandarin fruit during internal quality assessment by NIR spectroscopy[J]. Postharvest Biology & Technology, 27（2）: 185–196.

Gardner J W, Bartlett P N. 1994. A brief history of electronic noses[J]. Sensors & Actuators B Chemical, 18–19（1）: 210–211.

Gómez A H, Wang J, Hu G, et al. 2006. Electronic nose technique potential monitoring mandarinmaturity[J]. Sensors & Actuators B Chemical, 113（1）: 347–353.

Gómez-Sanchis J, Gómez-Chova L, Aleixos N, et al. 2008. Hyperspectral system for early detection of rottenness caused by Penicillium digitatum, in mandarins[J]. Journal of Food Engineering, 89（1）: 80–86.

Han Y J, Iii B S V, Dodd R B. 1992. Nondestructive detection of split-pit peaches[J]. Transactions of the Asae, 35（6）: 2 063–2 067.

Hazisawa T, Toda M, Sakoil T, et al. 2013. Image analysis method for grading raw shiitake mushrooms[C]. Frontiers of Computer Vision. IEEE: 46–52.

Herold B. 2005. Spectral measurements on 'Elstar' apples during fruit development on the tree[J]. Biosystems Engineering, 91（2）: 173–182.

Herold B, Truppel I, Zude M, et al. 2005. Spectral measurements on 'Elstar' apples during fruit development on the tree. [J]. Biosystems Engineering, 91（2）: 173–182.

Jiang H, Zhang C, He Y, et al. 2016. Wavelength Selection for Detection of Slight Bruises on Pears Based on Hyperspectral Imaging[J]. Applied Sciences, 6（12）: 450.

Jyoti Jhawar. 2016. Orange Sorting by Applying Pattern Recognition on Colour Image [J]. Procedia Computer Science, 78: 691–697.

Kapur J N, Sahoo P K, Wong A K C. 1985. A new method for gray-level picture thresholding using the entropy of the histogram[J]. Computer Vision Graphics & Image Processing, 29（3）: 273–285.

Kerr W L, Clark C J, Mccarthy M J, et al. 1997. Freezing effects in fruit tissue of kiwifruit observed by magnetic resonance imaging[J]. Scientia Horticulturae, 69（3–4）: 169–179.

Ki-Bok Kim. 2005. Analysis of Ultrasonic Transmitted Signal of Stored Apple Using Wavelet

Transform[J]. ASAE Annual Meeting，Paper Number：056095.

Kim S M，Chen P，Mccarthy M J，et al. 1999. Fruit Internal Quality Evaluation using On-line Nuclear Magnetic Resonance Sensors[J]. Journal of Agricultural Engineering Research，74（3）：293–301.

Kim S，Schatzki T F. 2000. Apple watercore sorting system using X-ray imagery：I. Algorithm development. [J]. Transactions of the Asae，43（6）：1 695–1 702.

Kleynen O，Leemans V，Destain M F. 2003. Selection of the most efficient wavelength bands for ‘Jonagold’ apple sorting[J]. Postharvest Biology & Technology，30（3）：221–232.

Kohls R L，Uhl J N. 1998. Marketing of Agricultural Products（8th）[M]. Prentice Hall. 294–311.

Kondo N. 2010. Automation on fruit and vegetable grading system and food traceability [J]. Trends in Food Science & Technology，21（3）：145–152.

Kondo N，Ahmad U，Monta M，et al. 2000. Machine vision based quality evaluation of iyokan orange fruit using neural networks. Computers & Electronics in Agriculture，29（1）：135–147.

Lammertyn J，Dresselaers T，Hecke P V，et al. 2003. Analysis of the time course of core breakdown in ‘Conference’ pears by means of MRI and X-ray CT[J]. Postharvest Biology & Technology，29（1）：19–28.

Laothawornkitkul J，Jansen R M C，Smid H M，et al. 2010. Volatile organic compounds as a diagnostic marker of late blight infected potato plants：a pilot study. [J]. Crop Protection，29（8）：872–878.

Leemans V，Destain M F. 2004. A real-time grading method of apples based on features extracted from defects[J]. Journal of Food Engineering，61（1）：83–89.

Lefcout A M，Kim M S，Chen Y R，et al. 2006. Systematic approach for using hyperspectral imaging data to develop multispectral imagining systems：Detection of feces on apples[J]. Computers & Electronics in Agriculture，54（1）：22–35.

Lleó J M，Roger A，Herrero-Langreo B，et al. 2011. Comparison of multispectral indexes extracted from hyperspectral images for the assessment of fruit ripening. Journal of Food Engineering，104（4）：612–620.

Lu R，Peng Y. 2006. Hyperspectral scattering for assessing peach fruit firmness[J]. Biosystems Engineering，93（2）：161–171.

Lu R. 2003. Detection of Bruises on Apples Using Near-Infrared Hyperspectral Imaging[J].

Trans Asae，46（2）：523–530.

Lu R. 2007. Nondestructive measurement of firmness and soluble solids content for apple fruit using hyperspectral scattering images[J]. Sensing & Instrumentation for Food Quality & Safety，1（1）：19–27.

Mc Glone V A. 2002. VIS/NIR estimation at harvest of pre- and post-storage quality indices for 'Royal Gala' apple[J]. Postharvest Biology and Technology，25：135–144.

Mendoza F，Lu R，Ariana D，et al. 2011. Integrated spectral and image analysis of hyperspectral scattering data for prediction of apple fruit firmness and soluble solids content[J]. Postharvest Biology & Technology，62（2）：149–160.

Miller B M. 1989. A color vision system for peach grading[J]. Transactions of the Asae，32（4）：1 484–1 490.

Mizushima A，Lu R. 2013. An Image Segmentation Method for Apple Sorting and Grading Using Support Vector Machine and Otsu's Method[J]. Computers and Electronics in Agriculture，94（94）：29–37.

Nandi C S，Tudu B，Koley C. 2014. Machine vision based automatic fruit grading system using fuzzy algorithm[C]. International Conference on Control，Instrumentation，Energy and Communication. IEEE：26–30.

Natale C D，Macagnano A，Martinelli E，et al. 2001. The evaluation of quality of post-harvest oranges and apples by means of an electronic nose[J]. Sensors & Actuators B Chemical，78（1）：26–31.

Parpinello G P，Fabbri A，Domenichelli S，et al. 2007. Discrimination of apricot cultivars by gasmultisensor array using an artificial neural network[J]. Biosystems Engineering，97（3）：371–378.

Peirs A. 2005. Effect of natural variability among apples on the accuracy of VIS/NIR calibration models for optimal harvest date predictions[J]. Postharvest Biology and Technology，35：1–13.

Peirs A，Schenk A，Nicolaï B M. 2005. Effect of natural variability among apples on the accuracy of VIS-NIR calibration models for optimal harvest date predictions[J]. Postharvest Biology & Technology，35（1）：1–13.

Persaud K，Dodd G. 1982. Analysis of discrimination mechanisms in the mammalian olfactorysystem using a model nose[J]. Nature，299（23）：352–355.

Qiang L，Tang M. 2012. Detection of Hidden Bruise on Kiwi fruit Using Hyperspectral Imaging and Parallelepiped Classification[J]. Procedia Environmental Sciences，12

（4）：1 172-1 179.

Qin J，Burks T F，Ritenour M A，et al. 2009. Detection of citrus canker using hyperspectral reflectance imaging with spectral information divergence[J]. Journal of Food Engineering，93（2）：183-191.

Rajkumar P，Wang N，Eimasry G，et al. 2012. Studies on banana fruit quality and maturity stages using hyperspectral imaging[J]. Journal of Food Engineering，108（1）：194-200.

Razmjooy N，Mousavi B S，Soleymani F. 2012. A real-time mathematical computer method for potato inspection using machine vision[J]. Computers & Mathematics with Applications，63（1）：268-279.

Renfu Lu. 2003. Predicting apple fruit firmness and sugar content using near-infrared scattering properties[J]. ASAE Annual Meeting，Paper Number：036212.

Robert Laganière. 2015. OpenCV计算机视觉编程攻略[M]. 北京：人民邮电出版社.

Shahin M A，Tollner E W，Arabnia H R，et al. 2002. Apple Classification Based on Surface Bruises Using Image Processing and Neural Networks[J]. Transactions of the Asae，45（5）：1 619-1 628.

Shahin M A，Tollner E W. Evans M D，et al. 1999. Water core Features for sortingred delicious apples：a statisticalapproach[J]. Transaction of the American Society of Agricultural Engineers，42（6）：1 889- 1 896.

Shao Y，He Y，Gómez A H，et al. 2007. Visible/near infrared spectrometric technique for nondestructive assessment of tomato quality characteristics[J]. Journal of Food Engineering，81（4）：672-678.

Song H，Litchfield J B. 1991. Nuclear magnetic resonance imaging of transient three-dimensional moisture distribution in an ear of corn during drying[J]. Cereal Chemistry，67（6）：580-584

Steinmetz V，Roger J M，Moltó E，et al. 1999. On-line Fusion of Colour Camera and Spectrophotometer for Sugar Content Prediction of Apples[J]. Journal of Agricultural Engineering Research，73（2）：207-216.

Steinmetz V，Sévila F，Bellon-Maurel V. 1999. A Methodology for Sensor Fusion Design：Application to Fruit Quality Assessment[J]. Journal of Agricultural Engineering Research，74（1）：21-31.

Suykens J A K，Vandewalle J. 1999. Least Squares Support Vector Machine Classifiers[J]. Neural Processing Letters，9（3）：293-300.

Szczypi ń ski P M，Klepaczko A，Zapotoczny P. 2015. Identifying barley varieties by computer vision[J]. Elsevier Science Publishers B. V，110（C）：1–8.

Tallada J G，Nagata M，Kobayashi T. 2006. Detection of Bruises in Strawberries By Hyperspectral Imaging[R]. Portland，Oregon，9–12.

Tao Y，Ibarra J G. 2000. Thickness-compensated x-ray imaging detection of bone fragments in deboned poultry - model analysis[J]. Transactions of the Asae，43（2）：453–459.

Thomsen F L. 1951. Agricultural Marketing [M]. New York：McGraw-Hill Book Co.，Inc. 262–267.

Throop J A，Aneshansley D J，Anger W C，et al. 2003. Quality evaluation of apples based on surface defects— an inspection station design[R]. ASAE Annual Meeting，Paper Number：036161.

Throop J A，G E Rehkugler，B L Upchurch. 1989. Application of computer vision for detectingwater core in apples. Trans of the ASAE，32（6）：2 087–2 092

Throop J A. 1997. Apple damage segmentation utilizing reflectance spectra of the defect[R]. ASAE Annual Meeting，Paper Number：973078.

Tillett R D，Batchelor B J. 1991. An algorithm for locating mushrooms in a growing bed [J]. Computers and Electronics in Agriculture，6（3）：191–200.

Tollner E W，Hung Y C，Upchurch B L，et al. 1992. Relating X-ray absorption to density and water content with apples[J]. Acs Chemical Biology，35（6）：1 921–1 928.

Torri L，Sinelli N，Limbo S. 2010. Shelf life evaluation of fresh-cut pineapple by using an electronic nose[J]. Postharvest Biology & Technology，56（3）：239–245.

Van Loon P，Sonnenberg A，Swinkels H，et al. 1995. Objective measurement of developmental stage of white button mushrooms（Agaricus bisporus）[J]. Mushroom science XIV，Volume 2. Proceedings of the 14th international congress on the science and cultivation of edible fungi，Oxford，UK. 703–708.

Vidal A，Talens P，Prats-Montalbán J M，et al. 2013. In-Line Estimation of the Standard Colour Index of Citrus Fruits Using a Computer Vision System Developed For a Mobile Platform[J]. Food & Bioprocess Technology，6（12）：3 412–3 419.

Vízhányó T，Felföldi J. 2000. Enhancing colour differences in images of diseased mushrooms [J]. Computers and Electronics in Agriculture（26）：187–198.

Vooren J G，Polder G，Heijden G W A M. 1991. Application of image analysis for variety testing of mushroom[J]. Euphytica，57（3）：245–250.

Wang J，Nakano K，Ohashi S，et al. 2011. Detection of external insect infestations in jujube fruit using hyperspectral reflectance imaging[J]. Biosystems Engineering，108

（4）：345–351.

Wang Shucai，Wen Youxian，Liu Jianying. 2008. Integrated development of the system of robot for detecting and grading eggs[J]. Transactions of the Chinese Society of Agricultural Engineering，24（4）：186–189

Willianmson B，Chudek J A. 1993. Development of infection in Strawberry Fruit by the Pathogen Botrytis Cinerea[J]. Magnetic Resonance Imaging（11）：76–85.

Wiskott L，Fellous J M，Krüger N，et al. 1997. Face Recognition by Elastic Bunch Graph Matching[J]. IEEE Transactions on Pattern Analysis & Machine Intelligence，19（7）：775–779.

Wulf J S，Mulugeta E，Zude M. 2003. Laser-induced fluorescence spectroscopy （LIFS）-influencing factors on measurements[R]. ASAE Annual Meeting，Paper Number：036117.

Xiaobo Z，Jiewen Z，Yanxiao L. 2007. Apple Color Grading Based on Organization Feature Parameters[J]. Pattern Recognition Letters，28（15）：2 046–2 053.

Xing J，Guyer D，Ariana D，et al. 2008. Determining optimal wavebands using genetic algorithm for detection of internal insect infestation in tart cherry[J]. Sensing & Instrumentation for Food Quality & Safety，2（3）：161–167.

Xiuqin Rao，Ying Y. 2005. Color model for fruit quality inspection with machine vision[J]. Proc Spie，5996.

Yamazaki T，Ono T. 2008. Dynamic problems in measurement of mass-related quantities[C]// Sice，2007 Conference. IEEE：1 183–1 188.

Ye X，Sakai K，Asada S，et al. 2008. Application of narrow-band tbvi in estimating fruit yield in citrus. Biosystems Engineering，99（2）：179–189.

Yogitha S，Sakthivel P. 2014. A distributed computer machine vision system for automated inspection and grading of fruits[C]. International Conference on Green Computing Communication and Electrical Engineering. IEEE：1–4.

Young H，Gilbert J M，Murray S H，et al. 2015. Causal effects of aroma compounds on Royal Galaapple flavours[J]. Journal of the Science of Food & Agriculture，71（3）：329–336.

Zecchin P. 2005. A guide to dynamic weighing for industry[J]. Measurement & Control，38（6）：173–174.

Zhang H，Chang M，Wang J，et al. 2008. Evaluation ofpeach quality indices using an electronic nose by MLR，QPST and BP network[J]. Sensors and A ctuators B Chemical，134（1）：332–338.

Zhao J W, Vittayapadung S, Chen Q S, et al. 2009. Nondestructive measurement of sugar content of apple using hyperspectral imaging technique[J]. Maejo International Journal of Science & Technology, 3（1）: 130–142.

Zhao J, Ouyang Q, Chen Q, et al. 2010. Detection of Bruise on Pear by Hyperspectral Imaging Sensor with Different Classification Algorithms[J]. Sensor Letters, 8（4）: 570–576.

Zhou F, Feng J, Shi Q Y. 2001. Image segmentation based on local Fourier coefficients histogram[J].Proceedings of SPIE - The International Society for Optical Engineering, 4550: 40–45.

Zion B, Chen P, Mccarthy M J.1995.Detection of bruises in magnetic resonance images of apples[J].Computers & Electronics in Agriculture, 13（4）: 289–299.